INTRODUZIONE ALLA NEUROBIOLOGIA
Meccanismi di sviluppo, funzione e malattia del sistema nervoso centrale

Luca Colucci D'Amato · Umberto di Porzio

Introduzione alla
NEUROBIOLOGIA

Meccanismi di sviluppo, funzione e malattia del sistema nervoso centrale

Presentazione a cura di
Gabriella Augusti-Tocco

 Springer

Luca Colucci D'Amato
Seconda Università degli Studi di Napoli
Istituto di Genetica e Biofisica
"Adriano Buzzati Traverso", CNR
Napoli

Umberto di Porzio
Laboratorio di Sviluppo del Sistema Nervoso
Istituto di Genetica e Biofisica
"Adriano Buzzati Traverso", CNR
Napoli

Serie Springer Biomed *a cura di*

Maria Rita Micheli
Dipartimento di Biologia Cellulare
e Ambientale
Università di Perugia
Perugia

Rodolfo Bova
Dipartimento di Medicina Sperimentale
e Scienze Biochimiche
Università di Perugia
Perugia

ISBN 978-88-470-1943-0   e-ISBN 978-88-470-1944-7

DOI 10.1007/978-88-470-1944-7

9 8 7 6 5 4 3 2 1

Layout copertina: Simona Colombo, Milano

Impaginazione: Graphostudio, Milano
Stampa: Arti Grafiche Nidasio, Assago (MI)
Stampato in Italia

Springer-Verlag Italia S.r.l., Via Decembrio 28, I-20137 Milano
Springer fa parte di Springer Science+Business Media (www.springer.com)

Presentazione

La neurobiologia è costituita da un insieme piuttosto complesso di conoscenze derivanti da aree di ricerca diversificate, come ad esempio la fisiologia, la biologia cellulare, la biologia molecolare e così via. Questa disciplina ha avuto negli ultimi decenni un grande sviluppo ed è oggi una delle aree che attirano l'attenzione di molti ricercatori con competenze diverse e complementari. Negli ultimi anni ha trovato spazio anche nei curricula universitari e in qualche ateneo sono state attivate lauree di secondo livello (Lauree Magistrali) dedicate alla neurobiologia.

Un testo in lingua italiana, sintetico ma di ampio respiro, sembra quindi un'iniziativa molto interessante per fornire uno strumento di avvicinamento e una visione di insieme delle conoscenze in questo campo.

Come anche indicato nella prefazione, gli Autori mettono in evidenza la multidisciplinareità della materia, presentando anche una sintesi di alcune importanti patologie del sistema nervoso (SN) e soprattutto di quanto è noto sulle alterazioni di specifiche funzioni cellulari/molecolari in esse coinvolte.

La complessità dei processi presi in considerazione rende particolarmente difficile riunire in un unico testo questi due aspetti, struttura e funzioni del SN da una parte e processi patologici dall'altra, compito che gli Autori sono riusciti a realizzare in una sintesi che fornisce al lettore conoscenze di base essenziali, ma anche le indicazioni necessarie per eventuali approfondimenti.

L'impostazione del libro, che illustra i singoli argomenti nel loro sviluppo nel tempo per darne il quadro attuale e anche le prospettive future, appare evidente dal primo capitolo dedicato alla storia della neurobiologia. Questa viene sinteticamente delineata a partire dall'individuazione dell'acetilcolina come neurotrasmettitore e in precedenza dalla prima osservazione di relazioni tra aree cerebrali e specifiche funzioni.

La trattazione degli argomenti si sviluppa in modo organico dall'organizzazione strutturale del SN e dalla descrizione delle cellule che lo compongono, per passare poi a illustrare gli aspetti funzionali a livello cellulare e di integrazione dei segnali e arrivare a dare un quadro anche dei fenomeni di memoria e apprendimento.

Pur nella sua sinteticità l'esposizione è molto chiara e fornisce una solida base per ulteriori approfondimenti. A questo fine risultano molto utili e ben centrati i box, inseriti nei diversi capitoli, dedicati ad argomenti specifici e di particolare interesse su cui gli Autori richiamano l'attenzione del lettore fornendo anche voci bibliografiche per il necessario approfondimento. Questa modalità di presentazione inizia dal Capitolo 2, dedicato alla storia della neurobiologia, dove le due schede inserite sono dedicate una a geni che appaiono coinvolti nel controllo della articolazione della parola e l'altra alle metodologie recenti per la visualizzazione di aree cerebrali.

Nell'intento di dare una visione globale di conoscenze derivanti da aree di ricerca anche distanti tra loro, merita di essere menzionato il Capitolo 7 sulle cellule staminali, argomento proprio delle biologia dello sviluppo, ma con importanti risvolti per le possibilità di sviluppare strategie terapeutiche innovative e il Capitolo 10. Quest'ultimo è dedicato ai meccanismi di malattia, dove si mettono in evidenza le caratteristiche del SN che possono modificare la risposta ad agenti/condizioni nocive anche per altri apparati funzionali determinando situazioni patologiche di particolare gravità.

Dal punto di vista didattico è un testo dove i diversi argomenti sono ben calibrati e trattati in modo chiaro e facilmente accessibile anche a studenti di primo livello con buone conoscenze di biologia di base. Oltre che per studenti di medicina, come sottolineato dagli Autori, ritengo che il volume possa essere un valido sussidio e punto di partenza anche per studenti di scienze biologiche che siano interessati ad orientare le loro conoscenze nell'ambito della neurobiologia.

Roma, dicembre 2010   *Gabriella Augusti-Tocco*
                                         Dipartimento di Biologia e Biotecnologie
                                                         "Charles Darwin"
                                    Università degli Studi di Roma "La Sapienza"

Prefazione

Questo volume si propone di fornire uno strumento aggiornato e di agevole consultazione per acquisire conoscenze specifiche nel campo della neurobiologia. Quest'ultima infatti è una disciplina che più di altre si caratterizza per una notevole interdisciplinarietà ed è poco presente nell'accademia italiana come insegnamento autonomo. Del resto, soprattutto in Italia, spesso le conoscenze neurobiologiche di uno studente sono il frutto di una personale e poco organica sintesi di nozioni apprese in vari corsi, soprattutto in quelli di anatomia, fisiologia, farmacologia, radiologia, psichiatria, neurologia e psicologia. Per di più alcune di queste discipline sono insegnate solo nelle facoltà mediche.

Anche nel caso di studenti o di specializzandi della Facoltà di Medicina e Chirurgia, i meccanismi di sviluppo, funzione e malattia del SNC, spesso particolari rispetto agli altri organi e apparati, non vengono studiati organicamente. Peraltro, riteniamo che oggi, anche un clinico, soprattutto se neurologo, psichiatra, riabilitatore o neurochirurgo, non dovrebbe ignorare le nozioni fondamentali e le implicazioni cliniche di argomenti quali la neurogenesi nell'adulto, lo sviluppo del SN, le cellule staminali neurali, la plasticità cerebrale, i neuroni specchio e più in generale i meccanismi cellulari e molecolari alla base del funzionamento e delle malattie del SNC.

Questo testo, per le sue dimensioni contenute, ovviamente non vuole né potrebbe sostituire opere ben più consistenti, che in modo esaustivo trattano di neurobiologia (vedi Kandel, Schwartz, Jessell, Principi di neuroscienze; Purves et al., Neuroscienze)[1]. Esso, però, pur nelle sue dimensioni contenute, comprende sia nozioni di carattere "generale" (per es. citoarchitettura del SNC), sia argomenti più "selettivi" e nuovi (per es. neuroni specchio, cellule staminali neurali, microRNA). Per queste caratteristiche può essere letto interamente in un arco di tempo ridotto, fornendo al lettore una visione di sintesi fortemente necessaria in neurobiologia.

Napoli, dicembre 2010
Luca Colucci D'Amato
Umberto di Porzio

---

[1]Kandel ER, Schwartz JH, Jessell TM (2003) Principi di neuroscienze. CEA, Rozzano.
Purves D, Augustine GJ, Fitzpatrick D et al (2000) Neuroscienze. Zanichelli, Bologna.

Indice

Capitolo 1

La neurobiologia

O, let me not be mad, not mad, sweet heaven
Keep me in temper: I would not be mad![1]

Ambiti e peculiarità

Il premio Nobel per la Medicina e Fisiologia del 1960, l'immunologo Sir Peter Medawar, per spiegare la complessità del sistema endocrino e come si fosse giunti ad essa attraverso l'evoluzione, scriveva *"endocrine evolution is not an evolution of hormones but an evolution of the uses to which they are put; an evolution not, to put it crudely, of chemical formulae but of reactivities, reaction patterns and tissue competence"*[2].

Questa interpretazione ben si addice al sistema nervoso e alla genesi della sua complessità nel corso dell'evoluzione. Si potrebbe dire infatti che l'evoluzione del sistema nervoso non sia stata determinata dalla formazione di nuovi o migliori segnali di neurotrasmissione o di loro recettori ed effettori, ma piuttosto da nuove e più raffinate utilizzazioni di quegli stessi "mattoni" presenti anche in vari altri organi, per creare strutture dinamiche quali i circuiti nervosi con prestazioni così efficienti da rispondere a stimoli e problemi progressivamente più sofisticati e diversi. In effetti il cervello usa abbondantemente l'adattabilità dei sistemi biologici per riconfigurarsi in risposta a necessità mutevoli. Anche per il neurobiologo Gerald M. Edelman, già premio Nobel per i suoi studi di immunologia nel 1972, sarebbe la comparsa, a un certo punto della filogenesi, di "nuovi schemi di connessione reciproca" all'interno del cervello, a spiegare evolutivamente alcune funzioni cognitive, come l'esistenza del fenomeno della coscienza. L'importanza dei circuiti nervosi nelle funzioni cerebrali risulta chiara anche per il fatto che, come vedremo in seguito, alla base di molte malattie neurologiche e psichiatriche vi sono vere e proprie alterazioni di circuiti.

---

[1] "Non farmi diventare pazzo, pazzo, dolce cielo! Fammi conservare la ragione: non voglio essere pazzo." William Shakespeare, *King Lear*, atto 1 scena 5.

[2] L'evoluzione del sistema endocrino non è un'evoluzione di ormoni, ma l'evoluzione degli usi a cui sono destinati; un'evoluzione non, per dirla rozzamente, di formule chimiche, ma di reattività, schemi di reazione e la competenza dei tessuti.

Introduzione alla neurobiologia. Luca Colucci D'Amato, Umberto di Porzio
© Springer-Verlag Italia 2011

Esiste oggi una disciplina che si propone di studiare il funzionamento delle connessioni neuronali, l'apprendimento e la memoria, mediante analisi basate sull'uso di modelli matematici di *reti neurali artificiali*. Queste elaborazioni sono state applicate da vari autori per sviluppare robot "intelligenti", capaci cioè di apprendere e modificare il proprio comportamento in base all'esperienza. Tra questi va citata la serie di robot Darwin (*brain based devices*, BBDs) del gruppo di ricercatori del Neuroscience Institute di La Jolla in California diretto da Edelman. L'osservazione dei BBDs dimostra che funzioni come l'apprendimento, l'orientamento spaziale e il gusto possono essere "mimate" riproducendo le caratteristiche dei circuiti neuronali specifici. Per esempio i robot Darwin VII e Darwin X classificano segnali provenienti dall'ambiente senza istruzioni *a priori*.

Anche i risultati dell'applicazione della stimolazione cerebrale profonda (detta anche DBS, dall'inglese *deep brain stimulation*), rappresentano un'ulteriore evidenza dell'importanza funzionale dell'organizzazione circuitale del sistema nervoso (SN). Questa moderna tecnica, come si vedrà in seguito, permette di inviare impulsi elettrici in particolari aree del cervello tramite un elettrodo intracerebrale, modificando l'attività di specifici circuiti neuronali. Diverse malattie del SNC sono state trattate con successo mediante l'applicazione della DBS.

La complessa struttura e organizzazione del sistema nervoso si realizza nel corso dell'ontogenesi lungo un asse temporale e spaziale durante il quale fattori genetici ed epigenetici[3] contribuiscono alla formazione degli specifici circuiti che costituiscono il SN. Questo aspetto verrà trattato nel Capitolo 5, *Lo sviluppo del sistema nervoso*, con alcuni esempi, e nel Box 5.2, *Il sistema dopaminergico e il suo sviluppo*. Va detto che nel trattare del SN non si può prescindere dallo studio dei suoi componenti fondamentali, le cellule. Tra queste ovviamente un ruolo particolare è svolto dai neuroni. Questi ultimi, insieme alla glia astrocitaria e alla glia che forma la mielina, condividono con tutte le altre cellule degli organismi molecole, vie metaboliche e organelli, ma hanno anche strutture specifiche, quali sinapsi, assoni e dendriti, che li caratterizzano come elementi "fatti" per essere inseriti in un circuito ed espletare funzioni del tutto particolari rispetto ad altre cellule. Inoltre, i neuroni comprendono una grande varietà di fenotipi sia per la natura dei neurotrasmettitori usati sia per l'estrema varietà di contatti sinaptici che ricevono e formano. Questo è il risultato di una complessa regolazione dell'espressione genica durante lo sviluppo.

In questo volume, descriveremo solo quelle basilari caratteristiche dell'architettura e dell'anatomia del sistema nervoso centrale (SNC) che riteniamo essenziali per la comprensione dei meccanismi di sviluppo, di funzionamento e di malattia successivamente descritti nel testo. D'altronde una descrizione morfologica eccessivamente dettagliata finirebbe per appesantire e rendere più ostico lo studio di chi intendesse introdursi alla neurobiologia di base e alle sue

---

[3] Qui il termine "epigenetico" è inteso in senso ampio, come meccanismi di controllo spaziale e temporale dell'attività dei geni durante lo sviluppo di organismi complessi, e non nel senso stretto di eredità epigenetica somatica che ha luogo principalmente mediante rimodellamento della cromatina e della metilazione del DNA o acetilazione degli istoni.

implicazioni cliniche. La struttura anatomica del SNC e i rapporti fra le varie formazioni che lo compongono rappresentano argomenti particolarmente vasti e complessi, oggetto di specifici testi di anatomia e di neuroanatomia la cui trattazione dettagliata esula, pertanto, dal nostro obiettivo. Nel descrivere strutture, formazioni e parti del SNC riporteremo spesso anche il corrispondente termine inglese, per facilitare la lettura, da parte di chi si avvicini alla neurobiologia da altre branche, di articoli e testi in lingua inglese, la cui corretta traduzione in italiano può essere problematica per quanto riguarda alcuni termini scientifici.

Disciplina di sistema

Il sistema nervoso centrale, insieme a quello endocrino e immunitario, si differenzia dagli altri sistemi o apparati per caratteristiche anatomo-funzionali. Questi tre sistemi, infatti, non presentano una continuità anatomica fra le varie strutture che li compongono. Al contrario, per esempio, l'apparato digerente, procedendo dalla cavità orale fino all'ultima parte dell'intestino retto, manifesta una continuità anatomica, cosicché il cibo transita e viene modificato senza interruzioni lungo tutto il tratto digerente. Anche altre formazioni appartenenti all'apparato digerente, quali il fegato, la cistifellea e il pancreas sono anatomicamente connesse al resto delle strutture del medesimo apparato mediante i dotti epatici, biliari e pancreatici rispettivamente, cosicché i liquidi in essi contenuti, la bile e il succo pancreatico possono essere convogliati all'interno dell'intestino. Una stessa continuità anatomica fra le parti che li compongono si osserva nell'apparato escretore, riproduttivo, respiratorio e cardio-circolatorio. Nel caso del sistema nervoso, invece, le varie parti presentano una discontinuità anatomica, così come nel sistema endocrino e in quello immunitario. Le varie ghiandole che compongono il sistema endocrino sono disperse in tutto l'organismo e comunicano tra loro tramite fattori diffusibili, gli ormoni, che rilasciati nel sistema vascolare, viaggiano per lunghi tratti e agiscono su organi bersaglio, posti anche a notevole distanza dal luogo di rilascio, dove esercitano la loro azione. Nel caso del sistema immunitario, i linfociti prodotti e differenziati all'interno degli organi linfoidi primari, midollo osseo e timo, circolano in tutto l'organismo attraverso i vasi sanguigni e linfatici, stazionando negli organi linfoidi secondari, linfonodi, milza e tessuto linfoide associato alle mucose. In tal modo gli organi linfoidi, dispersi nell'organismo, tramite i linfociti che "pattugliano" i vari organi, sono in grado di difendere il corpo umano dagli agenti patogeni. Anche nel SN esiste discontinuità fra le parti che lo compongono, come proposto già da Santiago Ramón y Cajal, secondo il quale il SNC è formato da neuroni, elementi cellulari distinti e fisicamente separati l'un l'altro, come discusso più avanti in merito alla "dottrina del neurone".

La seconda caratteristica che connota questi tre sistemi è rappresentata dal fatto di essere posti nel più alto grado della scala gerarchica perché presiedono al controllo, al coordinamento e alla fine regolazione di più funzioni dell'organismo esercitate da altri sistemi o apparati. Pertanto, il SN, ad esempio, controlla, l'attività respiratoria attraverso i centri bulbari, l'attività della vescica e quindi l'escrezione di urina, tramite le sue componenti simpatiche e la peristalsi intestinale tramite i plessi sottomucoso e muscolare. In aggiunta, mediante l'ipotalamo il SN controlla l'attività endocrina e quindi, indirettamente, le funzioni di tutti gli apparati dell'organismo.

Per quanto riguarda la terminologia, premesso che alcuni termini saranno definiti o ri-definiti in seguito, nel contesto in cui verranno trattati, rimandiamo al Glossario posto alla fine del volume.

Letture consigliate

Burt AM (1996) Trattato di neuroanatomia. Piccin, Padova
Gazzaniga MS, Ivry RB, Mangun GR (2005) Neuroscienze Cognitive. Zanichelli, Bologna
Kandel ER, Schwartz JH, Jessell TM (2003) Principi di Neuroscienze. CEA, Milano
Matelli M, Umiltà C (2007) Il cervello. Anatomia e funzione del Sistema nervoso centrale. Il Mulino, Bologna
Purves D, Augustine GJ, Fitzpatrick D et al (2004) Neuroscienze, 2a Ediz. italiana. Zanichelli, Bologna

Siti Internet

http://www.sinauer.com/neuroscience4e/
www.sfn.org
http://www.sfn.org/index.aspx?pagename=brainFacts§ion=publications
http://thalamus.wustl.edu/course/
http://www.brain-map.org/

Capitolo 2

Breve storia della neurobiologia

> *La sede dell'anima e del controllo del movimento volontario*
> *– in pratica delle funzioni nervose in generale – risiedono nel cuore.*
> *Il cervello è un organo d'importanza minore.*[1]

La chiave delle neuroscienze moderne risiede nel principio che sia le funzioni nervose semplici, come quella di un verme che si muove verso una fonte di cibo, sia quelle complesse, quali l'elaborazione articolata del pensiero e dell'ideazione nei primati superiori (l'uomo), siano la conseguenza dell'attività di specifici componenti molecolari all'interno delle unità cellulari del sistema nervoso, le cellule nervose o neuroni e delle loro interazioni. La complessità della risposta deriva dalla complessità dell'integrazione tra i neuroni e i sistemi neuronali all'interno del SN.

Per processare le informazioni che ricevono, i neuroni usano segnali elettrici stereotipati, simbolici, che non assomigliano al mondo esterno che rappresentano. Il contenuto dell'informazione che essi trasmettono infatti non è nel simbolo ma è determinato dall'origine e dalla destinazione finale delle fibre nervose. In altre parole, singoli neuroni possono codificare segnali complessi mediante semplici segnali elettrici. Il significato di questi simboli deriva dalle interconnessioni specifiche dei neuroni.

Quest'ultimo concetto era già stato espresso dal tedesco Hermann Helmholtz che nel 1868 paragonava i nervi a fili del telegrafo e affermava che "tutta la differenza che si vede nell'eccitazione di nervi diversi dipende solo dalle differenze degli organi a cui il nervo è unito ed a cui trasmette lo stato di eccitazione".

A questo proposito si veda anche il Capitolo 10, *Meccanismi di malattia*, dove si evidenzia come molte malattie del SN siano il risultato di alterazioni dei circuiti.

Storicamente, i neuroscienziati (si veda Appendice, *Chi sono i neuroscienziati?*) hanno adottato di volta in volta il metodo riduzionistico oppure quello olistico. L'approccio riduzionistico cerca di analizzare il sistema nervoso nei suoi componenti elementari, esaminando una molecola, una cellula, o un circuito alla volta. Questo metodo ha permesso di analizzare le proprietà di segnalazione delle cellule nervose per esaminare come esse comunichino tra loro e per determinare

---

[1] Aristotele, *De motu animalium*, IV sec. a.C.

Introduzione alla neurobiologia. Luca Colucci D'Amato, Umberto di Porzio
© Springer-Verlag Italia 2011

come le loro interconnessioni si siano formate durante lo sviluppo e come esse possano essere modificate dall'esperienza. Invece metodi olistici, che tendono a considerare un sistema nella sua totalità, si focalizzarono principalmente sulle funzioni mentali e sui comportamenti complessi, nel tentativo di collegare questi ultimi a grandi sistemi di neuroni. Così i neurofisiologi cominciarono a porsi domande sulle basi anatomiche e funzionali del pensiero e della coscienza.

In questo contesto, due teorie sulla natura della trasmissione nervosa si contrapponevano: quella chimica e quella elettrica.

La teoria chimica della trasmissione nervosa

I fisiologi Otto Loewi prima, nel 1921, e Sir Henry Dale successivamente, dimostrarono inequivocabilmente che gli impulsi nervosi sono mediati da sostanze chimiche nel sistema nervoso autonomo e in quello neuro-muscolare. In effetti Dale aveva osservato già nel 1914 che l'acetilcolina (ACh) aveva effetti sul cuore simili a quelli della stimolazione del nervo vago, ma non era certo se questa fosse o meno una sostanza endogena. Nel 1921 Loewi mise a punto un nuovo protocollo sperimentale: stimolando le fibre vagali del cuore di una rana isolò una sostanza che, applicata a un secondo cuore di rana, sembrava riprodurre l'inibizione, dimostrando così che l'acetilcolina era prodotta e rilasciata dai neuroni del nervo vago. In seguito Dale chiarì l'azione dell'ACh a livello della sinapsi dei gangli autonomici e della giunzione neuromuscolare. Egli dimostrò anche che oltre ai neuroni colinergici vi erano anche neuroni adrenergici introducendo così il concetto dell'identità chimica di ogni neurone. Con ciò i diversi effetti funzionali sulle cellule bersaglio erano attribuibili a neuroni differenti, chimicamente identificabili. Entrambi ottennero il premio Nobel nel 1936 per queste scoperte.

Più tardi, l'australiano Sir John Eccles, premio Nobel per la medicina nel 1963, dimostrò che anche le sinapsi del SNC generano un potenziale postsinaptico mediante la liberazione di trasmettitori chimici che esercitano un'azione di stimolo o d'inibizione delle cellule nervose. Egli aveva anche stabilito il cosiddetto "principio di Dale" che recitava: un dato neurone libera lo stesso neurotrasmettitore in tutte le sue sinapsi o "un neurone, un neurotrasmettitore". Oggi sappiamo che il principio o legge di Dale è falso e che un neurone può rilasciare più neurotrasmettitori (co-trasmissione). John Eccles riassunse i risultati basati su registrazioni elettrofisiologiche da una singola cellula nervosa e una singola cellula muscolare nel suo libro immodestamente intitolato "Le basi neurofisiologiche del pensiero". In esso si unificava lo studio di singole cellule nervose e la neurochimica con informazioni ricevute dall'anatomia patologica, dalla fisiologia e dalla clinica per spiegare la genesi del pensiero.

Nell'ultima decade del XIX secolo il medico, istologo e anatomico spagnolo, premio Nobel per la medicina nel 1906, Santiago Ramón y Cajal, vedeva nello sviluppo del SN una fase dinamica in cui si "selezionano" neuroni e connessioni sinaptiche, nuclei e circuiti funzionali. In più egli vedeva già il neurone come una singola entità. Egli gettò così le basi per la scienza del sistema nervoso, la neurobiologia. Cajal fornì prove sperimentali della "dottrina del neurone", applicando così al SN la teoria cellulare, formulata per la prima volta da Schleiden e Schwann nel 1839. Secondo questa teoria, tutti gli organismi viventi sono costituiti da una o più cellule; la cellula è la più piccola unità di materia vivente in cui è organizzato un organismo; tutte le cellule derivano da altre cellule (quest'ultima generalizzazione era stata formulata da Rudolf Virchow nel 1858). Diversamente da Cajal, altri studiosi, tra cui l'istologo e patologo italiano Camillo Golgi, non erano certi che l'assone e i molti dendriti di un neurone fossero vere estensioni cellulari. Poiché non era stato possibile fino ad allora visualizzare le membrane, questi studiosi, detti reticolaristi, ritenevano che il citoplasma di due cellule nervose giustapposte fosse contiguo e che esistesse un sincizio o rete reticolare, cioè che il sistema nervoso fosse una rete senza soluzione di continuità. Come già detto, un neurone è provvisto di dendriti che servono da input e che ricevono le informazioni da altre cellule e di un assone che serve da elemento d'uscita e trasferisce le informazioni ad altre cellule, spesso attraverso lunghe distanze. Alla comprensione della struttura del neurone e dei suoi processi si è giunti con gli esami istologici di Ramón y Cajal e gli studi *in vitro* dell'americano Ross Harrison. Quest'ultimo per primo ottenne la crescita e lo sviluppo di frammenti di tessuto nervoso isolato dall'organismo nel 1907: in preparazioni da SN embrionale aveva osservato direttamente la crescita degli assoni e dei dendriti dai neuroni cresciuti in coltura.

Studiando i neuroni in animali appena nati e applicando il metodo della colorazione argentica di Golgi, Ramón y Cajal dimostrò che i neuroni sono in realtà cellule isolate che possono comunicare tra loro solo attraverso speciali punti di apposizione, contatti che più tardi Charles Sherrington chiamò sinapsi. Cajal elaborò così una tesi secondo la quale i neuroni sono cellule polarizzate che si mettono in contatto con altre cellule o neuroni a livello delle giunzioni (sinaptiche) specializzate e formano le unità dei sistemi nervosi. Individuato il neurone come elemento discreto del SN, Cajal elaborò anche la "legge" detta "della polarizzazione dinamica", che definisce il soma cellulare e i dendriti come strutture che hanno recettori per i messaggi "in arrivo" e l'assone come la struttura di output. Quindi il flusso d'informazione è obbligato: dai dendriti al soma e da questo a un altro neurone o un'altra cellula, lungo l'assone dopo aver attraversato la sinapsi. Nel 1906 la dottrina del neurone come elemento fondamentale della natura del sistema nervoso dei mammiferi ricevette l'imprimatur di Sir Charles S. Sherrington, e in quello stesso anno Ramón y Cajal e Camillo Golgi ricevettero il premio Nobel per la Medicina e Fisiologia. Più tardi, nel 1932, anche Sherrington, insieme a Edgard D. Adrian, fu insignito del premio Nobel per gli studi sulle proprietà elettriche degli impulsi nervosi e le fondamentali scoperte sulle funzioni dei neuroni. Se l'ACh era stata riconosciuta come neurotrasmettitore sin dagli anni Venti, la natura chimica della neurotrasmissione a livello dei neuroni del SNC non fu accetta fino agli anni Cinquanta. La storia della "scoperta", o meglio dell'accettazione di altre sostanze come neurotrasmettitori fu dunque lunga e controversa. Sebbene fosse noto che il cervello era ricco in glutammato, la presenza del più diffuso neurotrasmettitore eccitatorio era attribuita unicamente a un suo ruolo nel metabolismo cerebrale. Solo esperimenti della metà e fine degli anni cinquanta dimostrarono l'esistenza della trasmissione glutamatergica: il lavoro di Hayashi del 1954 dimostrò che iniezioni di glutammato nel cervello provocano convulsioni e quello di Curtis e collaboratori pubblicato su Nature nel 1959 mostrò che l-glutammato depolarizza ed eccita neuroni del SNC. Tuttavia dato che anche altri aminoacidi avevano attività eccitatoria, il glutammato venne considerato aspecifico fino agli anni Ottanta, quando la scoperta di specifici agonisti e antagonisti permise di identificarne i recettori neuronali e comprendere il suo ruolo come principale neurotrasmettitore eccitatorio.

Nel 1962 finalmente fu possibile visualizzare al microscopio l'esatta localizzazione tessutale di un neurotrasmettitore. Si sapeva che la midollare del surrene conteneva catecolamine. Studi di Hillarp e Carlsson dimostrarono che dopo trattamento con vapori di formalina, le amine presenti in tessuti essiccati diventavano fluorescenti, per la produzione di cataboliti tetra-idro-isoquinolinici. In seguito essi applicarono il metodo a sezioni di tessuto tagliate al criostato, essiccate nel vuoto ed esposte ai vapori di formaldeide a 50-75°: una forte fluorescenza specifica si sviluppò in pochi secondi. Fu così possibile descrivere mediante il metodo di fluorescenza detto di Falck-Hillarp il sistema adrenergico periferico, identificare i circuiti cerebrali che usano noradrenalina, dopamina (DA) e adrenalina e definirne la mappa stereotassica. Nei circuiti serotoninergici (5-HT) invece la fluorescenza era troppo debole per una identificazione certa. Era nata così l'istofluorescenza cerebrale, che fu seguita dall'immunofluorescenza (o immunoistochimica) che mette in evidenza neurotrasmettitori, altre piccole molecole, antigeni proteici (enzimi biosintetici, recettori, molecole intracitoplasmatiche e nucleari) mediante l'uso di anticorpi specifici coniugati a molecole fluorescenti o evidenziati con anticorpi secondari fluorescenti. Da questi studi, come osservò Jacques Glowinski, emersero nuovi concetti sui principi della comunicazione cellulare e sull'anatomia biochimica del cervello. Questi approcci permisero in seguito di scoprire che la DA è il neurotrasmettitore mancante nel morbo di Parkinson. Nella seconda metà degli anni Cinquanta alcuni tra i più eminenti neurologi europei e nordamericani avevano già provato a somministrare il precursore della dopamina, L-DOPA, a pazienti parkinsoniani con effetti collaterali disastrosi. Nel 1967 George Cotzias nei laboratori Brookhaven scoprì che alte dosi di L-DOPA (contrapposte alle basse dosi degli studi precedenti) somministrate oralmente anziché intravena determinavano regressione dei sintomi parkinsoniani praticamente senza effetti collaterali. Questo è ancor oggi il principale presidio terapeutico nel morbo di Parkinson.

La teoria elettrica della neurotrasmissione

Se la teoria chimica della neurotrasmissione compiva passi giganteschi, sul versante della teoria elettrica i metodi elettrofisiologici fecero grandissimi progressi con l'introduzione dello studio dell'assone gigante del calamaro. Tali studi, molti dei quali svolti alla Stazione Zoologica di Napoli, oggi intitolata al suo fondatore Anton Dohrn, permisero l'elaborazione della moderne teorie della trasmissione assonale. Sin dai tempi di Galvani e Volta (fine del XVIII secolo) era noto un ruolo della conduzione elettrica nel sistema nervoso. Queste iniziali evidenze sperimentali portarono nella metà dell'Ottocento alla scoperta del potenziale d'azione (PdA) da parte di Emil du Bois-Reymond ed Hermann von Helmholtz, descritto nel Capitolo 4, *Le cellule del Sistema Nervoso Centrale*. Già nei primi anni del '900 Julius Bernstein ipotizzò che il PdA risultasse dal cambio della permeabilità agli ioni della membrana assonale e nel 1907 Louis Lapicque suggeriva che il PdA fosse generato quando si oltrepassava una soglia. Negli anni Trenta Ken Cole e Howard Curtis mostrarono che la conduttanza della membrana aumenta durante il PdA. Fu nel 1949 che Alan Hodgkin e Bernard Katz scoprirono il ruolo cruciale della permeabilità al sodio per generare il PdA. Essi pochi anni dopo insieme ad Andrew Huxley applicarono la tecnica del potenziale imposto (*voltage clamp*) dimostrando che voltaggio e tempo erano indispensabili per la permeabilità della membrana assonale agli ioni Na+ e K+. Il voltage clamp portò nel 1976 all'invenzione, da parte di Erwin Neher e Bert Sakmann, della tecnica del *patch-clamp* capace di registrare la corrente che passa attraverso un singolo canale di membrana. Si venivano così delineando i meccanismi alla base della comunicazione neuronale (e gliale). Tali studi furono svolti inizialmente a livello biofisico, prendendo in considerazione i movimenti degli ioni ai lati della membrana, e poi dalla seconda metà del XX secolo, con l'avvento delle tecniche del DNA ricombinante, si focalizzarono sugli aspetti molecolari, come ad esempio la struttura dei canali di membrana.

Negli anni '70 dai laboratori di Paul Greengard e altri cominciarono a emergere dati che indicavano l'esistenza di due tipi di recettori per i neurotrasmettitori. Questi ultimi infatti potevano alternativamente attivare canali ligando-dipendenti (ionotropici, per glutammato, ACh, GABA, serotonina) per produrre potenziali sinaptici rapidi che durano pochi secondi, o interagire con altri recettori (metabotropici), legati a proteine G (G perché legano GTP oppure GDP), che producono risposte sinaptiche lente e persistenti. Le proteine G svolgono una funzione di transduzione del segnale perché trasferiscono l'informazione dal recettore a enzimi che producono secondi messaggeri intracellulari. Questo sistema può attivare i canali ionici agendo sui loro domini citoplasmatici e, allo stesso tempo, può modificare altre proteine anche inducendone la traslocazione nel nucleo cosicché da modificare proteine che regolano la trascrizione (fattori di trascrizione). Quindi da questi studi, partendo dalla generazione del PdA si è giunti alla comprensione di come la segnalazione sinaptica sia capace di determinare cambiamenti di lunga durata e conseguentemente spiegare alcuni aspetti della plasticità del SNC.

Dalla frenologia alla localizzazione delle funzioni cerebrali

Alla fine del Settecento negli studi sul cervello e sulla mente umana inizia ad aleggiare il concetto che il cervello possa essere suddiviso in aree funzionali. Il medico e anatomico tedesco Franz Joseph Gall formulò la nuova teoria che la corteccia cerebrale fosse costituita da organi diversi il cui sviluppo individuale si sarebbe riflesso con bozzi e depressioni del cranio sovrastante. Gall si convinse di aver identificato e localizzato ben 27 funzioni in differenti aree della corteccia cerebrale umana, 19 delle quali erano condivise con gli animali. Sebbene la sua teoria fosse del tutto priva di fondamento, essa fu per anni molto popolare ponendo così, involontariamente, le basi per i concetti di localizzazione corticale di funzioni nervose. Nel 1862 il neurologo francese Paul Broca studiando un paziente colpito da ictus, che poteva comprendere il linguaggio ma era incapace di proferire parola (tranne un'unica sillaba "tan", per cui è noto come il "paziente tan"), dimostrò che la porzione posteriore del lobo frontale sinistro era responsabile dell'articolazione del linguaggio, identificando così quella che oggi conosciamo come area di Broca. Alcuni anni dopo anche Carl Wernicke studiò un paziente vittima di ictus che poteva parlare ma con un linguaggio senza senso. L'area danneggiata era posta vicino alla zona dove i lobi temporale e parietale si incontrano nella parte posteriore dell'emisfero sinistro. Anche quest'area prende il nome dal suo scopritore e oggi sappiamo che essa è deputata all'elaborazione e alla comprensione del linguaggio. Le scoperte di Broca e Wernicke non solo portarono conferme importanti alle teorie "localiste", ma fecero emergere per la prima volta il concetto che il cervello funzionalmente non è sempre simmetrico e che alcune sue funzioni sono lateralizzate. I più convincenti esperimenti sulla localizzazione di funzioni nella corteccia cerebrale vennero infine da studi di Gustav Fritsch e Eduard Hitzig mediante stimolazione elettrica della corteccia di cane e rana. Questa stimolazione produceva caratteristici movimenti muscolari nel collo o delle zampe.

Nella prima metà del XX secolo infine il neurochirurgo Wilder Penfield condusse esperimenti di stimolazione cerebrale in pazienti svegli che dovevano essere sottoposti a trattamento chirurgico per epilessia intrattabile. Questi esperimenti gli permisero di stabilire una mappa completa della corteccia motoria primaria, la porzione del cervello umano responsabile dei movimenti e dello scambio di informazioni motorie e sensoriali. In questa mappa si disegna l'omuncolo di Penfield, nella circonvoluzione precentrale del telencefalo, dove le varie parti del corpo sono rappresentate in base alla complessità dei movimenti che compiono e alle aree della corteccia somatosensoriale dedicate a ciascuna parte del corpo, e non in proporzione alla loro grandezza (Figg. 2.1 e 2.2). In quegli stessi anni, il lavoro di Karl Spencer Lashley era volto alla identificazione della localizzazione della memoria, i cui componenti neurali chiamò engrammi. Egli valutava la capacità dei ratti, oggetto degli esperimenti, di orientarsi in labirinti prima e dopo lesioni di differenti aree della corteccia cerebrale. Se l'animale dopo lesione era ancora capace di portare a termine il compito per cui era stato addestrato si evinceva che la traccia della memoria non era localizzata nella zona cerebrale lesa. Con questo metodo egli non riuscì a individuare alcuna zona cerebrale responsabile della memoria e teorizzò che questa fosse sparsa in tutta la corteccia.

Solo negli anni Cinquanta l'ippocampo venne individuato come la zona necessaria all'apprendimento e all'acquisizione della memoria di lungo termine

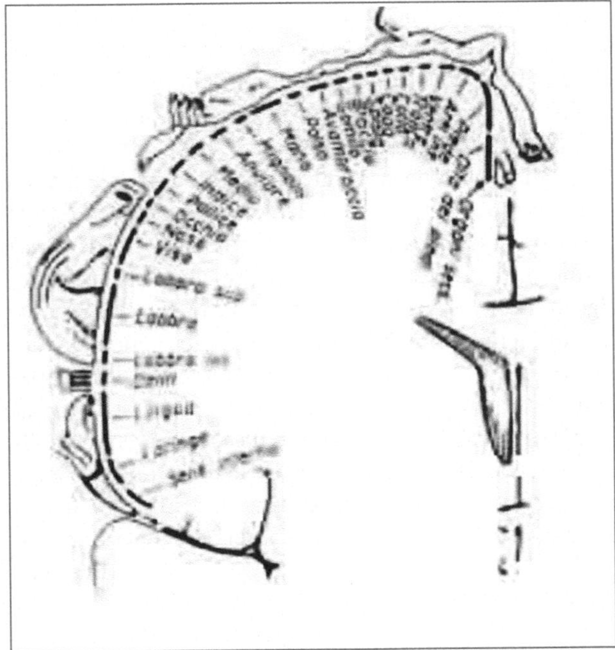

Fig. 2.1. *Homunculus* di Penfield. In questa mappa, localizzata nel solco di Rolando nella corteccia parietale, sono rappresentate le afferenze sensoriali e le efferenze motorie del corpo. L'estensione delle aree assegnate alle varie parti del corpo non è proporzionale alla loro grandezza ma piuttosto alla complessità dei loro movimenti

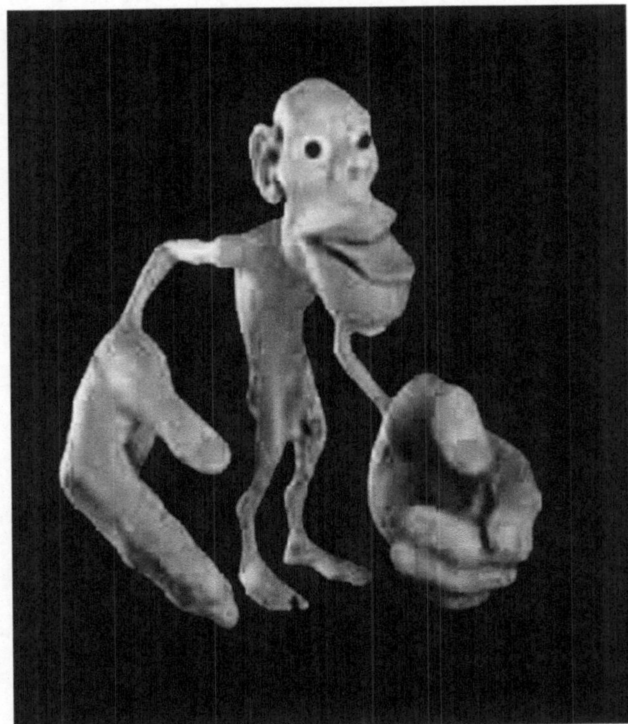

Fig. 2.2. L'uomo visto secondo l'estensione delle sue parti anatomiche come nell'*homunculus*. Fondation Claude Verdan, Musée de la Main ©photo CEMCAV-CHUV

ma non il sito di deposito della memoria. Ancora una volta fu un paziente neurologico che aprì la strada alla comprensione della localizzazione della memoria. Il paziente H.M. fu sottoposto ad ablazione chirurgica dei lobi temporali e quindi anche dell'ippocampo per alleviare un'epilessia intrattabile. Due anni dopo, la neuropsicologa Brenda Milner esaminando la prestazione di H.M. con una serie di test psicologici scoprì che egli aveva una normale memoria a breve termine mentre quella a lungo termine era deficitaria, ma il deficit non comprendeva le memorie autobiografica (eventi) e semantica (fatti e conoscenze in generale) acquisite prima dell'operazione chirurgica. Da questi dati clinici emerse la concezione che l'ippocampo svolge un ruolo centrale nel formare nuovi ricordi. Si comprese che esistono due forme di memoria: dichiarativa (o esplicita) e non-dichiarativa (implicita) con sedi cerebrali diverse. La prima è rappresentata dalla capacità cosciente di ricordare fatti ed eventi riguardanti persone, posti e oggetti e ha sede nell'ippocampo e nei lobi temporali mediali, la seconda è rappresentata dalla capacità di richiamare abilità e strategie motorie e percettive ed è conservata nei nuclei della base, amigdala e cervelletto. In seguito si capì che entrambe queste memorie possono essere di lungo e breve termine e si caratterizzano per differenti requisiti molecolari. Quella a breve termine si realizza mediante attivazione delle ciclasi e delle chinasi che modificano proteine preesistenti. Invece quella a lungo termine richiede traslocazione nel nucleo di secondi messaggeri quali protein chinasi A (PKA) e MAP kinasi (*mitogen activated protein kinase*), attivazione delle trascrizione genica mediata dal fattore di trascrizione CREB e neosintesi proteica, con conseguenti cambiamenti strutturali delle sinapsi e formazione di nuove sinapsi. Studi su invertebrati, quali la lumaca di mare Aplysia californica e il moscerino della frutta Drosophila melanogaster, in seguito confermati nei vertebrati, furono centrali per questa nuova visione molecolare della memoria e sono riconducibili, rispettivamente, agli eleganti esperimenti iniziati negli anni '70 da Eric Kandel (premio Nobel con Greengard e Carlsson nel 2000) e dai suoi collaboratori, e dal gruppo di Seymour Benzer e dei suoi associati.

Già alla fine dell'Ottocento gli esperimenti di ablazione parziale di parti della corteccia cerebrale di Hermann Munk (1881) e Edward Schafer (1888) avevano permesso di localizzare nel lobo occipitale la sede dove venivano processate le informazioni. Negli anni Cinquanta S.W. Kuffler e in seguito i suoi allievi Torsten Wiesel e David Hubel (premi Nobel nel 1981, insieme a Roger Sperry) definirono le localizzazioni delle esperienze visive, i cui circuiti vanno dalla retina al nucleo genicolato laterale del talamo e da qui alla corteccia visiva posta nel lobo occipitale o area V1, anche detta corteccia striata, descritte nel Capitolo 3, *L'architettura del sistema nervoso*. Gli studi di questi scienziati con metodi elettrofisiologici e l'uso di traccianti o d-glucosio radioattivi (quest'ultimo, detto anche destrosio, è l'enantiomero destrogiro del glucosio che viene captato dai neuroni più attivi ma non viene metabolizzato permettendone quindi la visualizzazione per autoradiografia su lastre fotografiche) permisero anche di iniziare a comprendere che per le funzioni del sistema nervoso era necessaria un'alta plasticità, come descritto più in dettaglio nel Capitolo 8, *Plasticità, memoria e apprendimento*, e nel Capitolo 10, *Meccanismi di malattia*.

Infine una delle più innovative localizzazioni di funzioni nel cervello si deve agli studi di Roger Sperry e dei suoi allievi sulle specializzazioni e lateralizzazioni funzionali degli emisferi cerebrali. Studiando pazienti con epilessia resistente a farmaci in cui era stato reciso il corpo calloso, dove passano quasi duecento milioni di assoni che interconnettono i due emisferi, questi studiosi scoprirono che essi manifestavano una sindrome di disconnessione tra i due emisferi che includeva l'assenza di trasferimento di informazioni sensoriali e deficit di coordinamento dell'attività motoria bimanuale. In sostanza questi pazienti andavano incontro ad alterata integrazione interemisferica di varie forme di informazioni visive e tattili. Essi inoltre presentavano alcuni deficit di processi cognitivi come l'elaborazione aritmetica, il ragionamento astratto, la memoria a breve termine. Sostanzialmente la commissurotomia limita la capacità di ragionare in nuove situazioni complesse, generalmente gestite da centri lateralizzati (come per esempio quelli del linguaggio). Oggi la scoperta di una agenesia genetica del corpo calloso (AgCC), che ha un'incidenza di 1:4000 individui, e lo sviluppo di modelli animali di AgCC permettono lo studio di funzioni cerebrali integrate in cervelli sani utilizzando tecniche di risonanza magnetica (NMR) funzionale, elettroencefalografia (EEG) e psicologia. Sperry si era anche occupato del sistema visivo e sin dagli anni Quaranta aveva iniziato a elaborare la teoria secondo cui la selettività delle connessioni nervose dipendesse da proprietà fisico-chimiche specifiche. In seguito, sulla base dei suoi studi di rigenerazione del nervo ottico nel pesce rosso, sviluppò la "teoria della chemoaffinità" che postulava l'esistenza di una corrispondenza topografica tra le proiezioni assonali retiniche e i neuroni del tetto dovuta ad affinità chimica tra i partner. Questa ipotesi più tardi troverà la sua spiegazione molecolare nella scoperta che alcune proteine, le efrine e i loro recettori specifici, al pari di altre classi di molecole, controllano la crescita assonale e la selettività delle sinapsi.

Le basi molecolari del riconoscimento delle cellule nervose furono poste dalle scoperte di Edelman, che insieme ai suoi collaboratori aveva identificato e isolato una proteina di adesione cellulare, della superfamiglia delle immunoglobuline, chiamata NCAM (*neural cell adhesion molecule*). In seguito sono state identificate molte altre proteine simili, con domini immunoglobulinici e proprietà di adesione e riconoscimento tra cellule nervose, di cui tuttavia non si conosce ancora completamente la funzione. Contemporaneamente altre due classi di molecole di adesione attive anche nel sistema nervoso furono identificate: le caderine e le integrine.

Oggi le localizzazioni delle funzioni cerebrali anche molto sofisticate possono essere studiate con metodi non invasivi mediante tecniche di visualizzazione cerebrale (*brain imaging*), trattate nel Box 2.2, *Metodi di visualizzazione cerebrale*, spesso associate ad analisi comportamentali e neuropsicologiche. Inizia così una nuova branca della neurobiologia, tesa a studiare la basi biologiche del comportamento. In realtà i primi studi erano iniziati sin dalla metà del XIX secolo in seguito alle osservazioni cliniche sul paziente Phineas Gage. Questi, sopravvissuto a un incidente che lese la parte frontale del cervello, cambiò completamente personalità perdendo l'etica del lavoro e una condotta morale morigerata, tratti della personalità che l'avevano precedentemente caratterizzato. Si poté quindi stabilire per la prima volta una relazione tra personalità e una particolare area cerebrale, in seguito confermata da studi su tumori della corteccia frontale e in scimmie con ablazioni del lobo frontale. Nella seconda metà degli anni trenta queste scoperte indussero il chirurgo portoghese Antonio Egas Moniz, più tardi insignito del premio Nobel (1949), ad applicare la lobotomia frontale ai pazienti dei manicomi portoghesi. In seguito anche negli Stati Uniti si diffusero tali interventi, che rendevano in effetti il paziente apatico e finanche demente, anche solo per diminuire l'iperattività, i comportamenti aggressivi e socialmente inadeguati. Questa pratica fortunatamente cadde in disuso agli inizi degli anni Cinquanta, quando nel trattamento dei disturbi mentali fu introdotto il primo farmaco psicotropo, la clorpromazina (Torazina). Questo farmaco, scoperto dal francese Henry Laborit e introdotto nella pratica clinica dallo psichiatra Pierre Deniker, contribuì ugualmente al declino dell'elettroshock. Quest'ultima era stata una pratica clinica molto diffusa messa a punto negli anni Trenta dagli italiani Lucio Bini e Ugo Cerletti per la terapia della schizofrenia e della depressione, anch'essa spesso usata impropriamente sia per malattie di altra natura sia per contrastare comportamenti ritenuti socialmente riprovevoli (omosessualità, opposizione politica a regimi dominanti).

La neurobiologia cellulare e molecolare

La storia della neurobiologia di questi ultimi decenni si interseca strettamente con quella della biologia molecolare e cellulare, come abbiamo già visto per gli studi sulla memoria. Fattori di crescita specifici per diverse classi di neuroni, primo dei quali il *nerve growth factor* (NGF) scoperto negli anni Cinquanta da Rita Levi Montalcini, Stanley Cohen e Viktor Hamburger, sono poi stati scoperti anche per altri tessuti e tipi cellulari. Cellule staminali sono state individuate nel sistema nervoso, come in tutti gli altri tessuti, incluso il cervello di mammiferi adulti (si veda il Box 7.1, *La neurogenesi nell'adulto: la fine di un dogma*). I meccanismi fondamentali delle funzioni cellulari, dalla regolazione della trascrizione alla degradazione delle proteine, sono stati evidenziati nelle cellule nervose e hanno permesso di comprendere le basi molecolari di alcune patologie genetiche e acquisite del sistema nervoso, come l'espansione della ripetizione di un trinucleotide o l'accumulo di proteine alla base di molte neurodegenerazioni. Tecniche come le colture cellulari di neuroni, di cellule staminali, l'introduzione di geni (con vettori virali, liposomi ecc.) in neuroni *in vitro* e *in vivo*, lo sviluppo di modelli animali manipolati geneticamente, hanno consentito un'esplosione di conoscenze sull'organizzazione del sistema nervoso e sul suo sviluppo embrionale, sull'acquisizione delle diverse identità neuronali e sulla biologia dei diversi tipi di neuroni, nonché sui diversi meccanismi che sottostanno a patologie apparentemente simili, come per esempio le malattie neurodegenerative o le epilessie. L'esplosione dell'epigenetica, definita come memoria molecolare e cellulare che porta a cambiamenti stabili dell'espressione genica senza alterazioni del DNA stesso, ha permesso di comprendere che tali le modificazioni (come per es. l'acetilazione degli istoni) sono indispensabili per la plasticità sinaptica e i processi di memoria.

Progressi della genetica, dal clonaggio posizionale allo studio di isolati genetici (aree geografiche isolate con un limitato numero di individui fondatori che costituiscono uno strumento moderno e valido per lo studio delle basi genetiche delle malattie, del comportamento e dei caratteri ereditari) all'uso di RNA interferenti (siRNA) per regolare l'espressione di specifici geni, hanno permesso l'identificazione di geni-malattia e di nuove classi di patologie del sistema nervoso.

La visualizzazione e la stimolazione del cervello *in vivo*

Negli anni Settanta nuovo impulso alle neuroscienze cognitive venne dall'introduzione di nuovi importanti approcci tecnologici che permettevano la visualizzazione non invasiva del cervello. Tra questi grande importanza hanno ancora oggi la tomografia assiale computerizzata (TAC) introdotta da Cormack e Hounsfield (premi Nobel per questa scoperta nel 1979), la tomografia a emissione di positroni (PET) sviluppata da Phelps, Hoffman e Ter-Pogossian per la prima volta nel 1974; di quell'anno è anche la prima applicazione delle tecniche di risonanza magnetica (NMR) allo studio di un topo. In quegli stessi anni una nuova tecnica di studio rivoluzionò l'elettrofisiologia, l'analisi dei singoli canali ionici nelle cellule o patch-clamp inventata da Erwin Neher e Bert Sakmann (1976), che ricevettero il premio Nobel per questa scoperta nel 1991. Sono state in seguito disegnate nuove tecniche di microchirurgia funzionale che si stanno affermando sia per il trattamento di disturbi del movimento che in malattie psichiatriche. Tra queste, la già citata DBS. È necessario invocare cautela anche nell'uso di questa tecnica che può generare effetti collaterali. Del resto le esperienze storiche dell'uso della lobotomia ed elettroshock della prima metà del XX secolo richiedono che vengano stabilite regole precise all'uso di queste nuove terapie chirurgiche. Nell'Appendice 2 sono elencati gli scienzati che hanno ricevuto il premio Nobel per i loro studi sul sistema nervoso e le motivazioni del premio.

Letture consigliate

Albright TD, Jessel TM, Kandel ER et al (2000) Neural science: review a century of progress and the mysteries that remain. Neuron 25(2):S1–S55
Eccles JC (1953) The Neurophysiological Basis of Mind, Clarendon Press, Oxford
Flack B, Hillarp NA, Thieme G, Torp A (1962) Fluorescence of catecholamines and related compounds condensed with formaldehyde. J Histochem Cytochem 10:348–354
Helmholtz H (1889) Popular Scientific Lectures. Longmans, London
Jiang Y, Langley B, Lubin FD et al (2008) Epigenetics in the nervous system. J Neurosci 28:11753–11759
Miller G (2009) Rewiring faulty circuits in the brain. Science 323:1554–1556
Sherrington CS (1897) The central nervous system. In: Foster M (ed) A text-book of physiology, 7th edn, pt III. Macmillan, London, pp. 928–929

Sherrington CS (1906) The integrative action of the nervous system. Yale University Press, New Haven, CT
Ungerstedt U (1971) Stereotactic mapping of the monoamine pathways in the rat brain. Acta Physiol Scand S367:1–48

Film consigliati

Qualcuno volò sul nido del cuculo. Regia di Milos Forman (1975)
Suddenly, last summer (Improvvisamente l'estate scorsa). Regia di Joseph L. Mankiewicz (1959) tratto dall'omonimo atto unico scritto nel 1957 da Tennessee William; film con Elizabeth Taylor, dove la protagonista Catherine sembra impazzita per la morte misteriosa del cugino ed è minacciata di lobotomia

---

Box 2.1. Il "gene della parola e del linguaggio"

Recentemente è stata individuata una mutazione genica che determina disturbi di articolazione della parola e comprensione del linguaggio. La singola mutazione nel gene che codifica per il fattore di trascrizione FOXP2, e che comporta la sostituzione di una arginina con una istidina, ne altera la capacità di legame al DNA. Il nome del gene è l'acronimo di "*fork head box*", le cui mutazioni in *Drosophila melanogaster* producono deformazione a forchetta della testa dell'embrione. La mutazione, denominata R553H e localizzata sul cromosoma 7 (7q31) è dominante ed è stata identificata in Gran Bretagna nella famiglia KE. La metà dei membri di questa famiglia mostra disprassia verbale, cioè incapacità ad articolare la parola, nonché deficit del linguaggio orale e scritto. Studi di risonanza magnetica funzionale hanno mostrato che vi è un deficit di attivazione dell'area di Broca e del *putamen*, un nucleo della base. Sono state descritte anche varie anomalie cromosomiche che coinvolgono FOXP2, come nella sindrome Silver-Russel nella quale la disomia uniparentale materna del cromosoma 7 comporta alterazioni del linguaggio. Come altri fattori di trascrizione, FOXP2 è estremamente pleiotropico, con centinaia di geni bersaglio su cui esercita la sua azione di regolatore positivo o negativo della loro espressione. Uno dei geni bersaglio di FOXP2 legati ad alterazioni del linguaggio è CNTNAP2, che codifica per la neuressina Caspar2, una proteina transmembrana che regola la localizzazione e il mantenimento dei canali potassio voltaggio-dipendenti ed è implicata anche nel riconoscimento e nell'adesione neuronale. Questo gene, fortemente espresso nella corteccia umana nel corso dello sviluppo, è regolato negativamente da FOXP2. Varianti di CNTNAP2 sono associate ai difetti presenti nelle forme comuni di disturbi del linguaggio. FOXP2 è espresso non solo nel cervello ma anche in molti altri organi, incluso il polmone. Topi geneticamente manipolati che hanno una sola copia di tale gene presentano capacità di vocalizzazione significativamente ridotte rispetto ad altri cuccioli e diminuita plasticità sinaptica nello striato, mentre topi knockout, nei quali entrambe le copie di FOXP2 sono state inattivate, presentano dimensioni corporee ridotte e insufficiente sviluppo cerebrale e polmonare che determina morte precoce. Negli uccelli canterini si osserva un'aumentata espressione di FOXP2 nell'area X (una formazione dei gangli della base necessaria per lo sviluppo del canto) nel periodo di apprendimento dal tutor (uccello insegnante) e nei canarini adulti che rimodellano il canto alla fine dell'estate. Cioè vi è maggio-

---

(*cont.*→)

(**Box 2.1.** *continua*)

re espressione di FOXP2 nel periodo di maggiore plasticità vocale. Se in questo periodo si riduce l'espressione di FOXP2 mediante interferenza dell'RNA, si altera l'apprendimento del canto. Quindi gli studi negli uccelli mostrano che l'aumentata espressione di FOXP2 al momento della plasticità vocale interviene nei cambiamenti adattativi dei neuroni medio-spinosi dello striato.

Il FOXP2 umano differisce da quello dello scimpanzè per due amminoacidi, per tre amminoacidi da quello del topo, per sette dal diamante mandarino, un uccello canoro che apprende il canto. La variante umana di FOXP2 è stata trovata nel DNA di due campioni di uomini di Neanderthal analizzati, quindi il cambio aminoacidico dalla forma propria degli scimpanzè a quella umana è avvenuto prima della divergenza tra le popolazioni ancestrali neandertaliane e l'uomo moderno (*Homo sapiens*), circa 300.000–400.000 anni fa.

La sostituzione del gene FOXP2 murino con quello umano ha permesso lo sviluppo di topi transgenici apparentemente normali, che hanno vocalizzazioni maggiori rispetto ai topi usati come controllo, ridotto comportamento esplorativo e diminuita concentrazione di dopamina nei gangli della base. Tra questi ultimi lo striato mostra aumentata lunghezza dendritica dei neuroni medio-spinosi e aumento della plasticità sinaptica.

Va detto che la facoltà del linguaggio si è sviluppata su tratti multipli e dipende da influenze multifattoriali che precedono la sua nascita. L'evoluzione del linguaggio non può quindi essere spiegata con un singolo agente molecolare uomo-specifico o cervello-specifico. Pertanto la presenza della variante moderna di un singolo gene come FOXP2 nel DNA umano antico non risolve il dibattito sulle capacità linguistiche dei nostri remoti antenati, ma getta le basi per la comprensione molecolare di questa complessa funzione.

Letture consigliate

Enard W, Gehre S, Hammerschmidt K et al (2009) A humanized version of Foxp2 affects cortico-basal ganglia circuits in mice. Cell 137:961–971

Fisher SE, Scharff C (2009) FOXP2 as a molecular window into speech and language. Trends Genet 25:166–177

Krause J, Lalueza-Fox C, Orlando L et al (2007) The derived FOXP2 variant of modern humans was shared with Neandertals. Curr. Biol 17:1908–1912

Lieberman P (2009) FOXP2 and human cognition. Cell 137:800–802

Pollard KS (2009) What makes us human? Sci Am 300:44–49

Box 2.2. Metodi di visualizzazione cerebrale

La **PET** o **tomografia ad emissione di positroni** (*positron emission tomography*) è in grado di far vedere il cervello o il cuore al lavoro. Molto usata in oncologia, la PET trova ampi usi in neurologia e neurobiologia.

I positroni (o anti-elettroni) sono generati dal decadimento dei nuclei di specifici radioisotopi. Quando materia e antimateria si incontrano, si annullano, così quando

(*cont.*→)

(Box 2.2. *continua*)

un positrone e un elettrone si incontrano si annullano, producendo due raggi gamma che vanno in direzioni opposte. Questi ultimi vengono registrati dallo scanner della PET e convertiti in immagini da un computer. Quindi sostanze emettitrici di positroni possono essere usate come traccianti per scopi diagnostici o di ricerca. I composti radioattivi usati nella PET, come il glucosio, l'ossigeno, il carbonio, sono simili a composti normalmente metabolizzati da un determinato organo o tessuto. In cardiologia si usa principalmente il rubidio, Rb82, perché è un monovalente analogo del potassio che viene escreto mediante la pompa Na+/K+, mentre in oncologia si usano principalmente substrati energetici marcati, come il glucosio. Anche per studiare l'attività cerebrale viene somministrata una minima quantità di 2-fluoro-2-desossi-D-glucosio, che viene captato nei neuroni più attivi; oppure, per esempio, l-DOPA marcata con fluoro-18 o cabonio-11, che evidenzia le zone di attività dopaminergica e le loro alterazioni, come nel morbo di Parkinson. I composti radioattivi usati hanno una vita media molto breve (Tabella 2.1) e sono generati in acceleratori di particelle detti ciclotroni.

Tabella 2.1. Composti radioattivi usati nella Pet e loro emivita

Elemento	Vita media
rubidio-82	70 sec
ossigeno-15	123 sec
carbonio-11	20,3 min
bromo-75	98,0 min
fluoro-18	109,8 min

In condizioni patologiche un'elevata attività cerebrale si osserva in zone di epilessia, mentre una diminuita captazione di glucosio e quindi diminuita attività cerebrale mette in evidenza aree colpite da malattia di Alzheimer.

In definitiva, la PET fornisce informazioni sull'attività piuttosto che dettagli sull'anatomia dell'organo in esame.

La tomografia computerizzata a raggi X, TC (un tempo chiamata TAC perché assiale) fu ideata e realizzata dall'ingegnere inglese Godfrey Hounsfield e dal fisico sudafricano Allan Cormack, che per le loro scoperte vinsero il premio Nobel per la medicina nel 1979. Già negli anni Trenta il radiologo italiano Alessandro Vallebona aveva elaborato un metodo, definito stratigrafia o tomografia (dal greco *tómos*, "strato"), per rappresentare sezioni del corpo su film radiografici. Esso permetteva di visualizzare solo lo strato d'interesse eliminando, sulla base di principi di geometria proiettiva, le strutture circostanti che potessero confondere. La TC è sostanzialmente un esame diagnostico che utilizza un'apparecchiatura a raggi X, la fonte dei raggi X ruota attorno all'area da esaminare e raccoglie le immagini che poi vengono rielaborate da un computer. Può essere eseguita anche con mezzi di contrasto iniettati per via endovenosa nel soggetto da esaminare.

(*cont.→*)

(**Box 2.2.** *continua*)

La risonanza magnetica nucleare (NMR, *Nuclear Magnetic Resonance*), o spettroscopia di risonanza magnetica nucleare, fu sviluppata nel 1946 dai fisici F. Block e E. Purcell, che per questo ricevettero il Premio Nobel per la Fisica nel 1952. La tecnica si fonda sul fenomeno fisico dell'assorbimento di onde radio ad altissima frequenza da parte di nuclei atomici, protoni, sottoposti a un campo magnetico stazionario. Il campione (o soggetto) viene immerso in un campo magnetico e irradiato con onde radio. L'effetto di queste onde stimola i nuclei della molecola ad andare incontro a "spin". In meccanica quantistica lo spin è il movimento angolare intrinseco associato alle particelle. L'intensità del campo magnetico (densità) si misura in Tesla (T) e negli strumenti può variare dai decimi di T, per piccole macchine, a 3T nelle macchine in uso per scopi diagnostici, fino a 7-9 T per la NMR funzionale (fNMR) e studi sperimentali.

La NMR ha un potere di risoluzione di circa 1 mm e in neurovisualizzazione permette di distinguere sostanza grigia e sostanza bianca, la vascolarizzazione, lo stato metabolico o biochimico di specifiche regioni cerebrali.

Una sua variante, la **fMRI**, risonanza magnetica funzionale d'immagine, fornisce un metodo ad alta risoluzione per analizzare l'attività cerebrale senza marcatori. Esso si basa sulle differenze quantitative dell'ossigeno in risonanza magnetica. Quando un'area cerebrale è attivata in risposta a uno stimolo riceve più flusso sanguigno, quindi più ossigeno e l'area appare "attivata" allo scanner. Quindi la **fMRI** analizza i flussi cerebrali.

La tomografia a emissione di fotone singolo (*Single photon emission computed tomography*) (**SPECT**) è una tecnica di visualizzazione che adopera radiazioni ionizzanti, basata sulla localizzazione dei raggi gamma. Essa permette un'accurata localizzazione nello spazio 3D e può essere utilizzata per analizzare funzioni del cervello in condizioni normali o patologiche.

Il tracciante gamma-emittente più utilizzato nel neuroimaging funzionale è il tecnezio-99m, generato dal molibdeno-99, che ha un'emivita di 66 ore. Quando è accoppiato a esametil-propilene-ammino-ossima (^{99m}Tc-HMPAO) può essere assorbito dal tessuto cerebrale in maniera proporzionale al flusso di sangue e il flusso sanguigno cerebrale può essere così rilevato dalla gamma-camera. Come già menzionato, dato che il flusso sanguigno nel cervello è strettamente correlato al metabolismo locale e all'energia utilizzata dal cervello, il tracciante rileva il metabolismo cerebrale regione per regione. Per esempio, può differenziare il morbo di Alzheimer (AD) dalle demenze vascolari. In questo caso in entrambe le patologie vi è degenerazione neuronale, ma nell'AD non vi è compromissione vascolare.

Gli strumenti SPECT moderni sono dotati di scanner a raggi X per la TC fornendo così ulteriori informazioni anatomiche.

L'elettroencefalografia (EEG) non è in genere inclusa tra le tecniche di imaging, ma è il metodo elettivo per osservare i processi di elaborazione neuronale in diretta, con una misurazione dell'attività elettrica del cervello.

La magnetoencefalografia (MEG) sfrutta il sia pur piccolo campo biomagnetico prodotto dall'attività elettrica cerebrale, che passa attraverso i tessuti senza essere distorto, a differenza di quanto avviene per il segnale elettrico. Questo campo biomagnetico può

(*cont.*→)

(**Box 2.2.** *continua*)

essere rilevato attraverso un dispositivo molto sensibile. La MEG segnala rapidamente (risoluzione in millisecondi) cambiamenti di attività neurale e può dare informazioni sulla lunghezza dell'attivazione nelle diverse aree cerebrali che rispondono a stimoli presentati a diverse velocità.

Capitolo 3

L'architettura del sistema nervoso

*The brain is a world consisting of a number
of unexplored continents and great stretches of unknown territory.* [1]

Il SN è didatticamente suddiviso in centrale e periferico pur essendoci continuità anatomica fra i due. Il SNC è formato dall'insieme delle strutture centralizzate nella scatola cranica e nel canale vertebrale, encefalo e midollo spinale rispettivamente, poste in continuità fra loro. Encefalo e midollo spinale sono anche indicati come nevrasse del quale il midollo spinale costituisce la parte assiale e l'encefalo la parte sopra-assiale.

Il sistema nervoso centrale: l'encefalo e il midollo spinale

Il sistema nervoso centrale (SNC) è formato dall'encefalo o cervello, (*encephalon, brain*) e dal midollo spinale (*spinal cord*). L'encefalo, circondato da tre membrane protettive (meningi) è contenuto nel cranio, mentre il midollo spinale è contenuto nel rachide (o colonna vertebrale, in inglese *spinal column* o *backbone*).

L'encefalo, a sua volta, può essere suddiviso, secondo un criterio ontogenetico, in: telencefalo, diencefalo, mesencefalo e rombencefalo.

Un'importante gruppo di nuclei sottocorticali costituisce i gangli della base: nuclei posti nel telencefalo, nel sub-talamo e nel mesencefalo. Essi sono costituiti dallo striato (nell'uomo, nucleo caudato e *putamen*), *globus pallidus* (interno, GPi ed esterno, GPe), *nucleus accumbens*, *substantia nigra*, l'area tegmentale ventrale (VTA) nucleo subtalamico del Luys (NST), amigdala. Alcuni autori inseriscono, funzionalmente tra i gangli della base anche l'ippocampo e il cervelletto. Il diencefalo è formato da talamo, ipotalamo, ipofisi, epitalamo o epifisi e nuclei subtalamici (questi ultimi sono anche considerati fra i gangli della base per le loro connessioni funzionali). Il mesencefalo comprende i peduncoli cerebrali e la lamina quadrigemina. Il rombencefalo comprende il cervelletto, il ponte di Varolio e il bulbo o midollo allungato (*medulla oblongata*). L'insieme del bulbo, cervelletto, ponte e mesencefalo è anche definito tronco encefalico.

---

[1] "Il cervello è un mondo di continenti inesplorati e grandi distese di territori sconosciuti". Santiago Ramón y Cajal (1937) *Recollections of my life.*

Introduzione alla neurobiologia. Luca Colucci D'Amato, Umberto di Porzio
© Springer-Verlag Italia 2011

Le strutture succitate si sviluppano in periodi e con meccanismi specifici durante l'ontogenesi e sono preposte a funzioni diverse. Uno schema delle vescicole embrionali che danno origine alle varie parti del SNC è rappresentato nel Capitolo 5, *Lo sviluppo del sistema nervoso* (Fig. 5.3).

Il sistema nervoso periferico: i gangli e i nervi periferici

Il sistema nervoso periferico (SNP) è costituito da quelle strutture nervose non contenute nel cranio e nel canale vertebrale. Pertanto esso è formato dai nervi, fasci di fibre nervose che escono dal nevrasse per innervare strutture anatomiche periferiche quali muscoli, articolazioni, cute, ghiandole e vasi sanguigni. Fanno parte del SNP anche i gangli nervosi periferici che contengono il soma dei neuroni sensitivi afferenti. I nervi possono essere suddivisi in spinali (31 paia, 33 se si considerano anche gli ultimi due rudimentali nervi coccigei), composti da fibre che fuoriescono dal canale vertebrale e connettono il midollo spinale con la periferia, e cranici (12 paia) che emergono dal cranio e connettono il tronco encefalico con la periferia. I nervi possono contenere fibre afferenti sensitive, che portano informazioni dalla periferia al SNC (midollo o tronco encefalico). In tal caso recettori, liberi, costituiti dalla semplice terminazione dell'assone, priva di guaina mielinica, o corpuscolati, costituiti dalle terminazioni periferiche dei nervi, sono un grado di trasdurre e convogliare nel SNC stimoli di varia natura, tattile, termica, dolorifica ecc. I nervi che entrano ed escono dal midollo spinale sono numerati come le vertebre che attraversano.

Il sistema nervoso autonomo

Il sistema nervoso autonomo (SNA) è quella parte del SN che regola funzioni involontarie che non sono sotto un controllo cosciente. I neuroni del SNA innervano i muscoli lisci dei visceri, il muscolo cardiaco, i vasi sanguigni e le ghiandole del corpo. Il SNA presenta una componente centrale formata dai neuroni contenuti nel nevrasse e una periferica costituita dai nervi e dai gangli periferici che contengono i neuroni postgangliari o secondari che innervano gli organi effettori. Il SNA viene suddiviso in una componente ortosimpatica e una parasimpatica. Tale suddivisione risponde a criteri anatomici, biochimici e funzionali. Dal punto di vista anatomico, i corpi cellulari dei neuroni pregangliari del SNA sono contenuti in tre regioni del tronco encefalico e in due regioni del midollo spinale. Dai segmenti toracici e dai primi due segmenti lombari origina l'efferenza toracolombare ortosimpatica del SNA. Dai nuclei del III (oculomotore), VII (facciale), IX (glossofaringeo), X (vago), XI (accessorio) nervo cranico e dai segmenti sacrali 2, 3, 4 originano, rispettivamente, l'efferenza craniale e sacrale parasimpatica del SNA. Il SNA ortosimpatico e quello parasimpatico, rilasciano neurotrasmettitori diversi in corrispondenza delle loro terminazioni postgangliari: i neuroni parasimpatici liberano acetilcolina (neuroni colinergici) mentre i neuroni ortosimpatici rilasciano adrenalina o noradrenalina (neuroni adrenergici). Fanno eccezione le fibre postgangliari ortosimpatiche che innervano le ghiandole sudoripare che sono colinergiche. Invece, i neuroni spinali pregangliari di entrambi le componenti del SNA rilasciano acetilcolina. Dal punto di vista funzionale, si consideri che molti organi ricevono un'innervazione sia ortosimpatica sia parasimpatica con effetti frequentemente opposti come, per esempio, nel caso della peristalsi gastrica che è stimolata dal parasimpatico e inibita dall'ortosimpatico. Le fibre postgangliari dei due sistemi hanno lunghezza diversa, più lunghe quelle del SN ortosimpatico, i cui gangli, detti paravertebrali (in inglese *dorsal root ganglia*), sono vicini al midollo spinale, e più brevi quelle del SN parasimpattico, i cui gangli sono posti in vicinanza o all'interno degli organi innervati. Il sistema nervoso autonomo è controllato dall'ipotalamo mediante vie discendenti che prendono contatto con i neuroni pregangliari del tronco encefalico e del midollo spinale.

Il SNA comprende anche il SN enterico (SNE), formato da circa 10^8-10^9 neuroni, localizzati in gangli posti all'interno della muscolatura liscia intestinale (plesso mioenterico di Auerbach) e al di sotto della mucosa (plesso sottomucoso di Meissner). Esso controlla non solo la muscolatura liscia intestinale ma anche la secrezione ghiandolare e il flusso sanguigno. Una pletora di neurotrasmettitori mediano o modulano le funzioni enteriche: trasmettitori "classici" e aminoacidi, messaggeri gassosi e neuropeptidi. I neuropeptidi (encefaline, neurotensina, somatostatina, sostanza P, neuropeptide Y, VIP o *vasointestinal peptide*) modulano la trasmissione sinaptica. Gran parte di questi neuroni tuttavia utilizza la serotonina, la cui concentrazione in questa sede è circa il 95% di quella dell'intero corpo umano. I neuroni enterici funzionano come SN intrinseco del sistema digerente senza che vi siano afferenze dal SNC e costituiscono il cosiddetto "secondo cervello". Il SNE comprende neuroni efferenti, neuroni afferenti, interneuroni e cellule gliali (tipo astrociti) e un barriera di diffusione intorno ai capillari che circondano i gangli, simile alla barriera ematoencefalica del SNC. Esso riceve sia fibre simpatiche sia parasimpatiche, ma il loro numero è relativamente piccolo rispetto a quello dei neuroni enterici e la loro deafferentazione provoca solo modesti deficit funzionali. Tutte le venti classi funzionali di neuroni enterici originano dalla cresta neurale. Anche nel SNE vi sono precursori neurali capaci di rigenerazione. Trapianti di cellule staminali rappresentano una potenziale via terapeutica anche per malattie del SNE come, ad esempio, la malattia di Hirschprung o megacolon congenito, in cui per un deficit di migrazione delle cellule della cresta neurale durante l'embriogenesi, l'intestino distale è privo dei gangli e dei plessi nervosi con impedimento della normale peristalsi.

I raggruppamenti dei neuroni e dei loro prolungamenti nel SNC

Una volta aperti gli involucri (cranio e rachide) che lo contengono, il tessuto nervoso appare formato da aree grigie e aree bianche. La *sostanza grigia* è formata da neuroni e dalle loro ramificazioni prive di rivestimento mielinico, mentre la *sostanza bianca* è costituita dagli assoni rivestiti da mielina. Se si osserva un preparato istologico di cervello embrionale prima della fase di mielinizzazione esso appare grigio e privo della sostanza bianca.

Le fibre assonali (o proiezioni) possono essere di tipo associativo e collegano aree corticali dello stesso emisfero; fibre commisurali, che attraversano i due emisferi; e fibre di proiezione, ascendenti o discendenti, che collegano la corteccia alle strutture sottostanti.

Il corpo calloso, come anche le altre formazioni commissurali interemisferiche (il setto pellucido, il fornice e la commessura anteriore), è una grossa area di sostanza bianca, composta da più di cento milioni di assoni.

Nel SNC i neuroni che non sono localizzati nella corteccia cerebrale o nel midollo spinale (si veda più sotto) sono raggruppati nella sostanza bianca in formazioni dette *nuclei*. I neuroni presenti in un dato nucleo condividono caratteristiche funzionali (per es. nel nucleo di Sommering o *substantia nigra* si trovano neuroni dopaminergici i cui assoni stabiliscono sinapsi con i neuroni dello striato e sono implicati nel controllo motorio extrapiramidale) e spesso anche biochimiche (per es. la principale caratteristica della *substantia nigra* è la presenza di neuroni DA). Tuttavia nei vari nuclei possono essere presenti più tipi neuronali, per esempio, nella *pars reticolata* della *substantia nigra* sono presenti dendriti DA e corpi cellulari GABAergici. Nella corteccia cerebrale e cerebellare, che costituiscono le parti più esterne del cervello e del cervelletto, i neuroni sono disposti in *strati* (o *lamine*), con funzioni diverse.

Nel SNC i prolungamenti assonici che hanno un'origine comune e una destinazione consimile vengono definiti *tratti*. Per cui il tratto cortico-spinale è costituito dagli assoni dei neuroni posti nella corteccia cerebrale e destinati al midollo spinale. Nel SNC si indicano con i termini di *lemnisco, fascicolo, colonna, peduncolo* o *braccio* dei fasci di fibre ben distinti dal punto di vista anatomico. Per esempio i fascicoli gracile e cuneato sono formati da fibre che convogliano informazioni posturali provenienti dagli arti inferiori e superiori, rispettivamente. Nel caso di fasci di fibre nervose che si trovano al di fuori del nevrasse si parla di *nervi, cordoni* o *rami*; tali strutture fanno parte del SNP.

Come precedentemente detto, al di fuori del nevrasse, i raggruppamenti di neuroni sono, invece, definiti *gangli*.

La corteccia cerebrale manifesta delle protuberanze dette *circonvoluzioni* o *giri* ed è inoltre solcata da fenditure dette *scissure* o *solchi*, a seconda che siano più o meno ampie. La scissura più profonda, detta scissura sagittale, divide il cervello lungo la linea mediana in due emisferi. Due altre scissure principali si osservano sulla superficie laterale del cervello: la scissura laterale di Silvio che inizia dalla base dell'encefalo e si estende lateralmente, posteriormente e verso l'alto e la scissura centrale di Rolando che dal margine dorsale dell'emisfero decorre verso il basso fino quasi a incontrare la scissura laterale. Con l'ausilio di queste e altre scissure e solchi è possibile delimitare nell'ambito di ogni emisfero diverse aree della corteccia cerebrale definite lobi cerebrali. Va osservato che la presenza delle circonvoluzioni e solchi cerebrali rende possibile di contenere un'enorme superficie (l'area corticale è circa 2,2 m^2) all'interno di uno spazio più piccolo e non estendibile rappresentato dal cranio. L'assenza di circonvoluzioni definisce un cervello *lissencefalo*, mentre la loro presenza è tipica di un cervello *girencefalo*. Quattro sono i lobi presenti in ogni emisfero: lobo frontale, parietale, temporale e occipitale. Il *lobo frontale* è situato anteriormente rispetto alla scissura centrale e al di sopra della scissura laterale. Il *lobo parietale* si estende dalla scissura centrale alla scissura parietooccipitale ed è separato dal *lobo temporale* dalla scissura laterale. Il lobo temporale è separato ad opera della scissura parieto-occipitale dal *lobo occipitale* (Fig. 3.1). Una sezione sagittale mediana dell'encefalo espone il *lobo limbico*, il quinto lobo della corteccia cerebrale. Si tratta di una struttura corticale a forma di anello che comprende la circonvoluzione paraterminale, la circonvoluzione del cingolo e la circonvoluzione paraippocampica. Un sesto lobo, il *lobo dell'insula* è una parte di corteccia posta al fondo della scissura laterale e pertanto è apprezzabile solo dopo che le labbra della scissura (opercoli) vengono aperte.

Anche il cervelletto, adagiato sulla superficie dorsale dell'encefalo, in corrispondenza del ponte, presenta una corteccia con rilievi e solchi, costituita da sostanza grigia. Esso è formato da una struttura mediana denominata *verme* e da due emisferi laterali. Al di sotto della corteccia cerebellare è visibile il cosiddetto *arbor vitae*, costituito da tralci di sostanza bianca.

Il midollo spinale nell'uomo è formato da un sottile cilindro avente un diametro medio di circa un centimetro. Dalla sua parte rostrale a quella caudale viene suddiviso in cinque regioni: midollo cervicale, toracico, lombare, sacrale coccigeo. Presenta dei rigonfiamenti in corrispondenza della regione cervicale

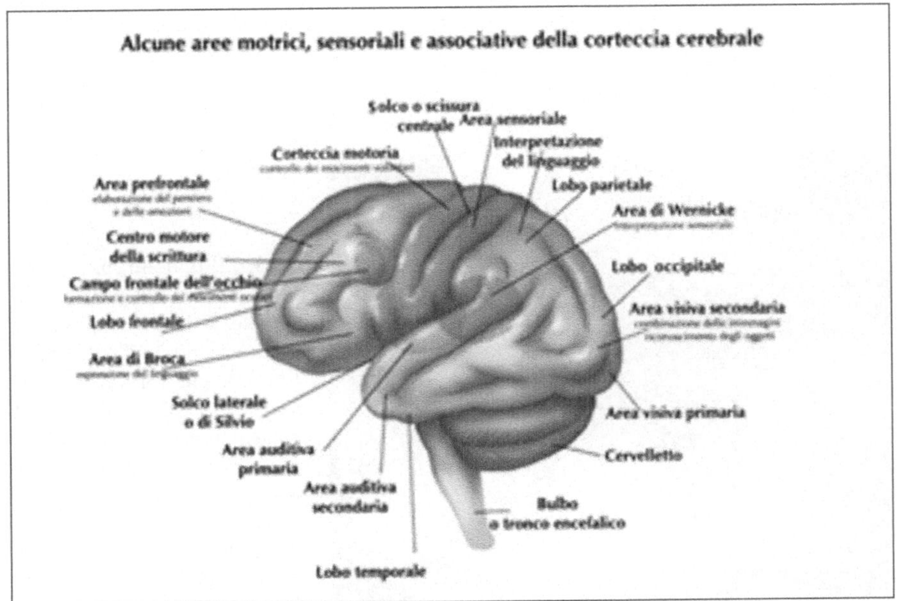

Fig. 3.1. L'emisfero sinistro dell'encefalo nell'uomo

inferiore e lombosacrale che contengono i corpi cellulari dei neuroni i cui prolungamenti innervano gli arti superiori ed inferiori.

Una sezione trasversa del midollo spinale rivela un'area di sostanza grigia centrale a forma di farfalla o di H, circondata da sostanza bianca (Fig. 3.2). La sostanza grigia è formata da aree posteriori o dorsali e anteriori o ventrali note come corna posteriori o dorsali e corna anteriori o ventrali. Nelle corna anteriori sono localizzati i neuroni motori (secondo motoneurone) mentre in quelle posteriori i neuroni che conducono stimoli sensitivi. Fra le corna anteriori e quelle posteriori vi sono delle protuberanze meno pronunciate, le corna laterali, che contengono i neuroni pregangliari del SNA ortosimpatico. Esse sono osservabili nei segmenti toracici e lombari superiori. La sostanza bianca contiene tratti di fibre (*cordoni*) ascendenti che convogliano stimoli sensitivi afferenti e tratti di fibre discendenti che conducono stimoli motori efferenti.

Il midollo spinale è diviso in tre cordoni (o funicoli): anteriore, laterale e posteriore. Ogni afferenza posteriore (sensitiva) del midollo spinale, definita radice posteriore, corrisponde a una determinata regione periferica della cute (dermatomero) e a uno specifico settore delle strutture viscerali profonde (Fig. 3.3). Un particolare gruppo di patologie che colpiscono queste strutture anatomiche è quello delle malattie radicolari. Queste ultime comprendono l'erniazione dei dischi intervertebrali, associata o meno a malattie degenerative del midollo spinale; anche i tumori possono causare disfunzioni radicolari multiple con un meccanismo compressivo; nell'herpes zoster il virus provoca una radiculopatia molto dolorosa con perdita di sensibilità di tipo dermatomerico, con il caratteristico rash cutaneo.

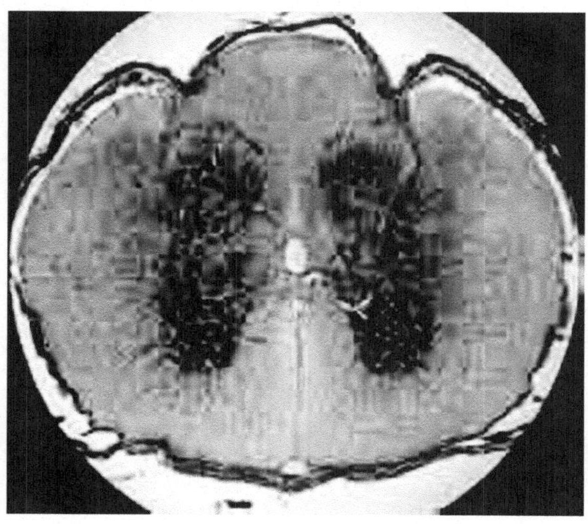

Fig. 3.2. Il midollo spinale. Sezione trasversale del midollo spinale. Si distingue una parte bianca costituita da fibre mielinizzate che formano i fasci ascendenti e discendenti, una zona in nero, a forma di H, dove nella parte (corna) anteriore risiedono i motoneuroni spinali e in quella posteriore i corpi cellulari degli interneuroni e del secondo neurone sensoriale; al centro è presente il canale ependimale

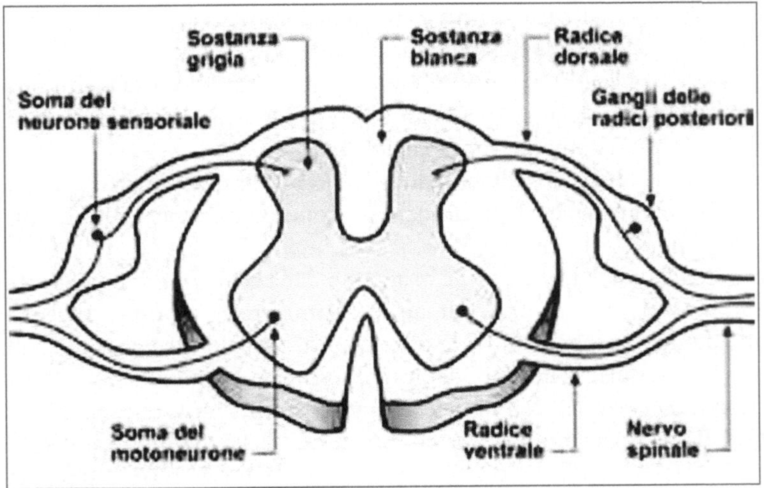

Fig. 3.3. Rappresentazione schematica della Figura 3.2

Le vie afferenti sensitive e le vie efferenti motorie

Gli stimoli della sensibilità generale esterocettiva (tatto, caldo, freddo, dolore dalla cute), propriocettiva (stimoli dalle articolazioni e muscoli) ed enterocettiva (stimoli dai visceri) sono veicolati nel midollo spinale dalle fibre centripete del primo neurone di senso (protoneurone) posto nel ganglio periferico. Tale neurone pertanto funge da recettore, mediante le sue terminazioni centrifughe dotate di un recettore in grado di convertire un segnale fisico o chimico in segnale elettrico. Nel midollo spinale o nel tronco encefalico le fibre del primo neurone prendono contatto con un secondo neurone. Questo secondo neurone, detto deuteroneurone, svolge un ruolo di trasmissione dell'informazione. Esso proietta al talamo o al cervelletto dove entra in contatto con il terzo neurone della catena. È nel talamo che lo stimolo può essere identificato (per es. come caldo o freddo o doloroso) ed è quindi in questa sede che viene conferito un primo contenuto emotivo grossolano e non discriminativo allo stimolo nervoso (sensibilità protopatica). Successivamente il terzo neurone talamico contrae sinapsi con un neurone corticale. È la corteccia che conferisce allo stimolo nervoso la capacità di essere discriminato in modo più preciso raggiungendo un grado di sensibilità cosiddetto epicritico (per es. uno stimolo viene riconosciuto come più o meno caldo o doloroso di un altro), inoltre le informazioni dall'area corticale somatosensitiva primaria, situata nel giro postcentrale, sono convogliate verso altre aree dette secondarie o terziarie dove le informazioni riguardanti una singola modalità sensitiva (per es. caldo, freddo, pressione) vengono integrate con altre informazioni sensitive e motorie provenienti da altre aree corticali.

La catena di neuroni della via sensitiva afferente comprende:

Primo neurone: recettore (nel ganglio periferico);

Secondo neurone: trasmettitore (nel midollo spinale o tronco encefalico);

Terzo neurone :   identificatore (nel talamo o cervelletto);

Quarto neurone: discriminante (nella corteccia).

Le vie efferenti motorie invece possono essere a due o a più neuroni. Le prime sono rappresentate dalle vie piramidali le seconde sono le vie extrapiramidali.

Le vie piramidali, così definite perché originano dalle cellule piramidali poste nella corteccia motoria, area 4 di Brodman, e corrono nelle piramidi bulbari, sono costituite da due gruppi di fibre, le fibre cortico-spinali, mediante le quali la corteccia manda impulsi ai neuroni del midollo spinale e le fibre cortico-bulbari, che collegano la corteccia con i nuclei dei nervi cranici motori. Le suddette cellule piramidali costituiscono il primo motoneurone della via motoria. I suoi prolungamenti entrano in sinapsi con il secondo motoneurone posto, come già detto, nel midollo spinale o nel tronco encefalico. I prolungamenti centrifughi di tale neurone fuoriescono dal nevrasse per formare la componente motoria dei nervi che tramite la giunzione neuromuscolare forma una sinapsi con le fibre muscolari scheletriche attivandole mediante il rilascio dell'acetilcolina. Il sistema piramidale pertanto direttamente controlla la contrazione muscolare e infatti una sua lesione determina il quadro clinico della perdita delle funzioni motorie definito paralisi.

Il sistema extrapiramidale, invece, è costituito da una complessa rete circuitale costituita da nuclei di neuroni sottocorticali localizzati nel telencefalo, nel mesencefalo, nel subtalamo e nel cervelletto. Una caratteristica di alcuni nuclei del sistema extrapiramidale è che, a differenza del sistema piramidale, sono interessati dal fenomeno del riverbero (circuiti riverberanti). In particolare, i gangli della base sono coinvolti in circuiti "cortico-striato-pallido-talamo-corticali" che raccolgono informazioni da molteplici strutture del prosencefalo, le elaborano all'interno dei gangli della base le riportano indietro alla corteccia cerebrale. I circuiti extrapiramidali sono responsabili dei processi di coordinazione motoria, di controllo della postura e dell'equilibrio, in altri termini, tale sistema controlla la parte automatica del movimento. Inoltre i gangli della base prendono parte anche ai processi cognitivi attraverso le connessioni con il sistema limbico, che regola i meccanismi di ricompensa (*reward*).

In definitiva con Kandel possiamo elencare quattro principi che governano l'organizzazione dei sistemi funzionali motori o sensitivi del cervello:

1. i sistemi cerebrali comprendono diverse vie che operano in parallelo. Per esempio, vi sono vie somatosensitive anatomicamente distinte fra loro, che conducono la sensibilità tattile, la dolorifica e la termica, con recettori propri e aree cerebrali selettive;

2. le vie nervose contengono stazioni sinaptiche. A questi livelli non si stabiliscono solo connessioni fra il neurone pre- e quello post-sinaptico ma si realizza una vera e propria convergenza di segnali provenienti anche da altri neuroni che integrano e modificano le informazioni;

3. le vie nervose sono organizzate in maniera topografica. Tutta la superficie recettoriale è rappresentata in modo organizzato all'interno della via sensitiva o sensoriale e tale organizzazione è mantenuta fino alla corteccia. Pertanto si parla di mappa somatotopica nel caso della sensibilità generale, mappa motoria per quanto riguarda il controllo del movimento, mappa visuotopica per la vista o tonotopica per l'udito;
4. la maggior parte delle vie sono crociate. Una caratteristica dell'organizzazione cerebrale è rappresentata dal fatto che molte vie nervose bilaterali e simmetriche si incrociano a livello della linea mediana. Quest'ultimo punto, insieme al precedente, hanno importanti ed evidenti implicazione nella semeiotica neurologica e quindi nella pratica clinica.

Letture consigliate

Burt AM (1996) Trattato di neuroanatomia, Piccin, Padova
Chusid JG (1985) Neuroanatomia correlazionistica e neurologia funzionale, Piccin, Padova
Kandel ER, Schwartz JH, Jessell TM (2003) Principi di Neuroscienze, CEA, Milano
Matelli M, Umiltà C (2007) Il cervello. Anatomia e funzione del Sistema nervoso centrale. il Mulino, Bologna
Purves D, Augustine GJ, Fitzpatrick D et al (2004) Neuroscienze, 2a Ediz. Italiana. Zanichelli, Bologna

Sito Internet

http://www.sinauer.com/neuroscience4e/

Box 3.1. Neuroni di tipo speciale

Neuroni specchio
Nella metà degli anni Novanta il gruppo di Giacomo Rizzolatti all'Università di Parma pubblicava una serie di esperimenti sulla corteccia premotoria della scimmia (*Macaca nemestrina*), che avrebbe rivoluzionato le teorie delle mente e gettato nuova luce sulla comprensione delle azioni, l'apprendimento per imitazione, il copiare i comportamenti di altri, l'evoluzione del linguaggio. Parliamo del sistema dei neuroni specchio (*mirror neurons*), una classe funzionale di neuroni, immersi nelle aree cerebrali motorie, che si attivano sia quando un individuo compie un movimento sia quando lo vede compiere da altri. Essi cioè "specchiano" l'azione motoria e quindi rispecchiano il comportamento dell'individuo osservato. Inizialmente identificati nei primati nelle aree motorie e premotorie, sono stati anche localizzati nell'area del linguaggio (area di Broca) e nella corteccia temporale. Oltre alle scimmie e all'uomo neuroni specchio sono stati per ora identificati in alcuni uccelli (fringuello di Darwin o *Melospiza georgiana*) in cui l'ascolto di specifiche sequenze di note di un individuo della stessa specie (conspecifico) stimola un pattern di attivazione neuronale, nel centro regolatore del canto (HVC, *high vocal center*), identico a quando l'uccello canta le stesse sequenze.

(*cont.*→)

(**Box 3.1.** *continua*)

Nel macaco, i neuroni specchio sono stati identificati nella circonvoluzione frontale inferiore (F5) e nel lobulo parietale inferiore mediante registrazioni elettrofisiologiche dell'attività di un singolo neurone. Tali neuroni visuo-motori vengono attivati quando le scimmie eseguono alcune azioni, ma anche quando osservano le stesse azioni specifiche compiute da altri soggetti (scimmie o sperimentatore). La scoperta del gruppo di ricerca di Rizzolatti, fu il risultato di caso e sagacia (*serendipity*): durante una pausa di una registrazione venne registrata l'attività di alcuni motoneuroni del macaco, che, immobile, osservava uno dei ricercatori intento a prendere una banana dal cesto della frutta. I motoneuroni avevano reagito alla vista dell'azione condotta dallo sperimentatore.

Nell'uomo neuroni specchio sono stati identificati in aree omologhe mediante tecniche non invasive di risonanza magnetica funzionale per immagini (fMRI), stimolazione magnetica transcranica (TMS) ed elettroencefalografia.

L'attivazione dei neuroni specchio avviene anche quando l'animale non può vedere la conclusione dell'azione (per es. la mano dello sperimentatore è nascosta al momento del raggiungimento dell'oggetto), o se l'azione viene eseguita mediante un utensile (per esempio una pinza che riproduce il meccanismo di "afferramento" di un oggetto con le dita), cioè si realizza una anticipazione della finalità delle azioni osservate. Inoltre, neuroni specchio dell'area F5 entrano in funzione anche con il semplice ascolto del suono relativo a un'azione (il rumore del guscio di un'arachide, della carta strappata); e anche in seguito ad azioni della bocca (leccare, mordere, masticare). Tuttavia né la visione isolata dell'agente né quella dell'oggetto riescono a stimolare una risposta. In sostanza, per il tramite dei neuroni specchio, l'osservazione di un'azione induce nell'osservatore l'attivazione dello stesso circuito nervoso deputato a controllarne l'esecuzione, cioè induce la simulazione di quell'azione. Questo meccanismo consente una forma implicita di comprensione delle azioni degli altri. Tuttavia un atto motorio può appartenere ad azioni differenti. Per esempio, se si considera l'azione di prendere una nocciolina per mangiarla o per deporla in un ripostiglio, il primo atto motorio è identico, mentre lo scopo finale delle due azioni è differente. I neuroni specchio parietali rispondono in maniera differente all'osservazione dell'afferramento di un oggetto quando questo precede l'atto di portarlo alla bocca rispetto a quando esso precede l'atto di deporlo. Quindi la risposta del neurone specchio predice ciò che verrà fatto successivamente dall'osservato, vale a dire che i neuroni specchio hanno un ruolo non solo nella comprensione delle azioni, ma anche nel riconoscimento dell'intenzione dell'agente che le ha promosse. La porzione più laterale dell'area F5 comprende motoneuroni che controllano i movimenti della bocca e delle labbra, tra i quali si trovano anche neuroni specchio che si attivano quando la scimmia osserva gesti oro-facciali eseguiti da un altro individuo. È interessante notare che esistono anche neuroni specchio "comunicativi" che rispondono quando la scimmia osserva gesti eseguiti con le labbra, la lingua o entrambi, che esprimono un invito a entrare in relazione e non sono correlati con un comportamento ingestivo. Da queste osservazioni e dalla esistenza di omologia tra l'area F5 della scimmia e quella di Broca dell'uomo, deputata al controllo del linguaggio, nasce l'ipotesi che i neuroni specchio comunicativi possano essere alla base dell'evoluzione del linguaggio nell'uomo.

Nell'uomo studi di visualizzazione dell'attività neuronale nel cervello (*brain imaging*) hanno permesso di individuare anche altri neuroni del tipo neuroni specchio, che vengono attivati quando un individuo sperimenta o osserva in altri, emozioni causate da stimoli che provocano disgusto o dolore. Tali neuroni sono localizzati nella corteccia cingolata e nell'insula, due strutture corticali implicate nelle emozioni. Questi dati suggeriscono che

(*cont.*→)

(**Box 3.1.** *continua*)

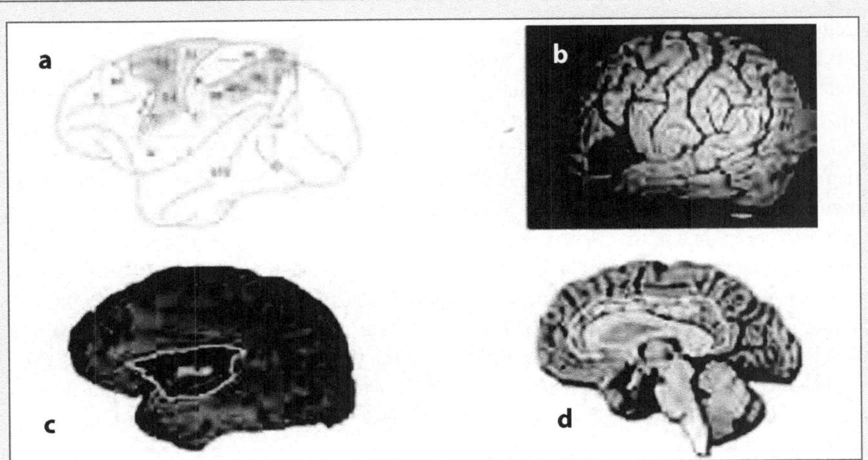

Fig. 3.4. Neuroni specchio. **a** Localizzazione dei neuroni specchio in specifiche aree della corteccia frontale (*F5*) e parietale (*P*) nel cervello della scimmia. **b** l'area di Broca (*più scura*), all'unione tra le aree di Broadmann 44 e 45, è sede dell'elaborazione e comprensione del linguaggio nel cervello umano ed è omologa all'area F5 del cervello della scimmia. **c** sezione sagittale di cervello umano in cui si osserva la corteccia insulare o insula (*circoscritta in bianco*), che si mette in evidenza dopo sezione degli opercoli dei lobi frontale, parietale e temporale. **d** sezione sagittale di cervello umano in cui si osserva (*circoscritta in bianco*) la corteccia del cingolo (da *cingulus*, cintura in latino) disposta in corrispondenza della superficie mediale degli emisferi cerebrali

l'esperienza personale delle emozioni e il loro riconoscimento in altri sono mediati dalle stesse strutture cerebrali (Fig. 3.4).

Infine sono state avanzate ipotesi sulle conseguenze della disfunzione del "sistema specchio", che durante lo sviluppo embrionale porterebbe a sintomi sociali e cognitivi associati all'autismo (*autism spectrum disorders*, ASDs). ASDs costituisce un gruppo di alterazioni dello sviluppo del sistema nervoso, complesse e poligeniche a eziologia ignota, caratterizzato da disfunzioni comportamentali: difetti sociali e di comunicazione, comportamento ripetitivo, interessi limitati. L'autismo si accompagna dunque a deficit in attenzione, imitazione, interazioni sociali e comunicazione linguistica e gestuale, empatia e capacità di comprendere le azioni degli altri, tutti sintomi attribuibili a una disfunzione del sistema dei neuroni a specchio. Tuttavia, dopo più di un decennio di ricerche su queste attraenti teorie non vi sono conclusioni certe.

In definitiva possiamo dire con Rizzolatti e Sinigaglia (2006) che:

> *il sistema dei neuroni specchio appare decisivo per l'insorgere di quel terreno d'esperienza comune che è all'origine della nostra capacità di agire come soggetti non soltanto individuali ma anche e soprattutto sociali. Forme più o meno complicate di imitazione, di apprendimento, di comunicazione gestuale e addirittura verbale trovano, infatti, un riscontro puntuale nell'attivazione di specifici circuiti specchio. Non solo: la nostra stessa possibilità di cogliere le reazioni emotive degli altri è correlata a un determinato insieme di aree caratterizzate da proprietà specchio. Al pari delle azioni, anche le emozioni risultano immediatamente condivise: la percezione del dolore o del disgusto altrui attivano le stesse aree della corteccia cerebrale che sono coinvolte quando siamo noi a provare dolore o disgusto.*

(*cont.*→)

(**Box 3.1.** *continua*)

Cellule griglia o *grid cells*

Studi recenti hanno dimostrato che la mappa cognitiva dell'ambiente e la memoria spaziale non nascono esclusivamente nelle *place cells* dell'ippocampo (in seguito descritte), ma richiedono l'intervento delle *grid cells* della corteccia entorinale. Queste ultime contribuiscono anche a fornire un costante aggiornamento della posizione di un individuo rispetto allo spazio che lo circonda. A differenza delle *place cells*, che si attivano elettricamente quando un ratto occupa una singola e specifica posizione, le *grid cells* rispondono quando l'animale è in una delle varie posizioni possibili di una griglia perfettamente esagonale, come se ogni cellula corrispondente a una posizione fosse collegata da un preciso reticolo geometrico a un certo numero di punti di allarme che la fanno accendere. Infatti, le localizzazioni che attivano ogni data *grid cell* hanno precisa corrispondenza in una rete funzionale costituita da maglie scomponibili in due triangoli equilateri giustapposti. Cioè le *grid cells* sono associate a schemi-griglia che si sovrappongono fra loro; le griglie di neuroni vicini sono di dimensioni simili, ma si presentano come lievemente sfasate l'una rispetto all'altra.

L'insieme di queste reti esagonali sembra aggiornare costantemente il senso di localizzazione di un animale, anche in assenza di input sensoriali. Si ritiene che questo sistema di orientamento straordinariamente preciso, possa costituire il contesto in base al quale le *place cells* dell'ippocampo possono funzionare.

Cellule di posizione o *place cells*

Studi degli anni Settanta permisero di identificare un ruolo dell'ippocampo nella memoria spaziale. La frequenza di scarica (nel monitoraggio elettrofisiologico) dei singoli neuroni ippocampali di posizione aumenta notevolmente quando un animale (ratto) occupa una specifica posizione nella gabbia (campo di tiro) e rimane silente quando l'animale è in qualsiasi altro posto. Altre *place cells* rispondono ad altre informazioni posizionali. Questi dati ben si combinano con la difficoltà a eseguire compiti di orientamento spaziale, osservata dopo danni all'ippocampo. Ne consegue che l'ippocampo è anche sede di una mappa cognitiva dell'ambiente. In aggiunta, le cellule che "si accendono" durante il riconoscimento di una posizione spaziale, "si accendono" anche, sebbene con minore intensità, quando un animale raggiunge un obiettivo in una regione non segnata che l'animale deve visitare per ottenere il rilascio di cibo. Questi segnali potrebbero indicare che il ratto è consapevole di essere nel posto giusto (dove riceverà il cibo) e che quindi era giunto alla giusta decisione. Sulla base di questi dati è stato proposto che le *place cells* raffigurano non solo la geometria dell'ambiente in cui si trova l'animale, ma riflettono anche l'identificazione della localizzazione di un traguardo. I neuroni della corteccia prefrontale mediale forniscono grossolane informazioni sulla localizzazione di un traguardo e sembrano partecipare alla pianificazione del percorso. L'ippocampo e la corteccia prefrontale mediale pertanto potrebbero essere parte di un network neurale che permette di pianificare accurati tragitti nello spazio.

(*cont.*→)

(**Box 3.1.** *continua*)

Letture consigliate

Barry C, Hayman R, Burgess N, Jeffery KJ (2007) Experience-dependent rescaling of entorhinal grids. Nat Neurosci 10:682–684

Fabbri-Destro M, Rizzolatti G (2008) Mirror neurons and mirror systems in monkeys and humans. Physiology 23:171–179

Hok V, Lenck-Santini PP, Roux S et al (2007) Goal-related activity in hippocampal place cells. J Neurosci 27:472–482

Iacoboni M (2009) Imitation, empathy, and mirror neurons. Annu Rev Psychol 60:653–670

Lenck-Santini PP, Muller RU, Save E, Poucet B (2002) Relationships between place cell firing fields and navigational decisions by rats. J Neurosci 22:9035–9047

O'Keefe J, Dostrovsky J (1971) The hippocampus as a spatial map. Preliminary evidence from unit activity in the freely moving rat. Brain Res 34:171–175

Rizzolatti G, Fabbri-Destro M, Cattaneo L. (2009) Mirror neurons and their clinical relevance. Nat Clin Pract Neurol 5:24–34

Rizzolatti G, Sinigaglia C (2006) So quel che fai. Il cervello che agisce e i neuroni specchio. Raffaello Cortina Editore, Milano, p. 4

Rizzolatti G, Vozza L (2008) Nella mente degli altri. Neuroni specchio e comportamento sociale. Zanichelli Editore, Bologna

Sargolini F, Fyhn M, Hafting T et al (2006) Conjunctive representation of position, direction, and velocity in entorhinal cortex. Science 312:758-762

CAPITOLO 4

Le cellule del sistema nervoso centrale

Nel cranio e nel canale vertebrale, sedi del SNC, sono contenute cellule che derivano dal neuroectoderma (cellule neurali) e, inoltre, alcuni tipi cellulari che, pur non appartenendo embriologicamente al SN, sono in stretta relazione anatomica e funzionale con esso e verrano di seguito descritti.

Quindi le cellule neurali e non neurali del cervello sono:

1. neuroni;
2. cellule gliali (astrociti, glia radiale, oligodendrociti, cellule della microglia, ependimociti);
3. cellule delle meningi;
4. cellule endoteliali dei vasi cerebrali.

I neuroni

I neuroni rappresentano la componente "nobile" del parenchima cerebrale (Fig 4.1). Solo i neuroni, infatti, sono in grado di esibire la proprietà tipica del sistema nervoso di generare un potenziale di azione in seguito a eccitazione elettrica e di propagarlo lungo i loro prolungamenti senza significativo decremento. Come vedremo, tale proprietà è resa possibile dalla presenza sulla membrana cellulare di un'alta concentrazione di specifiche proteine, i canali voltaggio-dipendenti, e sulla membrana assonale di un isolante, la mielina. Sebbene i neuroni posseggano una straordinaria plasticità di forme e vadano incontro a costante rimodellamento delle connessioni sinaptiche, essi condividono una simile struttura come già descritto alla fine del XIX secolo dal patologo italiano Camillo Golgi e dall'anatomico e istologo spagnolo Santiago Ramón y Cajal. Ogni neurone invia informazione ad altri neuroni o cellule efferenti mediante un prolungamento del proprio corpo cellulare (definito anche *soma* o *pirenoforo*) di vario diametro e lunghezza, più o meno arborizzato, chiamato *assone*, e riceve informazioni da altri neuroni o cellule degli organi di senso mediante un diverso gruppo di prolungamenti citoplasmatici, maggiormente arborizzati, più corti e più sottili dell'assone, detti *dendriti*. I neuroni pertanto sono cellule polarizzate

Introduzione alla neurobiologia. Luca Colucci D'Amato, Umberto di Porzio
© Springer-Verlag Italia 2011

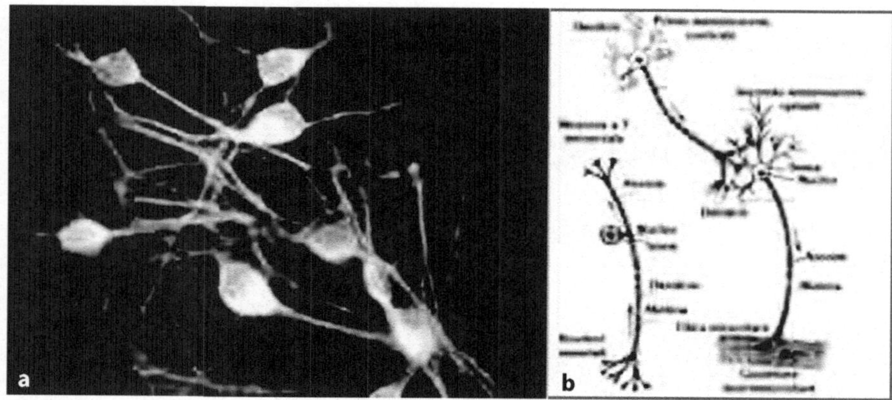

Fig. 4.1. Neuroni. a Neuroni cerebrali in coltura identificati con anticorpi antineurofilamento medio, una delle tre subunità neurono-specifiche che formano i filamenti intermedi, ed evidenziati con anticorpo secondario (contro il primo anticorpo) fluorescente. b Rappresentazione schematica di un neurone sensoriale e di due neuroni del SNC. Il neurone a T possiede un tipico dendrite più lungo dell'assone, a differenza dei motoneuroni vicini. A destra un motoneurone corticale forma sinapsi con i dendriti del secondo motoneurone nel midollo spinale. L'assone di quest'ultimo termina nella giunzione neuromuscolare

"costruite" per essere inserite in un circuito. Il neurone, infatti, presenta una polarità morfologica, rappresentata dai compartimenti somato-dendritico e assonale, corrispondenti, rispettivamente, ai compartimenti baso-laterale e apicale delle cellule epiteliali. Alla polarizzazione morfologica corrisponde una polarizzazione dinamica, come proposto per la prima volta da Santiago Ramón y Cajal, secondo cui in un neurone il flusso di informazioni segue una direzione costante e prevedibile. In particolare, le informazioni sono convogliate dai dendriti al pirenoforo e da questo in direzione dell'assone e poi lungo l'assone verso il terminale pre-sinaptico. Tale trasmissione dell'informazione è definita anterograda ma, come vedremo in seguito, non è l'unica modalità di trasmissione dell'informazione all'interno del neurone.

I neuroni, non differiscono sostanzialmente dalle altre cellule dell'organismo e, come tali:

1. sono circondati da una membrana cellulare;
2. hanno un nucleo che contiene i cromosomi e quindi i geni;
3. contengono citoplasma, mitocondri e altri "organelli";
4. in essi avvengono i processi cellulari fondamentali, quali la sintesi proteica e produzione di energia.

I neuroni tuttavia differiscono da altre cellule perché:

1. sono in grado di generare un potenziale di azione in seguito a eccitazione elettrica;
2. hanno prolungamenti cellulari specializzati, i dendriti e gli assoni, in grado di propagare il segnale intracellularmente. I dendriti portano informazioni al corpo cellulare mentre gli assoni conducono l'informazione lontano dal corpo cellulare;

3. comunicano tra loro mediante processi elettrochimici (neurotrasmissione);
4. per la comunicazione intercellulare, la neurotrasmissione, posseggono strutture specializzate, le sinapsi, e utilizzano messaggeri chimici, i neurotrasmettitori;
5. i filamenti intermedi sono costituiti dalle tre subunità di neurofilamento (leggero di peso molecolare, mw, 120kD, medio mw 150kD e pesante mw 200kD). Queste proteine sono usate come marcatori che identificano una cellula come neurone. Anche altre proteine come la betaIII tubulina (citoscheletro) o, l'enolasi neurono-specifica, (citoplasmatica) caratterizzano il fenotipo neuronale.

I neuroni sono diversi tra loro; 1) per tipo di neurotrasmettitore usato; 2) per la diversa localizzazione nell'encefalo e nel midollo spinale; 3) per i contatti sinaptici che stabiliscono. Esistono pertanto in ogni mammifero centinaia di tipi neuronali distinti, tutti originati da poche migliaia di cellule progenitrici della placca neurale.

Morfologicamente i neuroni possono essere multipolari (neuroni stellati, cellule piramidali, cellule del Purkinje), unipolari o pseudounipolari (coni e bastoncelli della retina, gangli spinali ed encefalici) e bipolari (negli strati intermedi della retina e nei gangli vestibolare e cocleare).

Esistono poche sostanze che possono essere utilizzate come neurotrasmettitori dai neuroni. I neurotrasmettitori classici, sono costituiti da piccole molecole rappresentate da:
a. acetilcolina;
b. monoamine o amine biogene quali noradrenalina (o norepinefrina, NE), adrenalina, dopamina (DA), serotonina (o 5-idrossitriptamina, 5-HT), istamina (Fig. 4.2);

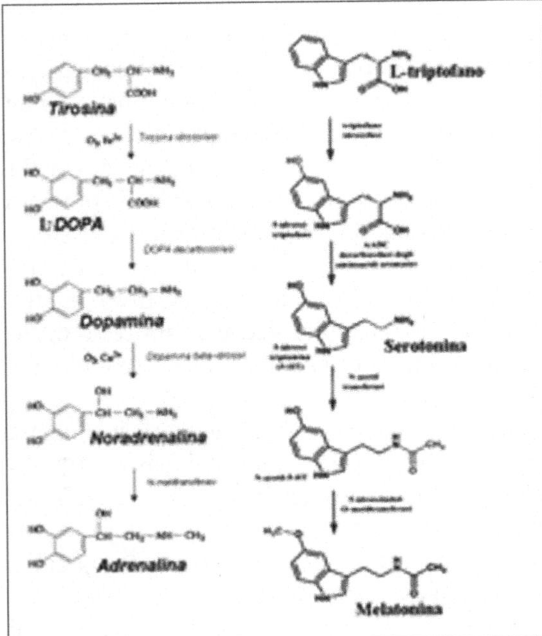

Fig. 4.2. Biosintesi delle amine biologiche. Lo schema presenta le vie metaboliche della biosintesi delle catecolamine (dopamina, noradrenalina, adrenalina), *a sinistra*, e della serotonina, *a destra*

c. aminoacidi, alcuni con funzione eccitatoria quali il glutammato e l'aspartato; altri con funzione inibitoria, quali l'acido γ-amino butirrico (GABA) e
la glicina.

L'attribuzione della "qualifica" di neurotrasmettitore a una sostanza presente
nel neurone, richiede che vengano soddisfatti i quattro criteri di seguito elencati:

1. deve essere sintetizzata e "impacchettata" in specifici organelli, le vescicole
sinaptiche nel neurone (per una loro descrizione si veda più sotto);

2. deve essere presente nella terminazione pre-sinaptica e liberata su un neurone post-sinaptico o su un organo effettore (es. cellula muscolare), in quantità sufficiente per svolgere l'azione ad essa attribuita;

3. se applicata dall'esterno, in quantità appropriate, deve essere in grado di
riprodurre l'azione del neurotrasmettitore rilasciato endogenemente;

4. deve esistere un meccanismo selettivo per la sua eliminazione nel sito di rilascio, il vallo intersinaptico, dove tale sostanza svolge la propria attività.

Secondo la cosiddetta legge di Dale, formulata negli anni '50, dal nome del
farmacologo inglese Henry Dale, ogni neurone possiede un solo tipo di neurotrasmettitore ("un neurone, un neurotrasmettitore"), sicché tutte le sue terminazioni pre-sinaptiche dovrebbero rilasciare solo un tipo di molecola che soddisfi
le proprietà precedentemente elencate (per la corretta interpretazione della legge
di Dale si veda il paragrafo successivo).

La neurotrasmissione

Oggi è noto che la maggior parte dei neuroni contengono un neurotrasmettitore
classico e almeno un'altra sostanza con funzioni di neuromodulatore (vedi più
sotto) entrambe rilasciate a livello della sinapsi, spesso contemporaneamente.
Inoltre, alcuni neuroni sintetizzano e utilizzano più di un neurotrasmettitore
classico. Per esempio, in alcuni neuroni dell'ippocampo è stata dimostrata non
solo la presenza ma anche il rilascio contemporaneo di glutammato e GABA, così
come in alcuni neuroni localizzati nel mesencefalo vi è la presenza sia di DA che
di GABA e dei rispettivi enzimi biosintetici, inoltre è stata osservata la presenza
di D-glutammato in neuroni considerati classicamente dopaminergici e serotoninergici, di glicina e GABA in neuroni del midollo spinale, glutammato e noradrenalina in neuroni localizzati nel bulbo. In realtà, Dale aveva, piuttosto, ipotizzato che ogni neurone costituisse un'unità metabolica sicché un processo metabolico che avvenga nel soma può influenzare tutti i compartimenti (citoplasma,
assone, dendriti) di quel particolare neurone.

Come accennato, i neuroni producono e rilasciano anche *neuromodulatori*.
Questi ultimi sono costituiti da piccoli neuropeptidi come angiotensina II, bra-
dichinina, colecistochinina (CCK), peptide vaso-intestinale (VIP), encefalina,
dinorfina, endotelina, sostanza P. Anche sostanze di natura lipidica, derivati del-
l'acido arachidonico hanno funzioni di neuromodulazione come i prostanoidi e
il derivato psicoattivo della *Cannabis sativa* e *indica*, il delta tetraidrocannabino-
lo (THC), che agisce sui recettori CB1 e CB2. L'osservazione dell'esistenza di

questi recettori ha poi condotto alla scoperta degli endocannabinoidi, quali l'anandamide e il 2-arachidonil-glicerolo (2-AG). Questi ultimi hanno la caratteristica di essere prodotti a richiesta, *on demand*, cioè in seguito a stimolazione dei recettori per gli endocannabinoidi.

Infine, anche, due gas sono inclusi tra i neuromodulatori, l'ossido nitrico (NO) e il monossido di carbonio (CO). L'NO è un derivato azotato instabile, non ha recettori convenzionali ma attiva direttamente la *guanilato ciclasi* (un secondo messaggero intracellulare). Esso è sintetizzato dall'enzima *NO sintetasi* a partire dall'arginina ed è presente in molti tipi neuronali. Il CO, prodotto dall'emeossigenasi 1 (HO-1), in seguito a vari tipo di stress (es. ossidativo, termico), può avere effetti neuroprotettivi mediante un complesso meccanismo di diminuzione della trascrizione di citochine pro-infiammatorie. Anche il CO è prodotto in vari tipi neuronali. È interessante notare che mentre alcune delle sostanze che fungono da neuromodulatori erano sconosciute in precedenza, come le endorfine e le encefaline, altre, come la CCK o il VIP, erano già conosciute come ormoni coinvolti nella fisiologia dell'apparato digerente.

Si può dire che la funzione principale dei neuromodulatori sia quella di facilitare o di deprimere le risposte del neurone post-sinaptico con effetti anche a lungo termine (ore o giorni). A differenza dei neurotrasmettitori "classici", i neuromodulatori vengono rilasciati e interagiscono coi rispettivi recettori anche al di fuori del vallo sinaptico, con l'eccezione degli endocannabinoidi. Oltre alla funzione di modulazione della neurotrasmissione, i neuromodulatori, come nel caso del VIP, possono anche regolare la proliferazione, la sopravvivenza e il differenziamento delle cellule nervose.

Le vescicole sinaptiche

I neurotrasmettitori "classici", sono sintetizzati nel citoplasma e accumulati nelle vescicole sinaptiche (VS), organelli di 40-50 nm di diametro. Queste ultime sono trasportate alla sinapsi, dove si agganciano alla membrana sinaptica mediante specifiche proteine di ancoraggio e fondono con la membrana quando giunge il potenziale di azione, che determina un aumento locale della concentrazione di calcio. Le VS sono sintetizzate nell'apparato del Golgi e vengono trasportate alla sinapsi lungo i microtubuli da proteine motrici, le chinesine, che regolano il trasporto anterogrado veloce. I principali componenti proteici della membrana delle vescicole sinaptiche sono la Sinapsina 1 e la Sinaptofisina (o p38). La prima àncora le vescicole al citoscheletro della terminazione sinaptica ed è coinvolta nel rilascio del neurotrasmettitore. La seconda è una proteina che attraversa la membrana della vescicola.

Le VS contengono 10^4-10^5 molecole di uno specifico neurotrasmettitore che esse rilasciano alla sinapsi. Per questo processo occorre che le VS si addensino in alcune regioni della membrana specializzate per la liberazione dei neurotrasmettitori. La natura del rilascio è definita "quantale", cioè i neurotrasmettitori vengono rilasciati in pacchetti multimolecolari corrispondenti al contenuto di una singola vescicola. Mediamente un neurone contiene all'incirca 10^6-10^7 VS. Quando un PdA raggiunge il terminale pre-sinaptico, vengono attivati i canali per il Ca^{++} voltaggio-dipendenti, i quali permettono l'ingresso di ioni Ca^{++}. L'aumento intracellulare di Ca^{++} permette alle vescicole di fondersi con la membrana pre-sinaptica e liberare i neurotrasmettitori nella fessura sinaptica tramite un processo di esocitosi.

Anche questo processo di esocitosi è un meccanismo altamente regolato e mediato da specifici complessi proteici, conservati dal lievito all'uomo. Il complesso SNARE (*soluble NSF (N-ethylmaleimide-sensitive factor) attachment receptor*) è formato da varie proteine vescicolari e della membrana intracellulare, tra cui le più importanti sono la sinaptobrevina, o VAMP (*vesicle-associated membrane protein*), la sintaxina e SNAP-25 (*synaptosomal-associated protein of 25 kDa*). Questo complesso è essenziale per l'aggancio (*docking*) e per la fusione delle vescicole con la membrana. Le proteine SNARE sono il bersaglio delle neurotossine botulica e tetanica, metalloproteasi che inibiscono la trasmissione sinaptica digerendo i substrati SNARE. In tal modo, per inibizione dell'attività delle SNARE, le VS si accumulano a livello della membrana ma non possono rilasciare i neurotrasmettori. NSF è una ATPasi che insieme a SNAP disassembla il complesso SNARE dopo la fusione, usando l'idrolisi dell'ATP come fonte d'energia. I membri della famiglia Rab (piccole proteine G monomeriche con attività GTPasica) svolgono un ruolo importante nel processo di fusione delle VS. Essi sono localizzati prevalentemente nelle VS. Tra questi le proteine delle sottofamiglie Rab3 e Rab 27 sono le più studiate. Un secondo complesso proteico, formato da Munc18/UNC-18 (*mammalian uncoordinated 18/uncoordinated-18*), Munc13/UNC-13, e la sinaptotagmina (syt), regola il processo d'esocitosi delle vescicole interagendo con il complesso SNARE.

Al processo di esocitosi, segue un processo di endocitosi delle VS e il loro riciclaggio nella terminazione presinaptica. Questo processo può essere rapido, con riciclaggio della VS ancora ancorata alla membrana pre-sinaptica immediatamente dopo rilascio oppure può essere mediato dalla clatrina, una proteina vescicolare e di membrana (Fig. 4.3). In sintesi le vescicole si ancorano alla membrana presinaptica mediante le proteine vescicolari sinaptotagmina e sinaptobrevina (v-SNARE) e le proteine di membrana sintaxina e SNAP-25 (entrambe t-SNARE) formando così il complesso SNARE. Il Ca^{++} si lega alla sinaptotagmina che così induce la fusione delle membrane vescicolare e cellulare e il rilascio del neurotramettitore. Una volta liberato, il neurotrasmettitore deve essere eliminato dal vallo sinaptico, o mediante idrolisi (per esempio nel caso dell'acetilcolina, l'acetilcolineserasi la idrolizza in colina e acetato) o mediante ricattura nella terminazione che lo ha rilasciato attraverso specifici trasportatori presinaptici (come nel caso delle amine biogene, del GABA, del glutammato), o mediante cattura da parte di cellule gliali (GABA, glutammato).

Nella Figura 5.10 (Box 5.2) è schematizzato il processo di sintesi, rilascio, legame ai recettori post-sinaptici e ricattura nella terminazione presinaptica di un neurotrasmettitore classico, la dopamina.

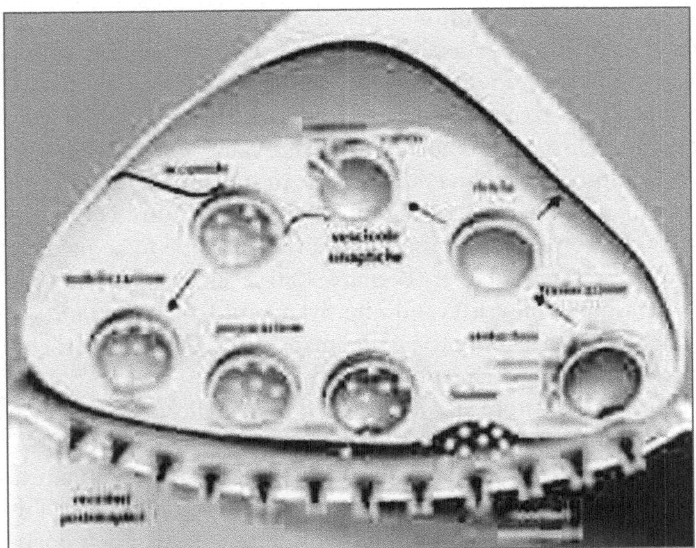

Fig.4.3. Vescicole sinaptiche. Il neurotrasmettitore sintetizzato è immagazzinato nelle vescicole sinaptiche (VS) mediante specifici trasportatori e una pompa protonica ATPasica che genera un gradiente elettrochimico e un pH acido intravescicolare. Le VS si ancorano verso la membrana presinaptica mediante il riconoscimento tra coppie specifiche di proteine di membrana: V-SNARE (*V*, vescicola) e T-SNARE (*T, target* = bersaglio). Il complesso SNARE interagendo con altre proteine, SNAP25 e NSF forma un complesso di fusione. Quando un potenziale d'azione invade la terminazione presinaptica la membrana si depolarizza e provoca l'apertura dei canali Ca^{++} e conseguente ingresso dello ione. Gli ioni calcio portano alla fusione delle VS con la membrana presinaptica. Il neurotrasmettitore liberato mediante esocitosi nella fessura sinaptica si lega ai recettori della membrana postsinaptica provocando l'apertura o la chiusura dei canali postsinaptici. Le VS sono eliminate dalla membrana per endocitosi, un processo che richiede l'intervento di molte proteine, tra le quali riconosciamo la sinaptotagmina, la dinamina (una GTPasi neurone-specifica coinvolta anche nella formazione delle VS), la clatrina (coinvolta anche nella formazione delle VS), l'AP180 (che lega lipidi e clatrina), e altre. La vescicola recuperata viene traslocata per il suo riciclo

La sinapsi

L'interazione tra neuroni o tra un neurone e altre cellule è alla base dell'attività funzionale di ogni cellula nervosa del SNC (per es., nel midollo spinale i motoneuroni fanno sinapsi con la fibra muscolare). Tale interazione è ristretta a una zona di membrana specializzata, dove una cellula nervosa viene in contatto, o meglio in giustapposizione, con la sua cellula bersaglio. Questa giunzione è la già citata sinapsi (dal greco, *synapsis*, giunzione o agire insieme) come definita da Charles Sherrington nel 1937. Sebbene già nel 1850 Claude Bernard avesse ipotizzato che i contatti formati dalle cellule nervose determinassero modifiche strutturali, la descrizione morfologica dell'esistenza di una fessura fra i neuroni che sono in contatto, fu opera di Santiago Ramón y Cajal, che nel 1911 osservò le due componenti di quella che sarà poi definita sinapsi: un terminale (o bottone) presinaptico e un terminale (o bottone) postsinaptico. Egli suppose anche l'esistenza di un terzo elemento, il vallo sinaptico o fessura inter-sinaptica, uno spazio di circa 30-50 nm posto tra i due elementi della sinapsi. Dopo l'introduzione del termine sinapsi, un'accesa disputa contrappose i fisiologi da un lato, come John C. Eccles, i quali sostenevano che la trasmissione sinaptica dovesse essere elettrica, cioè prodotta da un flusso di corrente in transito da un neurone all'altro attraverso canali di comunicazione citoplasmatica, e dall'altro i farmacologi, con Henry Dale, che sostenevano invece che la trasmissione fosse mediata da molecole chimiche. Eccles, Paul Fatt, Bernard Katz e altri chiarirono che entrambi i modi di trasmissione esistevano effettivamente (*sinapsi chimiche e sinapsi elettriche*), anche se la maggior parte delle sinapsi fa uso di mediatori chimici secondo quanto accennato prima e precisato di seguito.

Il rilascio del neurotrasmettitore dal neurone pre- a quello post-sinaptico aveva ingenerato la convinzione che il flusso di informazione tra neuroni potesse essere solo anterogrado, secondo il principio della polarizzazione dinamica enunciato da Ramón y Cajal. Tuttavia il flusso anterogrado non rappresenta l'unica modalità di comunicazione fra cellule nervose. Infatti, è oramai ben documentata una comunicazione detta retrograda, dall'elemento post-sinaptico in direzione dell'elemento pre-sinaptico, la quale può essere mediata da molecole piccole come l'NO o polipeptidi, quali i fattori di crescita (per es. NGF, BDNF ecc.). Tale comunicazione svolge un importante ruolo trofico nei confronti del neurone presinaptico.

Infine, l'attività delle sinapsi può essere modulata anche da molecole rilasciate dagli astrociti, quali il glutammato e pertanto definite *gliotrasmettitori*. L'azione degli astrociti sull'attività sinaptica e quindi sulla neurotrasmissione rende ragione della definizione di sinapsi come di una struttura tripartita, costituita cioè dal terminale pre-sinaptico da quello post-sinaptico e dall'astrocita (vedi astrociti).

Per quanto riguarda, invece, le sinapsi elettriche, la trasmissione bi-direzionale è più intuitiva. Infatti l'esistenza di un collegamento fisico fra due cellule mediante *gap junctions* permette una continuità fra il citoplasma della cellula pre- e postsinaptica e pertanto un passaggio di ioni e molecole, cosicché una corrente elettrica può facilmente e velocemente passare da una cellula all'altra. Va precisato, tuttavia, che le sinapsi elettriche sono presenti nel SN degli invertebrati e dei vertebrati inferiori mentre nei mammiferi sono attive soltanto durante lo sviluppo.

Generazione, propagazione e trasmissione del segnale elettrico

I neuroni, al pari di altri tipi di cellule, presentano una membrana plasmatica elettricamente carica. Ciò significa che se si collega un elettrodo posto all'interno della membrana plasmatica del neurone a un voltmetro, in grado di misurare l'intensità della corrente elettrica, si otterrà un valore negativo di circa -70 millivolt (tale valore può variare a seconda del tipo neuronale oscillando tra -40 e -90 millivolt). La membrana plasmatica del neurone manifesta un'attività elettrica negativa in condizioni di riposo, definita potenziale di riposo. Il neurone presenta, però, rispetto agli altri tipi cellulari la particolarità di rispondere a uno stimolo, come il neurotrasmettitore rilasciato da un altro neurone o uno stimolo esterno (neuroni sensoriali), con un'eccitazione elettrica, cioè con un cambiamento della propria carica elettrica che genera un PdA. Quest'ultimo rappresenta l'attività elettrica che, come vedremo in seguito, è responsabile dell'efficiente propagazione del segnale elettrico a distanza, lungo l'assone senza decremento.

Tutte le attività elettriche del neurone dipendono dalla particolare distribuzione di ioni, quali Na^+, K^+ e Cl^- ai lati della membrana. In particolare, il potenziale di riposo di circa -70 mV è determinato dal gradiente elettrochimico dello ione K^+. Infatti, la concentrazione del K^+ è molto maggiore all'interno della cellula (nei mammiferi è circa 30 volte superiore) a causa dell'azione della pompa Na^+/K^+, una proteina integrale di membrana che trasporta ("pompa") Na^+ all'esterno della cellula e K^+ all'interno sicché determina un passaggio di ambedue gli ioni contro i rispettivi gradienti di concentrazione. La pompa Na^+/K^+ lega l'ATP e ha un'intrinseca attività enzimatica ATPasica, mediante la quale idrolizza l'ATP in ADP così da generare energia per poter funzionare.

Data l'alta concentrazione intracellulare, il K^+ tende a uscire dalla cellula, utilizzando specifici complessi multiproteici, i canali del K^+ voltaggio-dipendenti, che rendono la membrana, in condizioni di riposo, selettivamente permeabile a tale ione. In altri termini, in condizioni di riposo, per lo più sono aperti i canali di membrana del K^+ ma non quelli per altri ioni, come il Na^+. Quindi, il flusso di ioni K^+ dall'interno all'esterno della cellula determina la carica elettrica negativa intracellulare, il potenziale di riposo, come predetto dall'equazione di Nernst. La fuoriuscita di K^+ dalla cellula causa aumento di cariche negative intracellulari che a un certo punto blocca l'ulteriore fuoriuscita del K^+ stesso, mantenendo così il potenziale di riposo a valori di circa -70mV. In conclusione, il potenziale elettrico di riposo è generato dal gradiente elettrochimico determinato dalle pompe che concentrano il K^+ all'interno della cellula e dalla selettiva permeabilità dei canali di membrana che permettono il flusso del K^+ verso l'esterno della cellula. È il PdA (o impulso nervoso) che propagandosi lungo l'assone genera segnali di lunga distanza e così caratterizza i neuroni e li diversifica da altre cellule.

Il PdA si genera quando si ha l'apertura dei canali di membrana voltaggio-dipendenti per il Na^+. In tal modo la differenza di potenziale si riduce di circa 15mV, raggiungendo il valore di -55mV, dai -70mV del potenziale di riposo. È a questo punto, detto *valore soglia*, che si genera un PdA, per l'attivazione a cascata di altri canali del Na^+ ad apertura voltaggio-dipendente che permettono un flusso di corrente attivo determinato dall'entrata di Na^+. Quando il potenziale di membrana raggiunge il valore di +30mV i canali del Na^+ si chiudono e contemporaneamente si aprono i canali voltaggio-dipendenti per il K^+ che riportano il potenziale a -70mV, rigenerando così il potenziale di riposo. Questa è definita *fase di ripolarizzazione* e rappresenta un *periodo di refrattarietà*, cioè un intervallo di tempo in cui i canali del Na^+ sono inattivi e quelli del K^+ sono aperti e l'assone, anche se stimolato, non può generare un PdA.

Sul soma e sui dendriti, ma anche sulle terminazioni assoniche che ricevono sinapsi asso-assoniche, sono espressi recettori e proteine dei canali ionici per trasformare i segnali in arrivo in potenziali sinaptici eccitatori (depolarizzazione) o inibitori (iperpolarizzazione). Quando il PdA raggiunge la terminazione sinaptica determina il rilascio di "pacchetti" quantici di trasmettitore che diffonde attraverso lo spazio sinaptico e interagisce con recettori della membrana postsinaptica. Secondo l'ipotesi formulata da Hodgkin, Huxley e Katz nel 1949, le capacità di segnale dei neuroni derivano da due famiglie di componenti della membrana, i canali e le pompe, che come abbiamo visto permettono agli ioni di attraversare la membrana contro un gradiente elettrochimico e richiedono energia metabolica (ATP).

In conclusione è utile sottolineare alcuni concetti che si evincono dallo studio della trasmissione sinaptica: i neurotrasmettitori possono agire mediante recettori e attivare secondi messaggeri modificando varie proteine nel citoplasma e nella membrana postsinaptica; i secondi messaggeri possono modificare proteine regolative della trascrizione e così controllare l'espressione genica, generando una risposta molecolare coordinata nella cellula postsinaptica; questi eventi molecolari possono determinare cambiamenti strutturali a livello della sinapsi, quindi di lunga durata, regolando la sintesi di nuove proteine, come avvviene nelle varie forme di plasticità sinaptica, descritte più avanti in questo volume.

La conduzione saltatoria e il ruolo della mielina

Il flusso di corrente generato durante un potenziale d'azione, la corrente di azione, si può propagare per distanze molto lunghe attraverso il corpo cellulare e l'assone di un neurone a una velocità costante e senza decremento, grazie all'alta concentrazione di canali per il Na^+ e il K^+ presenti sulla membrana. La velocità di propagazione della corrente di azione (*velocità di conduzione*) è maggiore negli assoni di diametro maggiore poiché essi offrono una minore resistenza. La velocità di propagazione dell'impulso nervoso è maggiore, inoltre, negli assoni dotati di guaina mielinica, rispetto a quelli che ne sono sprovvisti. Il rivestimento mielinico, di natura lipidica, infatti, isola elettricamente la membrana dell'assone, impedendo che a questo livello si verifichino flussi ionici. Tali flussi, invece, si verificano nelle zone prive di tale rivestimento, i nodi di Ranvier, a livello dei quali si localizzano alte concentrazioni dei canali del Na^+ e del di K^+ dipendenti dal voltaggio. Questa modalità di propagazione dell'impulso nervoso è detta conduzione saltatoria proprio perché il potenziale di azione "salta" da un nodo di Ranvier all'altro. Il vantaggio della presenza della guaina mielinica e della conduzione saltatoria è duplice: un'aumento della velocità di propagazione dell'impulso, perché vengono saltati i tratti internodali e un risparmio energetico perché la depolarizzazione, avvenendo solo a livello dei nodi, diminuisce la quantità di ioni che attraversa la membrana e che poi devono essere ritrasportati all'interno.

Le cellule gliali

Le cellule gliali, così chiamate dal greco glia che significa colla, a indicare il ruolo di sostegno e di collante che svolgono nel tessuto nervoso, rappresentano la componente cellulare più numerosa del SN, essendo presente in misura 10 volte maggiore rispetto ai neuroni. La glia è formata da vari tipi cellulari, che possono essere suddivisi in due componenti principali, la macroglia e la microglia, aventi funzioni e origine embriologica diversa. La *macroglia* definita anche *neuroglia* è composta da cellule che, al pari dei neuroni, originano dal neuroectoderma. Della neuroglia fanno parte due tipi cellulari, gli astrociti e gli oligodendrociti. Questi ultimi, come le cellule di Schwann nel SNP, sono deputati alla produzione della mielina nel SNC.

Il filamento intermedio delle cellule macrogliali è la proteina acida della glia fibrillare o *glial fibrillary acidic protein*, GFAP, che le identifica.

Microglia

È composta da cellule dette di "del Rio-Ortega", dal nome dell'istologo che per primo le distinse dagli altri tipi di glia (Fig. 4.4). Si tratta di una popolazione cellulare, di derivazione mesodermica, che rappresenta circa il 5-12% di tutta la glia e origina dai monociti circolanti o da progenitori mieloidi del midollo osseo che penetrano nel cervello durante il suo sviluppo, dove si differenziano in cellule microgliali. Funzionalmente le cellule della microglia possono essere considerate macrofagi residenti nel SNC. Al pari dei macrofagi, esse esercitano un'attività fagocitica e citotossica per eliminare detriti cellulari o agenti microbici. In condizioni normali le cellule della microglia, di forma ramificata, non proliferano né esercitano attività fagocitica o citotossica. In presenza di un danno cellulare, invece, esse si attivano. Si conoscono vari stimoli in grado di attivare la microglia, fra cui il lipopolisaccaride (LPS), un'endotossina che rappresenta il principale componente della parete esterna dei batteri Gram negativi e il cui recettore, TLR-

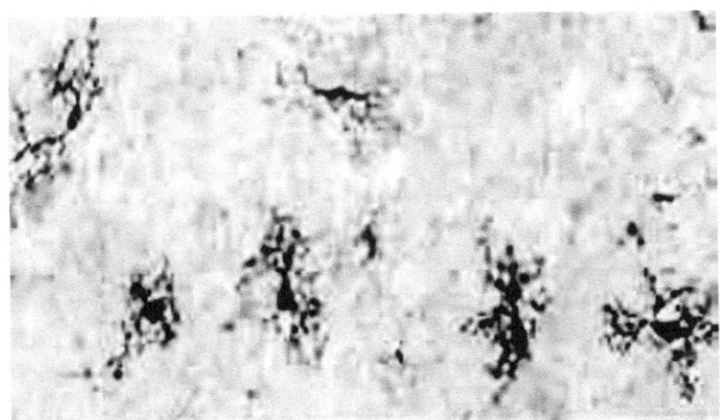

Fig. 4.4. Cellule della microglia, evidenziate mediante la colorazione argentica del Golgi

4 (*toll-like receptor 4*), è presente sulla membrana microgliale; la proteina β-amiloide (Aβ) generata nella malattia di Alzheimer; l'interferone-γ, la principale citochina attivante i macrofagi, prodotta dalle cellule Natural Killer (NK), dai linfociti T CD4$^+$ TH1 e CD8$^+$; la trombina, prodotta nel processo di coagulazione; la proteina prionica mutata (PrP).

L'attivazione della microglia comporta un cambiamento della morfologia per cui le cellule assumono un aspetto ameboide, accompagnato da fenomeni di proliferazione, migrazione, espressione di molecole di superficie e secrezione di varie sostanze.

Le molecole secrete dalla microglia attivata appartengono a varie classi fra cui riconosciamo citochine sia pro-infiammatorie (per es., IL-1β, TNF-α) sia tollerogeniche (per es., TGF-β, IL-4, IL-10), chemochine (per es., MIP-1α e β, MCP-1, RANTES, SDF-1), fattori di crescita (per es., IGF-1), NO, specie reattive dell'ossigeno (ROS) ed eicosanoidi, derivati dell'acido arachidonico, come le prostaglandine e i trombossani.

La microglia attivata esprime sulla propria membrana cellulare alti livelli di molecole del Sistema Maggiore di Istocompatibilità di classe II (*major histocompatibility complex*, MHC II), e molecole di co-stimolo (CD80 o B7.1, CD86 o B7.2 e CD40) diventando così una cellula presentante l'antigene pienamente competente, in grado di attivare i linfociti T CD4+ vergini (si veda anche il Box 10.1, *Cervello, immunità e infiammazione*).

L'attivazione della microglia è mediata da una cascata di chinasi e fosfatasi fra le quali un ruolo significativo è svolto dalle proteine della famiglia delle MAPK. In particolare, da JNK, p38 e da p44/42 MAPK, quest'ultime note anche come *extracellular signal-regulated kinase* (ERK1/2).

Poco, invece, si conosce sulle funzioni della microglia non attivata.

La microglia svolge un ruolo importante nei processi di infiammazione cerebrale e nella patogenesi di quasi tutte le malattie neurodegenerative, la demenza associata all'infezione da HIV-1 e l'ischemia cerebrale (si veda il Box 10.1, *Cervello, immunità e infiammazione*).

È possibile inibire l'attivazione microgliale utilizzando molecole in grado di inteferire con le vie di trasduzione del segnale intracellulare. Fra queste molecole si annoverano gli ormoni glucocorticoidi, la vitamina D e E, l'acido trans-retinoico (un metabolita della vitamina A), la minociclina (un antibiotico derivato dalla tetraciclina), alcuni cannabinoidi (Δ9-tetraidrocannabinolo o l'anandamide, un cannabinoide endogeno).

Astrociti

Gli astrociti (Fig. 4.5), sono presenti sotto forma di astrociti fibrosi e astrociti protoplasmatici. Essi si distinguono per la diversa morfologia e localizzazione cerebrale. Gli astrociti fibrosi, localizzati nella sostanza bianca, presentano prolungamenti citoplasmatici lunghi e sottili mentre gli astrociti protoplasmatici, presenti nella sostanza grigia, hanno corte estensioni. Non si conoscono signifi-

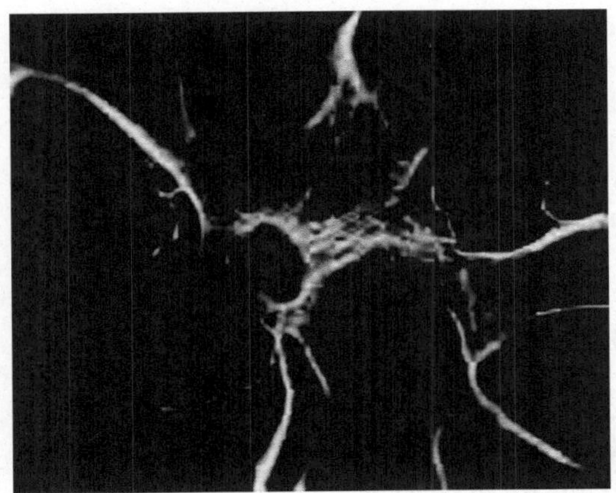

Fig. 4.5. Astrocita

cative differenze funzionali fra le due forme. Gli astrociti sono spesso quiescenti, in condizioni di danno o in seguito alla stimolazione esogena (per es. microrganismi) o endogena (per es. molecole prodotte da altre cellule) possono andare incontro ad attivazione cambiando le proprie caratteristiche morfologiche e funzionali. Per lungo tempo si è ritenuto che gli astrociti svolgessero una funzione di mero sostegno, fungendo solo da impalcatura o fonte nutritiva per il "parenchima nobile" rappresentato dai neuroni. Le funzioni degli astrociti nel SNC sono, invece, molteplici ed estremamente importanti per il corretto funzionamento dei neuroni ben al di là del ruolo di supporto meccanico. Di seguito sono elencate e brevemente descritte le più importanti attività svolte dagli astrociti. Prenderemo in considerazione prima le funzioni dell'astrocita non attivato e poi quelle dell'astrocita attivato in seguito ad una noxa patogena.

Le funzioni svolte dagli astrociti non-attivati sono: 1) sostegno e impalcatura; 2) trofismo e supporto metabolico; 3) permeabilità selettiva; 4) tampone di elettroliti; 5) modulazione della neurotrasmissione; 6) neurogenesi.

1. Sostegno e impalcatura. Lo stroma di natura connettivale costituito da fibroblasti e matrice extracellulare con funzioni trofo-meccaniche, che funge da impalcatura (telaio) e conferisce la protezione meccanica e i fattori nutritivi nei tessuti del corpo umano, non è presente nel SNC. Nel cervello tale funzione è garantita, invece, dalla glia astrocitaria. Questa caratteristica istologica ha delle importanti ripercussioni in neuropatologia allorquando si verifica un danno cerebrale (si veda il Capitolo 10 *Meccanismi di malattia*);

2. trofismo e supporto metabolico. Gli astrociti forniscono ai neuroni fattori di crescita essenziali per la loro sopravvivenza e per il loro corretto differenziamento. Tra questi ricordiamo il fattore di differenziamento delle piastrine o PDGF, il fattore neurotrofico derivato dalla glia o GDNF, neurotrofine, citochine, chemochine ecc. L'importanza di tali sostanze per la sopravvivenza e il funzionamento dei neuroni è dimostrata da numerose evidenze sperimentali *in vitro* e *in vivo*, come descritto nel Capitolo 6, *I fattori di crescita neurotrofici*.

Inoltre, gli astrociti costituiscono una riserva di glicogeno che una volta metabolizzato è in grado di fornire un'importante quota energetica ai neuroni;

3. permeabilità selettiva nel SNC, barriera emato-encefalica, e controllo della microcircolazione. I neuroni del SNC sono separati dalle componenti circolanti del sangue ad opera della barriera emato-encefalica (BEE), una struttura formata da cellule endoteliali specializzate, intimamente unite da particolari strutture cellulari, quali le giunzioni strette (*tight junctions*) e le giunzioni aderenti (*adherens junctions*), (si veda anche il Box 10.1, *Cervello, immunità e infiammazione*). La principale funzione riconosciuta alla BEE è quella di mantenere costante la composizione chimica del "*milieu*" neuronale per permettere il corretto funzionamento dei circuiti nervosi, della trasmissione sinaptica, della neurogenesi e del rimodellamento neuronale. A tal fine la BEE limita l'entrata nel SNC di componenti del plasma e leucociti. Alcuni di questi componenti ematici esercitano un'importante funzione difensiva nei confronti dei processi infettivi che, pertanto, quando si manifestano nel cervello, sono più difficilmente contrastabili dalle difese endogene. Questo contribuisce a rendere alcune infezioni del SNC particolarmente suscettibili di un decorso infausto.

Il duplice contatto fisico dell'astrocita con il neurone e con il capillare sanguigno è alla base del concetto di unità funzionale neuro-glio-vascolare. I prolungamenti della membrana plasmatica degli astrociti che entrano in contatto con i capillari sono occupati da un gran numero di recettori (per es., recettori metabotropici, purinorecettori), canali (per es., acquaporine) e trasportatori (per es., trasportatori del glucosio) che svolgono un ruolo importante nel mediare le interazioni glio-capillari. In tal modo ogni astrocita è in grado di integrare le informazioni che provengono dai vasi sanguigni, dai neuroni e da se stesso. È noto che un aumento dell'attività neuronale determina un aumento repentino della circolazione sanguigna all'interno dell'area cerebrale attiva. Tale fenomeno fu definito da Sherrington "iperemia funzionale". Gli astrociti rappresentano una componente importante nell'accoppiamento funzionale fra neuroni e vasi sanguigni. Inoltre gli astrociti rilasciando calcio sono in grado di determinare vasocostrizione;

4. esercitano un *ruolo tampone* (buffer) di elettroliti e così regolano l'ambiente chimico esterno dei neuroni, rimuovendo gli ioni, in particolare il potassio. Infatti gli astrociti captano gli ioni K presenti nell'ambiente extracellulare modificandone la concentrazione nel *milieu*, così regolano il PdA neuronale. Alterazioni di tale funzione di buffer sono implicate nella patogenesi di alcune forme di epilessia, patologia in cui si osserva un'esacerbata eccitabilità neuronale (si veda anche il Capitolo 10, *Meccanismi di malattia*);

5. neurotrasmissione:

    a) *la sinapsi tripartita*. Ultimamente è stato dimostrato un diretto ruolo degli astrociti nel processo di neurotrasmissione, per cui si può definire la sinapsi come una struttura tripartita, costituita dal neurone pre-sinaptico dal neurone post-sinaptico e dall'astrocita (Fig. 4.6). In breve, gli astrociti sono in grado di essere eccitati e quindi di attivarsi in risposta al neuro-

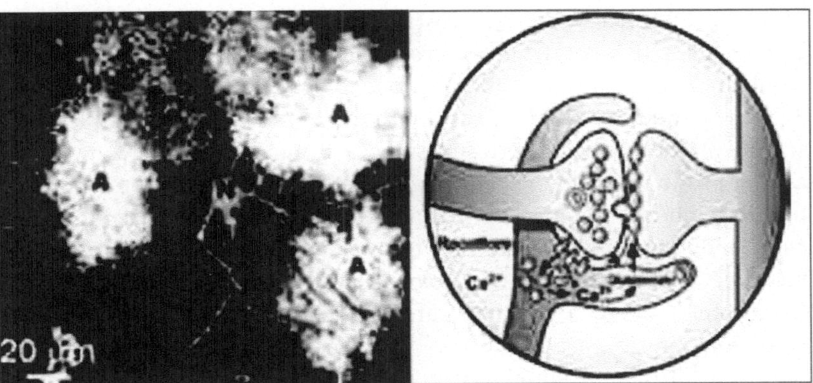

Fig. 4.6. Sinapsi tripartita. Nel riquadro di sinistra, astrociti (*A*) sono in contatto con le fibre del neurone (*N*), fotografia al microscopio confocale modificata da Halassa MM et al (2007) J Neurosci 27:6473–6477. Nel riquadro di destra è schematizzata una sinapsi tripartita dove il prolungamento di un astrocita (*A*) si avvolge intorno alla sinapsi. La glia da un lato protegge i neuroni catturando il glutammato e prevenendo così la ipereccitazione e morte per esotossicità, dall'altro modula la sinapsi perchè può liberare glutammato, per aumento del Ca2^{++}

trasmettitore rilasciato dal neurone pre-sinaptico e poi di modificare la risposta del neurone sia post-sinaptico sia pre-sinaptico. Inoltre, l'astrocita eccitato è in grado di propagare tale stato di eccitazione ad altri astrociti localizzati lontano dalla sinapsi di partenza. In particolare, possiamo schematicamente riconoscere varie fasi di questo meccanismo di interazione neuro-gliale della neurotrasmissione, che è stato ben studiato nei neuroni glutamatergici. Il glutammato, rilasciato dalla terminazione pre-sinaptica nel vallo intersinaptico, oltre ad agire canonicamente sui recettori della terminazione post-sinaptica, si lega anche ai recettori metabotropici presenti sulla membrana dell'astrocita che è adiacente alla sinapsi. L'interazione glutammato-recettore determina una segnalazione intracellulare astrocitaria che genera molecole di inositolo trifosfato (IP3) che, a sua volta, induce rilascio intracellulare di calcio dal reticolo endoplasmatico, che attiva l'astrocita, favorendo il rilascio per esocitosi di glutammato astrocitario e di ATP nel vallo sinaptico. Il glutammato rilasciato dall'astrocita modifica la neurotrasmissione agendo sia sul terminale pre-sinaptico sia su quello post-sinaptico. Sul terminale pre-sinaptico si lega ai recettori metabotropici mGlur che mediano il fenomeno della depressione pre-sinaptica; sul terminale post-sinaptico si lega ai recettori glutamatergici ionotropici NMDA (N-Metil-D-Aspartato) e AMPA (α–Amino-3-Idrossi-5-Metil-4-isoxazolone propionato) che mediano il potenziamento post-sinaptico. Inoltre, le oscillazioni astrocitarie intracellulari di calcio sono in grado di propagarsi a distanza in altri astrociti adiacenti. Questo può avvenire grazie al passaggio di IP3 da un astrocita all'altro tramite le *gap junctions*, le già citate strutture specializzate della membrana plasmatica occupate da canali costituiti da proteine della famiglia delle connessine. L'IP3, entrato nell'astrocita adiacente, promuoverà la liberazione di calcio dal reticolo endoplasmatico (RE) che libera glutammato e ATP. In tal modo, mediante gli astrociti la neurotrasmissione di una sinapsi può modulare la neurotrasmissione a distanza. In questo modo gli astrociti sono in grado di sincronizzare l'attività elettrica di più neuroni;

b) un altro modo con cui gli astrociti influenzano la neurotrasmissione è rilasciando mRNA e proteine che i terminali sinaptici possono captare. In tal modo, il neurone riesce ad "approvvigionarsi" velocemente di trascritti e proteine anche a distanza notevole dal proprio nucleo utilizzando come sorgente gli astrociti;

c) infine, un altro importante contributo degli astrociti alla neurotrasmissione è rappresentato dal "rifornimento" di colesterolo ai neuroni per la costruzione di sinapsi;

6. neurogenesi. Gli astrociti possono generare cellule staminali neurali nel SNC adulto (si veda il Capitolo 7, *Le cellule staminali neurali*).

In seguito a un danno del SN gli astrociti si attivano e acquisiscono delle funzioni nuove:

a) fagocitosi e attività battericida. Il danno cellulare genera detriti cellulari e in alcuni casi permette la penetrazione microrganismi all'interno della BEE. Gli astrociti emettono dei prolungamenti citoplasmatici che richiudendosi attorno ai detriti e/o ai microbi, li inglobano, formando i fagosomi;

b) cicatrice gliale. Un danno del tessuto cerebrale determina una reazione della componente gliale definita appunto gliosi reattiva. Nella sede del danno migrano astrociti e cellule della microglia. Per quanto riguarda gli astrociti, essi oltre a svolgere una blanda azione fagocitaria, reagiscono al danno aumentando di volume (ipertrofia), proliferando ed emanando dei prolungamenti fibrosi che provvedono a isolare l'area danneggiata dal tessuto circostante intorno alla quale formano una cicatrice gliale. Pertanto, l'esito cicatriziale che si verifica nel SNC in seguito a una lesione è un processo completamente diverso da quello che si forma in altri distretti corporei dove la cicatrice ha una componente fibrosa cospicua mentre quella cellulare è formata da fibroblasti. La cicatrice gliale causata dalla gliosi reattiva è un processo che seppur utile a breve termine (isolamento dell'area lesionata e contenimento del processo infiammatorio conseguente) comporta alterazioni strutturali nocive per il funzionamento del SNC. Infatti, il parenchima nobile costituito da neuroni è sostituito da glia non in grado di svolgere le stesse funzioni e inoltre la cicatrice potrebbe impedire eventuali fenomeni rigenerativi a carico dei prolungamenti assonici. È oggi chiaro che l'attivazione gliale che si verifica nella gliosi reattiva svolge un ruolo importante anche nella patogenesi di diverse malattie neurodegenerative quali la malattia di Alzheimer. La glia attivata, infatti, è in grado di produrre molteplici sostanze dannose per il cervello fra cui diverse citochine pro-infiammatorie. Recentemente è stato osservato che, in condizioni fisiologiche, alcuni tipi di astrociti sono in grado di genera-re cellule staminali neurali e inoltre, che alcuni astrociti che partecipano al fenomeno della gliosi reattiva, se opportunamente stimolati *in vitro*, possono diventare cellule staminali neurali. Queste osservazioni lasciano intravedere la possibilità di promuovere la rigenerazione neuronale modulando, in senso positivo, l'attività degli astrociti.

Glia radiale

La glia radiale è composta da cellule che hanno origine e funzioni diverse dal resto della glia. Durante lo sviluppo embrionale la glia radiale fornisce un binario per la migrazione verso l'esterno dei precursori dei neuroni corticali. Terminato lo sviluppo, la glia radiale permane in alcune aree del cervello adulto, nel cervelletto e nella retina. Nel cervelletto prende il nome di glia di Bergmann, mentre nella retina la glia radiale è rappresentata dalle cellule di Müller. Nel cervello adulto, la glia radiale dà origine alle cellule staminali neurali adulte.

Oligodendrociti

Gli oligodendrociti si trovano nella sostanza bianca. Essi emettono delle estro-flessioni citoplasmatiche che avvolgono l'assone (Fig. 4.7). In tali estroflessioni è presente una sostanza lipidica, la mielina, la quale isola elettricamente l'assone, permettendo il passaggio di ioni, e quindi di corrente elettrica, solo in corrispon-denza di zone non rivestite da mielina e chiamate *nodi di Ranvier*. Gli omologhi degli oligodendrociti nel SNP sono le cellule di Schwann. Gli oligodendrociti, a differenza delle cellule di Schwann, possono rivestire più di un assone poiché provvisti di numerosi prolungamenti. Esistono anche degli oligodendrociti pre-senti nella sostanza grigia a ridosso dei pirenofori e definiti oligodendrociti satel-

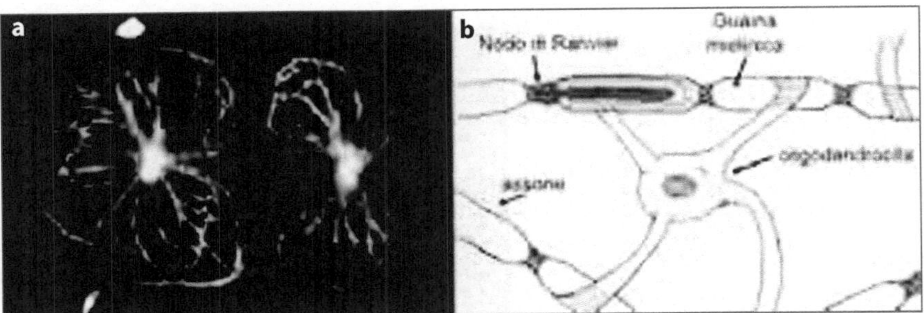

Fig. 4.7. a Oligodendrociti marcati con anticorpo anti-GFAP e secondario fluorescente; **b** rap-presentazione schematica di un oligodendrocita che avviluppa con i suoi prolungamenti gli assoni formando guaine mieliniche (modificata da http://classes.tmcc.edu/eburke/other-notes/Cells_0f_The_Nervous_System.htm)

liti perineuronali, la cui funzione è di sostegno metabolico dei neuroni. I *precursori degli oligodendrociti* in parte permangono (5-8% delle cellule del SNC) indifferenziati nel cervello maturo. La loro funzione non è nota. Il galattocerebroside e la proteina CNPa sono utilizzati come marcatori per identificaare gli oligodendrociti.

Cellule NG2

Cellule gliali abbondanti nel SNC adulto che esprimono il proteoglicano NG2 (conosciuto anche come proteoglicano condroitin solfato 4) (Fig. 4.8). Esse rappresentano una nuova classe di cellule gliali, con funzione di precursori degli oligodendrociti e anche di astrociti diversi da quelli generati dalla glia radiale e dai precursori neurali della zona proliferativa sottoventricolare (*subventricular zone*, SVZ).

Ependimociti

Gli ependimociti (o cellule dell'ependima o ependimoglia) delimitano la cavità in cui scorre il liquido cefalo-rachidiano. Sono specializzate nell'assorbimento e produzione del liquor. Le cellule ependimali ciliate, mediante l'azione delle ciglia, favoriscono anche la circolazione del liquor. Le cellule ependimali, prive di membrana basale, presentano prolungamenti che le mettono in connessione con gli astrociti.

Le cellule delle meningi

Nei vertebrati, le cellule che compongono le meningi, i meningociti, hanno derivazione embriologica eterogenea. Gli studi di Nicole Le Douarin e altri hanno

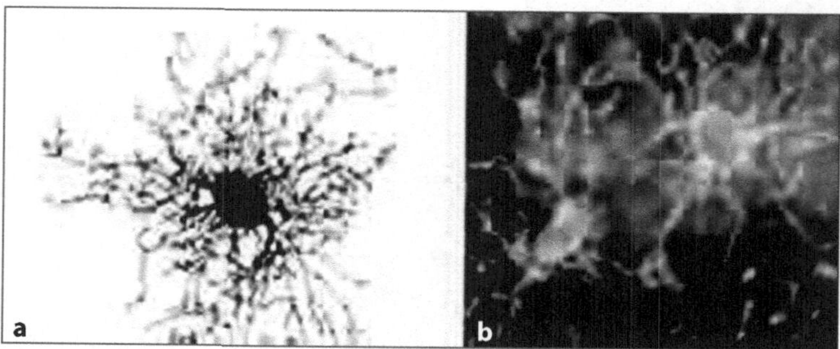

Fig. 4.8. Glia NG2. Cellule gliali visualizzate con anticorpi anti NG2 (b) e schematizzate (a), sono precursori degli oligodendrociti e cellule gliali con funzioni ancora non definite. Modificato da Bergles DE et al (2000) Glutamatergic synapses on oligodendrocyte precursor cells in the hippocampus. Nature 405:187–191

infatti dimostrato che parte delle meningi, come anche alcune ossa del cranio e strutture della testa, si sono co-evolute con il cervello anteriore (*forebrain*) conferendo protezione meccanica nei confronti di quest'ultimo. Come è noto, il *mesoderma* dà origine al *mesenchima* dal quale si differenziano numerosi tessuti, quali il connettivo, l'adiposo, il cartilagineo e l'osseo. Tuttavia, la testa è un'eccezione e le sue ossa, come quelle della faccia, derivano dalla *cresta neurale*, cioè dall'ectoderma. Nel cervello anteriore la cresta neurale dà anche origine alle meningi, mentre nel resto del SN le meningi derivano dal mesoderma. Si ritiene che questo processo di co-evoluzione dei tessuti di protezione e del cervello anteriore sia stato determinante per la transizione evolutiva dai cordati ai vertebrati e per lo sviluppo delle funzioni cognitive superiori dei vertebrati evolutivamente più recenti. In altri termini queste strutture scheletriche e di supporto avrebbero coperto e protetto il "nuovo cervello" che si formava e si espandeva. È interessante notare che l'acquisizione di funzioni cerebrali superiori nei vertebrati si è accompagnata a un cambiamento nello stile di vita rispetto agli antenati che si nutrivano filtrando l'ambiente esterno. I vertebrati sono diventati abili nel cercare il proprio cibo e in seguito sono diventati predatori. Lo scheletro facciale, interamente derivato dalla cresta neurale, comprende il primo organo di predazione, la mandibola, che è già ben sviluppata in alcuni teleostei primitivi, primi pesci con uno scheletro osseo.

Le cellule endoteliali

L'endotelio dei vasi sanguigni presenti nel SNC ha delle caratteristiche diverse da quelle di altri distretti anatomici. Infatti, esso è formato da cellule endoteliali specializzate, intimamente unite dalle già citate giunzioni strette e dalle giunzioni aderenti, e contribuisce alla formazione della barriera emato-encefalica (si veda il Box 10.1, *Cervello, immunità e infiammmazione*).

Letture consigliate

Block ML, Zecca L, Hong JS (2007) Microglia-mediated neurotoxicity: uncovering the molecular mechanisms. Nat Rev Neurosci 8:57–69

Jakovcevski I, Filipovic R, Mo Z et al (2009) Oligodendrocyte development and the onset of myelination in the human fetal brain. Front Neuroanat 3:5

Nishiyama A, Komitova M, Suzuki R, Zhu X (2009) Polydendrocytes (NG2 cells): multifunctional cells with lineage plasticity. Nat Rev Neurosci 10:9–22

Perea G, Navarrete M, Araque A (2009) Tripartite synapses: astrocytes process and control synaptic information. Trends Neurosci 32:421–431

Pfenninger KH (2009) Plasma membrane expansion: a neuron's Herculean task. Nat Rev Neurosci 10:251–261

Capitolo 5

Lo sviluppo del sistema nervoso

Swiftly the brain becomes an enchanted loom,
where millions of flashing shuttles weave a dissolving pattern
– always a meaningful pattern – though never an abiding one.[1]

I neurobiologi, e la gran parte dei neurologi, psichiatri e psicoanalisti, concordano nel ritenere che la "coscienza", come anche il pensiero, la memoria, l'apprendimento, le emozioni, l'immaginazione, la paura, l'ansia, sono determinati dall'attività elettrica di grandi gruppi di neuroni. Gli studi degli ultimi decenni hanno dimostrato che i quasi cento o mille miliardi di neuroni che costituiscono il cervello umano sono collegati tra loro da precisi e intricati nodi sinaptici. Molte prove sperimentali dimostrano che le funzioni cerebrali nell'organismo maturo richiedono stabilità delle sinapsi e dei circuiti e allo stesso tempo plasticità. La precisione dei collegamenti sinaptici, l'organizzazione di neuroni in nuclei funzionali, la formazione di circuiti complessi, riflette istruzioni precise contenute nel genoma dell'organismo e queste istruzioni sono tradotte in segnali morfologici e organizzativi che agiscono durante lo sviluppo embrionale nel tempo e nello spazio, grazie a un'espressione differenziata di geni. Il complesso programma differenziativo si realizza nelle varie cellule neurali, diversificandole nel corso del tempo, grazie ad "induzione" dovuta a segnali nuovi sia intra- sia extra-cellulari che si presentano in fasi spazialmente e temporalmente definite.

Le basi fondamentali dello sviluppo del sistema nervoso (SN) presentano meccanismi ampiamente conservati nel corso della filogenesi. Funzionalmente la complessità delle risposte deriva dalla complessità dell'integrazione tra i neuroni e fra i vari gruppi neuronali. Nel SN il problema centrale della biologia dello sviluppo – cioè come sistemi organizzati composti da molti tipi cellulari differenti si formino da una singola cellula – si pone in modo particolarmente evidente, perché la diversificazione cellulare è maggiore e l'organizzazione multicellulare è più complessa che in qualunque altro distretto dell'organismo.

Va considerato che il cervello dei vertebrati si sviluppa in un tempo più lungo di quello di altri sistemi. Come già accennato, il prodotto finale non è solamente

---

[1] "Rapidamente il cervello diventa un telaio incantato, dove milioni di bobine luccicanti tessono un disegno in dissolvenza – sempre un disegno con un suo significato – ma mai duraturo". Sir Charles Sherrington (1942) *Man on his nature*. Cambridge University Press.

il risultato di un programma iniziato e sostenuto dall'attivazione sequenziale di geni, ma è anche regolato da una serie di controlli positivi e negativi che pongono restrizioni alla produzione di cellule, alla loro migrazione, al differenziamento dei fenotipi neurali, al loro raggruppamento in gruppi funzionali, alla formazione di sinapsi alterate o in eccesso, insomma alla formazione dei circuiti neurali funzionanti. Secondo il premio Nobel Gerald Edelman, a livello funzionale il cervello si forma essenzialmente per mezzo di un processo che egli ha denominato "Darwinismo neuronale" o "Selezione dei gruppi neuronali", che determina la selezione dei gruppi neuronali mediante meccanismi chimici (neurotrasmissione, gradienti morfogenetici) e meccanici (movimenti, migrazioni) con formazione di quello che egli chiama "repertorio neuronale primario" con generazione della diversità anatomica. Dopo lo sviluppo stimoli ambientali, esperienze comportamentali interverranno per rafforzare o indebolire (selezionare) connessioni sinaptiche formando un "repertorio secondario".

L'induzione neurale

Un embrione inizia la sua vita come insieme di cellule indifferenziate che, nel corso della fase detta di *gastrulazione*, si dispongono a formare gli organi a partire da tre foglietti embrionali chiamati *ectoderma*, *mesoderma* ed *endoderma*. Da questi foglietti emerge la forma dell'individuo che si struttura lungo due assi corporei, l'asse dorso-ventrale e l'asse antero-posteriore. Gli organi e i tessuti si organizzano per opera di speciali gruppi di cellule capaci di istruire le cellule vicine attraverso la secrezione di speciali proteine-segnale (fattori induttivi e fattori di crescita e loro antagonisti). Da essi dipende l'induzione neurale, il primo passo per la formazione di un sistema nervoso. Ogni struttura del sistema nervoso dei vertebrati si sviluppa attraverso una serie di stadi ordinati, scanditi da una sequenza temporale caratteristica. L'alto grado di diversità cellulare e funzionale che caratterizza il sistema nervoso si realizza mediante il concorso di informazioni genetiche e di stimoli provenienti dall'ambiente esterno all'embrione stesso. L'azione concertata di vari fattori epigenetici (fattori solubili, interazioni dirette con altre cellule) è indispensabile per consentire a un neurone, l'unità funzionale del SN, di differenziarsi correttamente e di stabilire connessioni sinaptiche altamente specifiche.

I neuroni e le cellule gliali del sistema nervoso centrale (encefalo e midollo spinale) derivano da una regione specializzata dell'ectoderma, la *piastra neurale*, che si trova lungo la linea mediana dorsale dell'embrione. Già negli anni '20 Spemann e Mangold dimostrarono che la determinazione neurale (*induzione primaria neurale*) dipende dal contatto tra l'*ectoderma neurale* (cioè l'ectoderma da cui avrà origine il sistema nervoso) e il mesoderma, e che quest'ultimo ha un ruolo induttivo senza il quale non vi è neurulazione. Spemann e Mangold trapiantarono il labbro dorsale del blastoporo in un embrione ospite e ottennero la generazione di un secondo embrione, le cui cellule erano solo in minima parte derivate dal trapianto; ciò indicava che il tessuto trapiantato aveva indotto, o *organizzato*, le cellule dell'ospite in un secondo asse corporeo, incluso un nuovo sistema nervoso (Fig. 5.1).

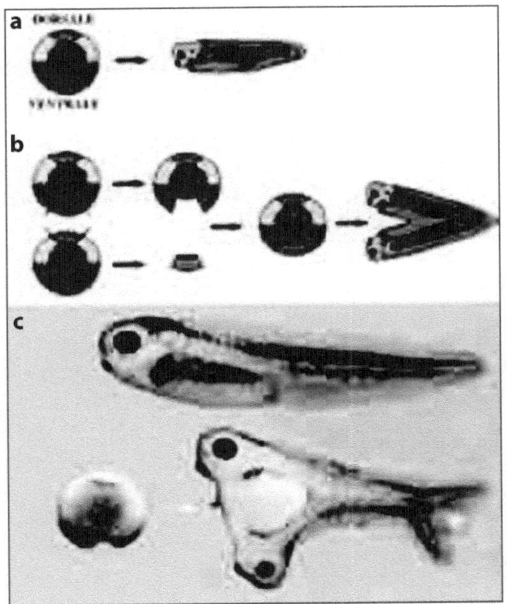

Fig. 5.1. L'organizzatore di Spemann. a, b Rappresentazione schematica del ruolo dell'organizzatore di Spemann in un embrione di rospo; a l'organizzatore di Spemann in embrione normale produce un solo sistema nervoso; b il trapianto di un secondo organizzatore determina la formazione di due sistemi nervosi. c riproduzione dell'esperimento originale di Spemann e Mangold in Xenopus (da De Robertis, 2004)

Si determinò così il concetto dell'esistenza di molecole induttrici che, agendo su cellule "competenti", cioè capaci di rispondere al segnale induttore, sono in grado di determinarne cambiamenti fenotipici. Si pensava vi fossero delle proteine secrete dal labbro dorsale del blastoporo capaci di interagire col proprio recettore attivando una via di trasduzione del segnale che mediava l'induzione neurale. Tuttavia oggi si sa che una delle molecole induttrici identificate, la *cordina* (altre due sono *noggin* e *follistatin*), non agisce attraverso un recettore, ma come antagonista diretto di un'altra molecola, BMP4, e ne blocca l'attività. La formazione del tessuto nervoso avviene quindi per un meccanismo di default. Quando invece è presente BMP4, questa si lega al proprio recettore e attiva una cascata di eventi che porta alla formazione della parte ventrale dell'organismo (ectoderma e mesoderma). Quando la segnalazione di BMP4 si attenua (cioè quando altre molecole ne bloccano la funzione di BMP4) si ha *neurulazione*. Nei vertebrati, dal rospo al topo, un'altra molecola, detta *cerberus*, agisce insieme alla *cordina*, con analoga funzione di blocco delle molecole della famiglia BMP e di altre molecole induttrici.

Durante la neurulazione, la piastra neurale cambia gradualmente forma con il sollevamento dei bordi. Tra i bordi (chiamati *pliche neurali*) si estende una depressione detta *solco neurale*. In seguito le pliche si fondono lungo la linea mediana dorsale dell'embrione formando così il *tubo neurale* (Fig. 5.2). Dai margini laterali delle pliche neurali prolifera verso il mesoderma un importante gruppo di cellule dette *cellule della cresta neurale*, che dà origine al sistema nervoso periferico, alle cellule *adrenergiche cromaffini*, ai *melanociti* e alla scatola cranica, naso, mascelle e ossa del collo, nonché a parte delle meningi. La cavità del tubo neurale dà origine al sistema ventricolare del SNC; le cellule epiteliali delimitanti le pareti del tubo neurale (*neuroepitelio*) proliferano, generando i

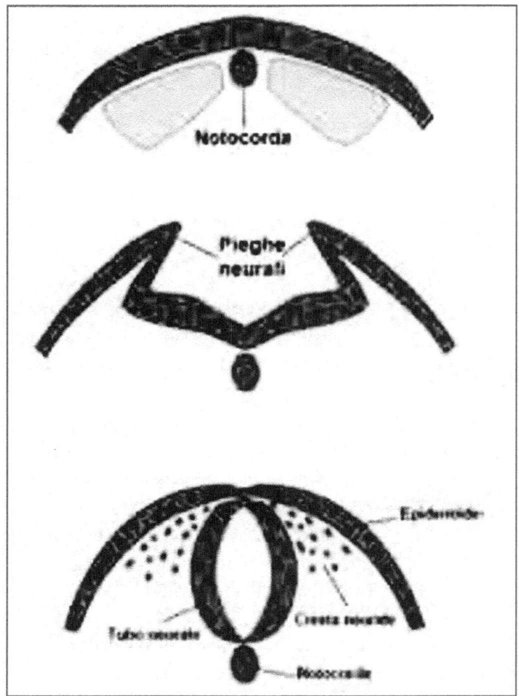

Fig. 5.2. Formazione del tubo neurale. Si veda il testo

precursori delle cellule gliali (*glioblasti*) e dei neuroni (*neuroblasti*) del SNC e infine migrano per raggiungere la loro localizzazione anatomica.

Il differenziamento del tubo neurale nelle varie regioni del SNC avviene in effetti a tre differenti livelli. A livello anatomico, il tubo neurale presenta delle costrizioni che delimitano le vescicole del cervello e del midollo spinale. A livello istologico, le popolazioni cellulari all'interno della parete del tubo neurale si organizzano per formare i differenti distretti funzionali del SNC. Infine, a livello cellulare, le cellule del neuroepitelio si differenziano in numerosi tipi di neuroni e cellule gliali. Le cellule della regione caudale del tubo neurale proliferano per formare il midollo spinale, mentre la regione rostrale del tubo neurale si divide inizialmente in tre vescicole chiamate *prosencefalo*, *mesencefalo* e *rombencefalo*. Più tardi da queste si formano cinque vescicole dalle quali derivano le varie regioni del SNC adulto (Fig. 5.3).

L'organizzazione spaziale lungo l'asse rostro-caudale è sotto il controllo dei geni della famiglia *homeobox*, che sono responsabili dell'identità iniziale delle varie regioni del SNC e sono molto conservati nel corso dell'evoluzione. Questi geni (*omeogeni*) controllori dello sviluppo, detti "*master genes*" perché occupano il gradino più alto della scala gerarchica che regola la morfogenesi e il differenziamento cellulare degli animali, conferiscono identità posizionale alle singole cellule. Gli omeogeni, inizialmente scoperti in drosofila, sono presenti in tutti i metazoi, dalle spugne ai vertebrati e alle piante (Fig. 5.4). Essi contengono una sequenza nucleotidica detta *omeodominio* che codifica per 60-amino acidi e si lega a sequenze specifiche del DNA; gli omeogeni infatti sono regolatori della trascrizione e possono attivare o reprimere l'espressione di geni bersaglio.

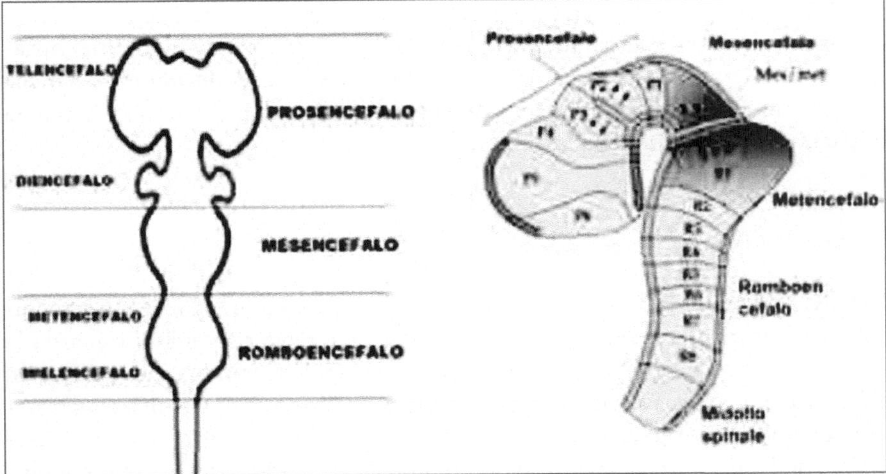

Fig. 5.3. Restringimento e ripiegatura del tubo neurale. Come dettagliato nel testo, il tubo neurale va prima incontro a restringimenti che formano così le principali vescicole, che poi si ripiegheranno a delimitare le regioni del SNC. Il rombencefalo viene suddiviso in segmenti più piccoli detti rombomeri che corrispondono alla diversa espressione dei geni omeotici della famiglia *Hox*

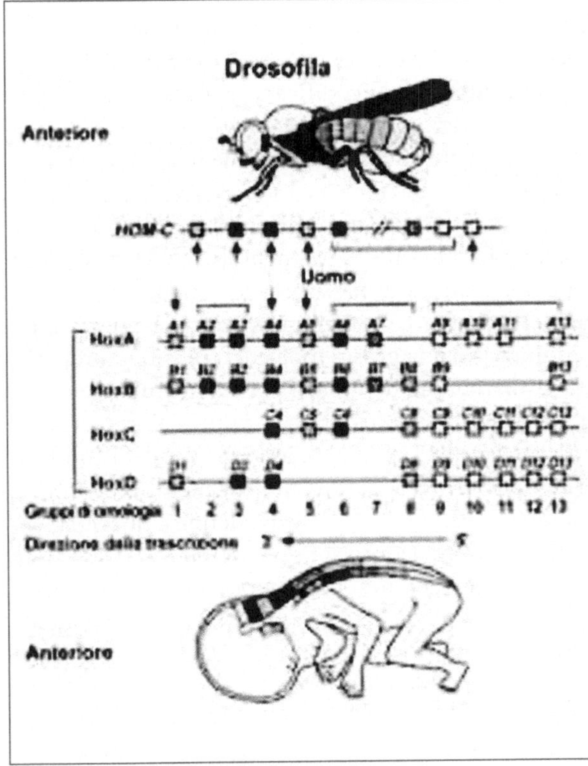

Fig. 5.4. Distribuzione dei geni *Hox* sui cromosomi dell'uomo e della drosofila. I geni *Hox* nell'uomo e nel moscerino della frutta sono distribuiti lungo i cromosomi (uno in drosofila e quattro nell'uomo) in modo corrispondente alla loro espressione lungo l'asse anteroposteriore dell'organismo. La loro trascrizione avviene in direzione 5'-3', come indicato dalla freccia. Essi presentano un'alta omologia di sequenza lungo l'asse filogenetico, dalla drosofila all'uomo

L'ulteriore determinazione fenotipica dei neuroblasti nei vari tipi di neuroni che da essi derivano è largamente influenzata da fattori ambientali. Il differenziamento, la migrazione, la maturazione e la formazione di connessioni specifiche tra neuroni richiedono l'intervento di segnali specifici che agiscono sulla cellula in particolari momenti dello sviluppo.

La neurogenesi

Nel SNC la *proliferazione cellulare* è limitata, con qualche eccezione, al neuroepitelio periventricolare. Uno dei primi quesiti cui si deve rispondere riguarda la identificazione dei lignaggi cellulari che danno origine ai vari fenotipi neurali, in altre parole quando avviene la prima divisione in base alla quale una cellula staminale non darà origine a due cellule uguali a se stesse e multipotenti ma a due cellule figlie diverse tra loro che avranno un fenotipo differente. Le cellule staminali possono produrre precursori che ricevono istruzioni sia dall'interno che dall'esterno dell'embrione. Nella *Drosophila melanogaster* sono richieste due classi di geni per la determinazione dei precursori neurali (fattori intrinseci): i geni *proneurali*, che determinano la formazione di raggruppamenti (*clusters*) di cellule ectodermali indifferenziate con competenza a diventare precursori neurali. I geni proneurali codificano per fattori di trascrizione che hanno in comune un particolare dominio detto *helix-looop-helix*, HLH. Differenti geni come *achete-scute*, *lethal of scute*, *atonal*, ecc., sembrano essere coinvolti in questo ruolo. La seconda classe di geni, detti *neurogenici*, invece, interviene a definire una cellula come precursore neuronale. Questi ultimi geni codificano per proteine che non hanno una struttura molecolare comune.

La selezione dei neuroblasti nei raggruppamenti di cellule neuro-competenti avviene con un meccanismo definito di inibizione laterale in base al quale i neuroblasti che sono ormai inevitabilmente indirizzati a divenire precursori neurali impediscono alle cellule vicine di adottare un destino neurale mediante l'azione di geni come *notch*, la cui funzione è quella di reprimere lo sviluppo neurale in cellule ectodermali neuralmente competenti, permettendo invece che si sviluppino come epidermide. *Notch* codifica per una grossa molecola transmembranaria, che si lega a un'altra proteina di membrana detta *delta*, la cui attivazione determina il rilascio dalla sua porzione citoplasmatica di un'altra proteina che trasloca nel nucleo dove blocca l'azione di fattori di trascrizione come quelli codificati dai geni proneurali. Fattori estrinseci, come fattori morfogenetici e "fattori di crescita", intervengono in maniera regolata e progressiva a definire ulteriormente l'organizzazione e la natura dei neuroni, la loro sopravvivenza selettiva e i loro fenotipi. Possiamo fare un esempio considerando un gruppo di cellule precursori del sistema nervoso periferico, le cellule della cresta neurale. Queste possono rimanere a lungo pluripotenti e possono formare *in vitro* colonie che daranno luogo sia a cellule gliali che a neuroni. Alla presenza di una molecola diffusibile d'origine gliale (*glial growth factor 2*, GGF2) il 90% delle colonie diventerà essenzialmente gliale, perdendo tutta la potenzialità a formare neuroni, dimostrando cioè che la potenzialità di alcune cellule progenitrici pluripotenti può essere ristretta da fattori esterni. Del resto anche il numero delle divisioni cellulari dei precursori può essere regolato da fattori estrinseci, come fattori di crescita quali quelli appartenenti alla famiglia dei *fibroblast growth factors* (FGFs). Questi fattori di crescita impediscono il differenziamento terminale delle cellule nella fase del ciclo cellulare detta G1 e in questo modo permettono la continuazione della proliferazione (divisione cellulare). Altri fattori di crescita intervengono a regolare in maniera a volte temporalmente definita la sopravvivenza selettiva di precursori neurali in particolari stadi differenziativi. Queste proteine o fattori di crescita possono essere molteplici, prodotti a tappe successive da cellule diverse; essi intervengono sui precursori neurali e partecipano alla loro definizione fenotipica in tappe successive. Per esempio i motoneuroni del midollo spinale, responsabili dell'innervazione della gran parte dei muscoli volontari dell'organismo, nel corso del loro sviluppo hanno bisogno di più "fattori di crescita" i quali intervengono in maniera progressiva. Dapprima, ad esempio, i motoneuroni richiedono per svilupparsi e sopravvivere la *neurotrofina 3* (NT3); questo attiva una cascata d'eventi cellulari e molecolari per cui dopo un tempo x, i motoneuroni acquisteranno la capacità di rispondere a un altro fattore. Quest'ultimo è prodotto da cellule gliali ed è chiamato *glial cell line derived neurotrophic factor* (GDNF); ad esso si sostituirà poi un altro fattore con capacità di determinare la sopravvivenza di classi ristrette di neuroni, progressivamente più differenziati, chiamato *ciliary neurotrophic factor* (CNTF).

I fattori estrinseci quindi possono controllare il numero dei precursori neurali regolando il numero delle divisioni cellulari e permettendo alla progenie di questi precursori, di raggiungere stadi successivi di sviluppo.

Quindi la neurogenesi vera e propria può essere controllata sia da eventi squisitamente intracellulari che da eventi extracellulari o estrinseci che gradualmente attivano gruppi di geni specifici del differenziamento neuronale terminale o portano alla soppressione dell'espressione di altri gruppi di geni.

La produzione di cellule nervose e l'eliminazione di quelle in eccesso nel corso dello sviluppo è anch'essa regolata in maniera progressiva da elementi che intervengono in successione temporale e con una diversa distribuzione spaziale. Ma la proliferazione delle cellule nervose non basterà a formare un sistema nervoso. La funzione nervosa dipende dalla precisa e stereotipata organizzazione dei collegamenti neurali. Un'organizzazione complessa che servirà a orchestrare milioni di miliardi d'interazioni sinaptiche.

La migrazione dei neuroni

I neuroni o i loro precursori generati nel neuroepitelio periventricolare migrano verso localizzazioni anatomiche definitive, seguendo informazioni posizionali e in base all'espressione di specifici geni. Alterazioni di questi processi portano a malformazioni o assenza di intere porzioni del cervello. Particolari astrociti si estendono radialmente dai ventricoli alla superficie piale fornendo un'impalcatura

lungo cui i neuroni corticali migrano. Una simile organizzazione regola la migrazione degli interneuroni eccitatori del cervelletto, i granuli. Questa glia definita
glia radiale del Bergmann (o cellule epiteliali radiali, come le chiamò Camillo
Golgi) è transiente e nell'adulto dà origine a cellule staminali neurali. Alcuni
neuroni tuttavia non seguono questo modo di migrazione ma piuttosto migrano
"tangenzialmente", come ad esempio i neuroni della corteccia (25-30% del totale) che originano nella eminenza gangliare mediana. Nella migrazione tangente
un ruolo importante è svolto dalla traslocazione nucleare all'interno della cellula. Essa è regolata dai movimenti dei centrioli e dall'apparato di Golgi e, inoltre,
dall'apparato motore associato ai microtubuli che "tirano" il nucleo in avanti.
Molti geni sono implicati nei processi migratori, tra cui quelli che codificano per
proteine dell'apparato motore cellulare (come doublecortin o DCX, dineina, chi-
nesina, miosina II, lysI e II, le cui mutazioni causano lissencefalia o agiria) e per
molecole di adesione e di guida (come NCAM, neureguline, neuropiline). La
migrazione dei neuroni corticali nei sei strati della corteccia procede in modo
detto *inside-out*, i neuroni neoformati migrano verso gli strati più esterni, sor-
passando quelli generati prima. Cosicché gli strati più superficiali (I-III) sono
formati da gruppi di neuroni più giovani generati dopo quelli degli strati inferiori (IV-VI).

La formazione delle sinapsi

Crescita e guida assonale

Uno dei primi passi nel differenziamento neuronale è la formazione di un assone, con organizzazione dei componenti del citoscheletro e formazione di un cono
di crescita, capace di migrare in un ambiente complesso rispondendo a segnali
provenienti dalla matrice extracellulare e de altre cellule. Il cono di crescita, già
descritto da Cajal nel 1890, è un'espansione dinamica dell'estremità dell'assone
dalla quale emergono filopodi e lamellopodi ricchi in actina, che indirizza i
movimenti dell'assone (Fig. 5.5).

Vi sono almeno due interpretazioni sui processi che guidano l'assone al posto
giusto dove stabilirà contatti appropriati con le corrette cellule bersaglio. Una
prima possibilità è che la formazione dei collegamenti giusti dipenda da una
serie di informazioni che accuratamente dirigono ogni passo lungo la strada
della migrazione del cono di crescita, quindi molecole disseminate lungo il tra-
gitto cui corrispondono specifici recettori che determinano la direzione di avan-
zamento. Alternativamente, le diramazioni iniziali di un assone sono multiple e
la loro selezione e stabilizzazione deriva dall'interazione con le cellule bersaglio
appropriate.

Una visione più corretta include entrambe queste possibilità, cioè inizialmente intervengono informazioni molecolari di guida, seguite da informazioni delle
cellule bersaglio che rifiniscono il processo permettendo quindi solo la formazione delle sinapsi appropriate.

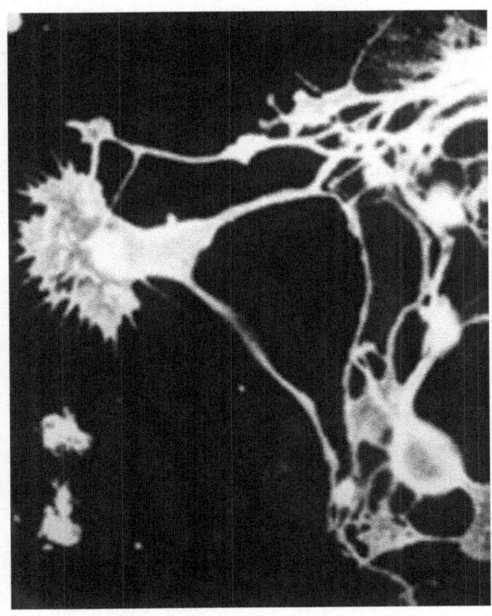

Fig.5.5. Cono di crescita. Immagine mediante microscopia a fluorescenza di un cono di crescita di un assone da neuroni embrionali di topo *in vitro*, visualizzati con anticorpi anti-NCAM. Si evidenziano filopodi e lamellopodi, come descritto nel testo. L'immagine è un particolare da van den Pol et al (1986) © Rockefeller University Press, 1986. Pubblicata originariamente su J Cell Biol 102:2281-2294

Il cono di crescita esprime una panoplia di recettori corrispondente alla complessa serie di segnali cui deve rispondere. Queste molecole vengono spesso individuate mediante saggi funzionali sulla crescita e orientamento dei prolungamenti neuritici *in vitro*.

Le molecole che guidano i coni di crescita possono essere: proteine integrali della membrana di cellule che il cono di crescita incontra nel suo percorso, molecole associate alla matrice extracellulare che circonda le cellule nervose oppure fattori diffusibili. Tra queste molecole alcune hanno effetti attrattivi, altre repulsivi, altre entrambi, a seconda del contesto.

Pertanto riconosciamo:

1. molecole che appartengono alle superfamiglie delle *immunoglobuline*, come molecole di adesione (*neural cell adhesion molecule*, NCAM), *caderine* e *integrine*;
2. glicoproteine come laminina e fibronectina;
3. recettori tirosin-chinasici come i recettori Eph A e B per le efrine, o le plexine che legano le semaforine;
4. i fattori di crescita, che oltre ad avere effetti trofici, hanno anche effetti chemiotropici, come classicamente dimostrato per l'NGF.

Alterazioni del processo di adesione e guida della direzione dell'assone possono essere alla base di malattie neurologiche dell'uomo, come nella sindrome di Kallman, una malattia legata al cromosoma X che porta a perdita dell'olfatto e ipogonadismo. Mutazioni in cinque geni sono responsabili della sindrome, tra essi i geni KAL1 e KAL2 codificano per anosmina-1 e il recettore 1 dell'FGF (*fibroblast growth factor receptor 1*, FGFR1). L'anosmina-1, una glicoproteina secreta che fa parte della matrice extracellulare, lega il FGFR1 e può avere affetti attraenti o repulsivi. La malattia sembra dovuta ad alterato sviluppo dei bulbi olfattivi e dei loro assoni, che servono da guida per la migrazione di precursori neurali dal placode olfattivo primitivo all'ipotalamo, con conseguente alterata formazione dei neuroni che producono GnRH (*gonadotropin releasing hormon*) nel nucleo arcuato e l'area preottica, l'ormone che rilascia l'ormone luteinizzante, necessario per lo sviluppo e funzione delle gonadi.

Sinaptogenesi

La selezione della cellula bersaglio è forse il passo principale per la definizione della specificità funzionale dei circuiti neurali. Molte informazioni sulla sinaptogenesi derivano dagli studi sulla formazione della giunzione neuromuscolare tra motoneurone e fibra muscolare. Quando l'assone motore giunge a contatto con la fibra muscolare induce la aggregazione (*clustering*) dei preesistenti recettori per l'ACh (il trasmettitore dei motoneuroni), mediante l'intervento del complesso agrina-MuSK (*muscular specific kinase*). L'agrina è un proteoglicano, rilasciato dalle terminazioni dei motoneuroni, che attiva MuSK nelle cellule muscolari. Infatti nei topi con mutazioni nulle nel gene dell'agrina non si ha *clustering* dei AChR sulle fibre muscolari. A sua volta la fibra muscolare non è un recipiente passivo. Infatti, dipendono dal contatto con la fibra muscolare la perdita del cono di crescita, l'addensamento delle vescicole nella zona di giustapposizione e la sopravvivenza del motoneurone permessa dai fattori trofici prodotti dalla cellula bersaglio. Molte fibre muscolari ricevono inizialmente innervazioni multiple che vengono eliminate per lasciare una sola terminazione nervosa per ogni fibra muscolare (Fig. 5.6). Questo processo dipende anche dall'attività cellulare. Anche

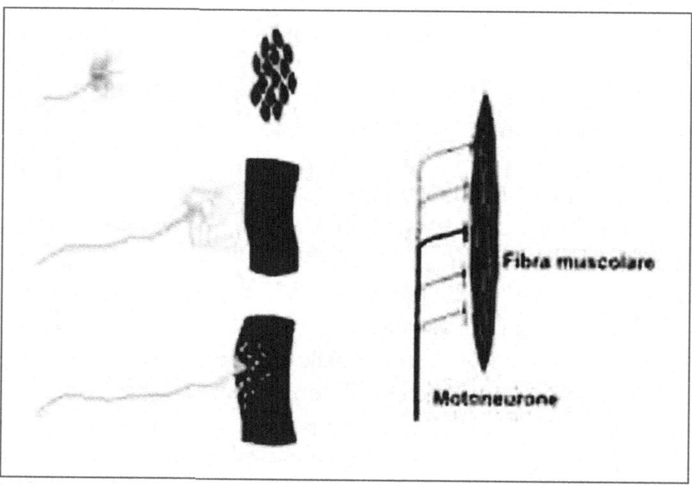

Fig.5.6. Formazione di una sinapsi. Come descritto nel testo, la formazione di una sinapsi, qui rappresentata dalla giunzione neuromuscolare, richiede che le fibre assonali giungano in vicinanza della cellula bersaglio e che possano stabilire collegamenti con essa. Questa a sua volta contribuisce attivamente alla corretta sinaptogenesi

nel SNC la formazione dei circuiti neurali è un processo fortemente dinamico durante il quale sinapsi sono formate ed eliminate rapidamente e solo un piccola parte delle connessioni embrionali viene consolidata nell'organismo maturo. Sia la competizione per fattori neurotrofici prodotti limitatamente dalle cellule bersaglio, sia l'attività neuronale, che può modificare l'organizzazione strutturale di alcune sinapsi, concorrono a rimodellare le connessioni sinaptiche durante lo sviluppo embrionale. Meccanismi simili potrebbero essere implicati nella plasticità delle connessioni sinaptiche nell'individuo adulto.

Ruolo delle cellule bersaglio nella determinazione del neurotrasmettitore presinaptico

La cellula bersaglio, oltre a effetti trofici e tropici può anche svolgere un ruolo nella scelta del neurotrasmettitore dell'elemento presinaptico, come dimostrano studi sul sistema nervoso simpatico.

I neuroni che innervano le ghiandole sudoripare prima di stabilire contatti manifestano un fenotipo adrenergico, che cambia in colinergico dopo il contatto con le cellule ghiandolari. Neuroni colinergici dei gangli spinali trapiantati tra i gangli simpatici o nella midollare del surrene, diventano adrenergici, come dimostrato dagli studi di Nicole Le Douarin utilizzando trapianti di quaglia in pollo. Studi *in vitro* hanno dimostrato che neuroni del ganglio cervicale superiore del ratto neonato sono adrenergici se coltivati da soli ma divengono colinergici se cresciuti in presenza di cellule bersaglio (muscolo cardiaco o striato) o in presenza di terreno condizionato da queste cellule. Questi studi hanno anche dimostrato che tale modulazione fenotipica è determinata da fattori prodotti dalle cellule bersaglio trasportati in direzione retrograda. L'attività "colinergizzante" descritta può essere mimata da citochine attive nel sistema ematopoietico, che hanno anche attività neurotrofica (neuropoietine), come *leukemia inibitory factor* (LIF) e CNTF. Come sottolineato nel Capitolo 6, *I fattori di crescita neurotrofici*, questi ultimi sono presenti in più tessuti dove svolgono funzioni diverse a seconda del contesto.

Finito lo sviluppo, i neuroni esprimono tratti caratteristici che conferiscono loro una sorta di identità: localizzazione, morfologia, specificità sinaptiche, proprietà biochimiche. Tutte queste caratteristiche "specifiche" di un determinato neurone sono determinate dalla attivazione selettiva di gruppi di geni. È importante sottolineare che, differentemente da altri tipi di cellule (per es. epatociti) i neuroni oltre a un'espressione genica tessuto-specifica (neurale) e cellula-specifica (neuronale) manifestano un'ulteriore espressione genica selettiva caratteristica di quel determinato tipo neuronale. Infatti studi del trascrittoma di corteccia di topo effettuati con le moderne tecniche di analisi di sequenze *high-throughput* hanno rivelato l'espressione di più di 16.000 geni, quindi più della metà del totale dei geni espressi nell'uomo. Inoltre tali studi hanno mostrato che tra i due stadi di sviluppo analizzati vi sono tre-quattromila geni espressi differenzialmente.

Va detto che non solo i neuroni, ma anche le cellule gliali differiscono tra loro sia per tipo (*Astrociti tipo I* e *tipo II, oligodendrociti* e *Cellule di Schwann, Microglia*) che a seconda del distretto anatomico che si considera.

Possiamo dire in conclusione che il sistema nervoso si sviluppa come tutto il resto dell'organismo e che le regole generali che lo caratterizzano sono le stesse che regolano la formazione di tutti gli altri tessuti e cellule dell'embrione e dell'organismo maturo. Cellule precursori esprimono un determinato gruppo di geni in maniera differenziata rispetto ad altre cellule simili, rispondono quindi diversamente a stimoli che incontrano nel *milieu* embrionale, attivando altri gruppi di geni e progressivamente differenziandosi terminalmente. È la straordinaria quantità e diversità fenotipica e funzionale di neuroni e di collegamenti sinaptici (100-1000 miliardi di neuroni formano miliardi e miliardi di collegamenti funzionali in un cervello di primate maturo) che rendono questa complessità peculiare rispetto ad altri organi.

Una delle questioni più affascinanti della neurobiologia dello sviluppo è come si ottengano i vari fenotipi neurali che acquisiscono caratteristiche peculiari e formano innumerevoli sinapsi specifiche.

Le funzioni nervose nell'animale si basano sulla stabilità delle sinapsi e dei circuiti neurali e sulla loro modulabilità o plasticità. La precisione dei collegamenti sinaptici, la organizzazione di neuroni in nuclei e moduli funzionali, la formazione di circuiti complessi, riflette istruzioni contenute nel genoma dell'organismo, che debbono essere tradotte in segnali morfologici e organizzativi durante lo sviluppo embrionale nel tempo e nello spazio, determinando espressione differenziata di geni. Il destino delle cellule nervose embrionali dipende sia dall'informazione ereditata che da fattori presenti nell'ambiente in cui si sviluppa l'embrione. Particolare interesse riveste la comprensione di quali meccanismi selezionino le molteplici potenzialità trasmesse nel genoma di ogni singola cellula e l'importanza relativa di fattori genetici ed epigenetici nell'espressione e nel mantenimento di fenotipi differenziati.

Dunque, la definizione dei vari circuiti funzionali ha luogo in maniera diversa in cellule nervose diverse nel corso del tempo, grazie all'"induzione" dovuta a segnali sia intra- che extra-cellulari. La precisa rete di collegamenti sinaptici e la selezione delle cellule che formeranno complesse unità funzionali si realizza mediante rifacimenti successivi nel corso dello sviluppo pre- e post-natale, grazie all'insieme di informazioni e/o segnali epigenetici induttivi e permissivi cui va aggiunta più tardi l'esperienza sensoriale.

Letture consigliate

Dasen JS, Jessell TM (2009) Hox networks and the origins of motor neuron diversity. Curr Top Dev Biol 88:169–200

De Robertis EM, Kuroda H (2004) Dorsal-ventral patterning and neural induction in Xenopus embryos. Ann Rev Cell Devel Biol 20:285–308

Hasin-Brumshtein Y, Lancet D, Olender T (2009) Human olfaction: from genomic variation to phenotypic diversity. Trends Genet 25:178–184

Hébert JM, Fishell G (2008) The genetics of early telencephalon patterning: some assembly required. Nat Rev Neurosci 9:678–685

Korkut C, Budnik V (2009) WNTs tune up the neuromuscular junction. Nat Rev Neurosci 10:627–634

Baudoin JP, Alvarez C, Gaspar P, Métin C (2008) Modes and mishaps of neuronal migration in the mammalian brain. J Neurosci 28:11746–11752

Perrone-Capano C, di Porzio U (2000) Genetic and epigenetic control of midbrain dopaminergic neuron development. Int J Dev Biol 44:679–687

Rao MS, Jacobson M (2005) Developmental Neurobiology, 4th edn. Kluwer Academic Publishers, Dordrecht

Simeone A (2002) Towards the comprehension of genetic mechanisms controlling brain morphogenesis. Trends Neurosci 25:119–121

Solecki DJ, Trivedi N, Govek EE et al (2009) Myosin II motors and F-actin dynamics drive the coordinated movement of the centrosome and soma during CNS glial-guided neuronal migration. Neuron 63:63–80

van den Pol AN, di Porzio U, Rutishauser U (1986) Growth cone localization of neural cell adhesion molecule on central nervous system neurons in vitro. J Cell Biol 102:2281–2294

Box 5.1. Nuovi meccanismi di regolazione genica: i micro RNA

Fino a pochi anni fa non si sospettava l'esistenza di una complessa e abbondante classe di RNA, i micro RNA (miRNA), che oggi sappiamo svolgere ruoli cruciali nella regolazione di funzioni vitali per le cellule di ogni tipo (vegetali e animali). Nella Tabella 5.1 sono elencati alcuni micro RNA coinvolti nello sviluppo del sistema nervoso.

I miRNA sono piccoli RNA di 22 nucleotidi (NT) processati da trascritti genomici di 70-80 NT.

I primi due miRNA identificati per il ruolo ricoperto nel controllo della sincronizzazione dello sviluppo nel nematode *Caenorhabditis elegans* furono lin-4, scoperto in 1993, e let-7, scoperto nel 2000. Da allora, centinaia di miRNA sono stati clonati da specie differenti, ma solo di alcuni si conosce il ruolo in processi inerenti lo sviluppo, funzione e malattia. I miRNA agiscono inibendo la traduzione o destabilizzando gli mRNA bersaglio (*target*), e ogni miRNA ha centinaia di mRNA target.

Oggi si conoscono almeno 500 miRNA nel genoma umano e ognuno di essi ha una pletora di mRNA bersaglio. In Zebrafish (*Danio rerio*) sono stati identificati 415 miRNA raggruppati in 44 famiglie, ognuno con specificità d'espressione tissutale e/o cellulare.

In tutti gli organismi studiati, dozzine di miRNA sono espressi unicamente nel sistema nervoso e svolgono ruoli importanti nello sviluppo o nelle funzioni neuronali, o in entrambe. Nella via canonica, i miRNA primari (pri-miRNA) vengono trascritti dalla RNA polimerasi II e contengono strutture cap al 5' e code di poli(A). Il pri-miRNA è processato nel nucleo dall'enzima RNAsi III *Drosha*, per produrre miRNA precursori di 70 NT (pre-miRNA) con una struttura a forcella. Questi ultimi sono trasportati nel citoplasma dalla proteina exportin-5 in modo GTP-dipendente. *Dicer*, un membro della famiglia della RNAsi III, che taglia RNA a doppia elica, è richiesto per processare i pre-miRNA e generare una molecola a doppia elica miRNA di 22 NT, che viene incorporato nel complesso RISC (*RNA-induced silencing complex*, Fig. 5.7).

L'attività di Dicer è necessaria in tipi neuronali specifici. Per esempio, l'ablazione di Dicer in neuroni dopaminergici postmitotici nel mesencefalo causa una perdita progressiva di quelle cellule, suggerendo un ruolo essenziale dei miRNA nella maturazione o nella sopravvivenza di questi neuroni. Un buon candidato per questo processo è miR-133b, che è molto presente nel mesencefalo ed è carente in pazienti con la malattia del Parkinson e in modelli animali di questa patologia. La perdita di attività di miR-

(*cont.*→)

(**Box 5.1.** *continua*)

Tabella 5.1. Funzioni di miRNA nello sviluppo e mantenimento del sistema nervoso

miRNA	Specie	Metodo d'identificazione	Funzioni	Target
Lsy-6	*C. elegans*	GdF e PdF *in vivo*	Richiesto per l'identità del chemorecettore ASEL	Omeogene Cog-1
miR-272	*C. elegans*	PdF *in vivo*	Espresso nel chemorecettore ASER	FT Die-1
miR-7	Human	Trasfezioni in colture cellulari	Ipoespresso in glioblastoma, soppressore tumorale inibisce l'espressione del recettore per EGF e blocca la via Akt	EGFR Akt pathway
miR-7	Drosofila	GdFe PdF *in vivo*	Blocca il differenziamento di fotorecettori	Yan
miR-134	roditori	GdF e PdF *in vitro*	Modula la grandezza delle spine dendritiche in neuroni *in vitro*	LimK1
miR-9a	Drosofila	GdF e PdF *in vivo*	Assicura la precisa specificità dei precursori neuronali	Senseless
miR-9a	roditori	GdF e PdF *in vitro*	Coinvolto nel differenziamento neurale di cellule staminali embrionali	sconosciuto
miR-132	roditori	GdF e PdF *in vitro*	Regola la morfogenesi neuronale ed il ritmo circadiano	P250GAP
miR-133	roditori	GdF e PdF *in vitro*	Regola la maturazione/funzione dei neuroni dopaminergici del mesencefalo. È ridotto in pazienti con morbo di Parkinson	Pitx3
Bantam	Drosofila	GdF e PdF *in vivo*	Previene la neurodegenerazione in un modello di atassia cerebellare (SCA3)	sconosciuto
miR-8	Drosofila	GdF e PdF *in vivo*	Necessario per la sopravvivenza neuronale	atrofina
miR-219	roditori	PdF *in vivo*	Regola la lunghezza del ritmo circadiano	SCOP
miR-124a	roditori	GdF e PdF *in vivo* ed *in vitro*	Coinvolto nel differenziamento neurale di cellule staminali embrionali	sconosciuto
miR-124 miR-137	roditori	Trasfezioni in colture cellulari	Inibiscono proliferazione nel glioblastoma multiforme; inducono differenziamento di celllule staminali neurali adulte e tumorali	sconosciuto

GdF, guadagno di funzione; *PdF*, perdita di funzione; *miR*, micro RNA; *FT*, fattori di trascrizione.

(*cont.*→)

(**Box 5.1.** *continua*)

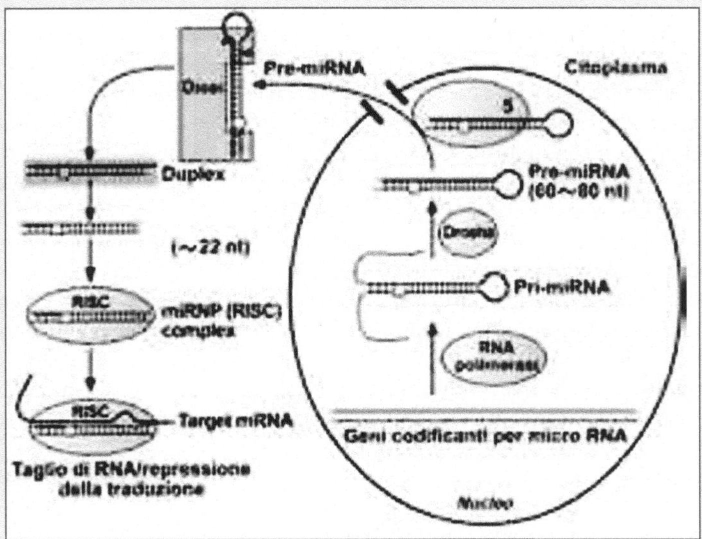

Fig. 5.7. Sintesi dei micro RNA. Il miRNA, sintetizzato nel nucleo, viene qui processato in pri-miR-NA e pre-miRNA e poi nel citoplasma forma il complesso RISC che blocca la traduzione/o aumenta il taglio di specifici mRNA bersaglio. Per i dettagli si veda il testo

133b sembra aumentare il rilascio della dopamina in colture di cellule, suggerendo un ruolo di modulazione nella maturazione e nella funzione dei neuroni dopaminergici. L'ablazione genetica selettiva di Dicer in cellule di Purkinje conduce a loro degenerazione e all'atassia cerebellare. Le spine dendritiche e le aree postsinaptiche sono arricchite in neuroni in cui Dicer è iperespresso, suggerendo la possibilità che esso partecipi anche allo sviluppo e alla plasticità delle sinapsi.

Un'altra proteina implicata nella funzione dei miRNA è la proteina X fragile 1 (FMRP) del ritardo mentale legato al cromosoma X. La perdita di funzione di FMRP, determinata da un'espansione della ripetizione del trinucleotide CGG nella regione 5' non tradotto del gene, causa la sindrome dell'X fragile, la forma più comune di ritardo mentale ereditario in esseri umani. FMRP è una proteina che *in vitro* lega preferenzialmente strutture terziarie di RNA ed è associata al complesso RISC. FMRP agisce sinergisticamente con specifici miRNA facilitandone il legame a regioni 3' non tradotte (3' UTR) e la soppressione della traduzione. Nei neuroni, FMRP è localizzata prevalentemente nelle spine dendritiche, associate alla plasticità sinaptica, ed è connessa ai poliribosomi. In effetti nella sindrome dell'X fragile le spine dendritiche sono alterate, con conseguente alterata plasticità sinaptica che può condurre a ritardo mentale.

È sempre più evidente che i miRNA modulano i livelli di espressione genica durante molteplici fasi dello sviluppo neurale in vari organismi, dalla neurogenesi iniziale allo sinaptogenesi. In alcuni casi, i miRNA sono coinvolti in un meccanismo di controllo a *feedback* con alcuni fattori di trascrizione e sembrano funzionare come interruttori molecolari nello sviluppo di un neurone. A volte, gli effetti di un miRNA specifico sono relativamente modesti, suggerendo che i miRNA assicurino la precisione dell'espressione di un gene e l'esattezza di questi eventi durante lo sviluppo del sistema nervoso, siano cioè dei

(*cont.*→)

(**Box 5.1.** *continua*)

regolatori fini. Per esempio, in *C. elegans*, lsy-6 e miR-273 garantiscono l'espressione asimmetrica dei recettori del gusto in neuroni chemorecettori. In *Drosophila*, miR-7 è stato implicato nella differenziazione dei fotorecettori mediante la regolazione dei recettori per l'EGF (*epidermal growth factor*). Nel topo la famiglia miR-200 è fortemente arricchita nei neuroni olfattivi e ha un ruolo durante la neurogenesi olfattiva. In aggiunta i miRNA miR-124a e miR-9, specifici del cervello, influenzano il lignaggio cellulare della progenie di cellule staminali embrionali in coltura. La loro azione è mediata da STAT3 (*signal transducer and activator of transcription*).

In sintesi i loci genomici per miRNA comprendono una serie di geni ancora del tutto da esplorare, ognuno con la sua storia. Un forte impegno scientifico è volto a identificare nuovi miRNA e le loro funzioni, mediante silenziamento, riduzione o aumento dell'espressione, e individuare i loro mRNA bersaglio in specifici fenotipi cellulari. In particolare sarà molto utile conoscere le funzioni neuronali dei miRNA, che sembrano essere coinvolti soprattutto nello sviluppo e nella plasticità del sistema nervoso.

Letture consigliate

Kosik KS (2006) The neuronal microRNA system. Nat Rev Neurosci 7:911–920
Ashraf SI, Kunes S (2006) A trace of silence: memory and microRNA at the synapse. Curr Opin Neurobiol 16:535–539
Fiore R, Siegel G, Schratt G (2008) MicroRNA function in neuronal development, plasticity and disease. Biochim Biophys Acta 1779:471–478
Hébert SS, De Strooper B (2009) Alterations of the microRNA network cause neurodegenerative disease. Trends Neurosci 32:199–206

Box 5.2. Il sistema dopaminergico e il suo sviluppo

Rivolgiamo la nostra attenzione allo sviluppo, maturazione e funzione di un gruppo specifico di neuroni che costituiscono il sistema dopaminergico mesencefalico (o *midbrain*), sia per l'importanza delle funzioni che esso svolge e delle loro patologie, sia perché lo sviluppo e l'organizzazione di questo sistema mostrano chiaramente che il cervello non si sviluppa come un computer, con una serie di tracce tutte esattamente definite nel DNA che impongono l'innervazione e le complesse e svariate funzioni neuronali, inclusa la connettività sinaptica. Lo sviluppo del sistema dopaminergico mesencefalico (mDA) esemplifica come l'organizzazione del sistema nervoso si acquisti gradualmente e offre un modello sperimentale e falsificabile che indica che la precisa innervazione e funzione è il prodotto dell'interazione tra informazioni interne alla cellula e fattori e segnali esterni ad essa molti dei quali dipendenti anche dalle cellule bersaglio.

Il sistema mDA svolge molteplici funzioni fondamentali nella fisiologia del sistema nervoso sia nell'età adulta, che durante lo sviluppo prenatale e nell'età evolutiva e nell'omeostasi dell'organismo.

Nel SNC i neuroni DA sono localizzati nel telencefalo (retina e bulbi olfattivi), nel diencefalo (ipotalamo) e nel mesencefalo (neuroni mDA) dove sono raggruppati in tre

(*cont.*→)

(**Box 5.2.** *continua*)

nuclei: retrorubrico (A8), *substantia nigra* (SN, A9, Fig. 5.8a e ingrandita nella Fig. 5.8b) e area tegmentale ventrale (VTA, A10, centralmente nella Fig. 5.8a).

I neuroni mDA sono poche decine di migliaia nei roditori e qualche centinaio di migliaia nei primati, un numero molto piccolo se comparato al numero totale di neuroni dell'encefalo (centinaia di miliardi). Questo sistema, a differenza di altri sistemi neurali, ha limitata ridondanza per cui sue alterazioni non possono essere vicariate da altri sistemi. Alterazioni del corretto funzionamento del sistema mDA sono implicate in diverse patologie neurologiche e psichiatriche, alcune delle quali colpiscono individui nel periodo infantile, adolescenziale e giovanile, ma l'alterazione più diffusa, il morbo di Parkinson (MP) colpisce circa l'1-3% della popolazione totale, in maggioranza individui al di sopra dei 55 anni.

Durante lo sviluppo embrionale il segnale induttivo espresso dalle cellule della lamina del pavimento e capace di indurre il fenotipo DA è rappresentato dal prodotto del gene *sonic hedgehog* (SHH), una proteina omologa a quella che negli insetti induce la formazione della zampa e nei vertebrati regola la polarità dell'arto. Questo fattore morfogenetico ha effetti diversi in concentrazioni differenti e in aree differenti ed è coinvolta anche nella crescita del tubo neurale e nel differenziamento dei motoneuroni del midollo spinale. È probabile che l'ampia specificità d'azione di questo peptide (pleiotropismo) sui precursori embrionali dipenda dalla loro posizione, spazialmente definita lungo l'asse antero-posteriore, e dalle modalità con cui SHH esercita il suo effetto induttivo (contatto diretto e concentrazioni nM nel caso dei neuroni mDA; segnale diffusibile e concentrazioni 10 volte inferiori nel caso dei motoneuroni). Le uniche cellule suscettibili all'azione di SHH sono quei precursori neurali che esprimono il complesso recettoriale capace di rispondere ad esso. Questo sistema di recettori è composto da due proteine transmembranarie, chiamate *patched* (PTC) e *smoothened* (SMO), che elicitano una risposta intracellulare con attivazione di alcuni fattori di trascrizione della famiglia delle *zinc-finger proteins* come Gli1. Quest'ultimo quindi rappresenta un marcatore precoce dei precursori dei neuroni mDA. Un secondo fattore necessario alla determinazione mDA ventrale viene rilasciato dall'istmo, il fattore di crescita dei fibroblasti 8 (*fibroblast growth factor* 8, FGF8). In sostanza l'incontro dei gradienti dei due fattori diffusibili SHH e FGF8 stabilisce una sorta

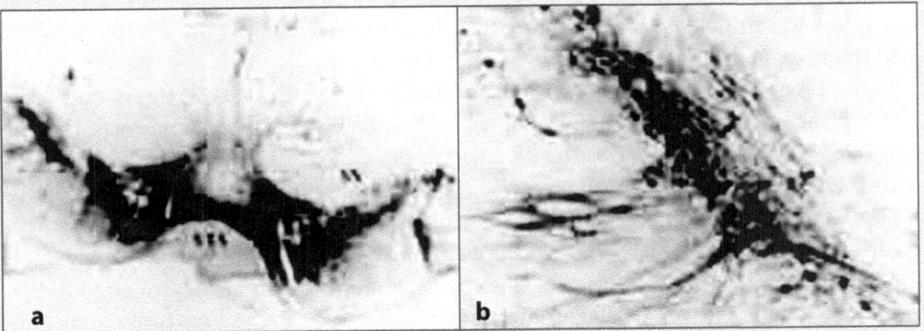

Fig. 5.8. I nuclei dopaminergici nel mesencefalo. a Reazione immunoistochimica con anticorpi antitirosina idrossilasi nel mesencefalo ventrale di topo adulto mostra la substantia nigra (*SN*) lateralmente (a) e l'area tegmentale ventrale (*VTA*) medialmente; b ingrandimento della substantia nigra in cui si distinguono la pars compacta, dove risiedono i corpi cellulari, e la pars reticulata, dove si sfioccano i dendriti rostralmente e risiedono i neuroni GABAergici

(*cont.*→)

(**Box 5.2.** *continua*)

di griglia cartesiana epigenetica che definisce informazioni posizionali che determinano il fenotipo mDA. SHH regola l'espressione in neuroblasti precursori dei neuroni mDA di un altro fattore di trascrizione, lmx1a. Questo a sua volta attiva *Msx1* che induce *Neurogenin 2* (*Ngn2*). Lmx1a e Ngn2 sono necessari allo sviluppo dei neuroni mDA infatti se vengono meno, per ablazione genetica o silenziamento mediante *RNA interference*, questi neuroni mancano o sono ridotti di numero.

L'espressione in questa regione del fattore di trascrizione Otx2, l'omologo murino del gene di *Drosophila orthodenticle*, è altresì necessaria. Infatti Otx2 sopprime l'espressione di un altro fattore di trascrizione, Nkx2.2, prevenendo così la formazione di neuroni serotoninergici (5HT). Otx2 regola inoltre l'espressione di geni detti "proneurali" (che cioè promuovono un differenziamento neurale) come *Mash1* e *Ngn2* nei precursori mDA che ancora proliferano.

A questo punto i precursori mDA cambiano fenotipo e passano da cellule che esprimono il gene Sox2 a precursori che esprimono Nurr1, uno dei fattori di trascrizione indispensabili per lo sviluppo, il differenziamento e la funzione di questi neuroni.

Anche alcuni membri dell'ampia famiglia delle glicoproteine Wnt sono coinvolti nel differenziamento del neuroni mDA: Wnt-1 induce proliferazione dei precursori mDA espandendone il pool, Wnt5a ne aumenta il differenziamento mDA. Queste due proteine agiscono attivando i recettori detti *frizzle*, che a loro volta attivano una risposta trascrizionale (attivano *dishwell*, che inibisce la glucosio sintetasi-kinasi 3 o GSK3 e blocca la fosforilazione della *beta-catenina*, che così può entrare nel nucleo e attivare la trascrizione) o determinano un aumento del Ca^{++} intracellulare sempre mediante i recettori *frizzle* e l'attivazione di *dishwell*.

Anche i fattori di trascrizione Foxa1 e Foxa2 sono implicati nella determinazione e differenziamento dei neuroni mDA e successivamente anche nel mantenimento dei neuroni mDA maturi; i fattori trascrizionali Engrail1 e 2 a loro volta prevengono la morte per apoptosi di questi neuroni.

Questa coorte di attivazione genica sequenziale è necessaria per l'attivazione di geni che a loro volta codificano per altri fattori di trascrizione necessari alla funzione dopaminergica nei precursori mDA postmitotici e già determinati. Tra questi vi sono il già citato Nurr1, che è un recettore nucleare della famiglia dei recettori steroidei-tiroidei, l'omeogene Pitx3, Engrailed (En)1 e 2, e Lmx1b. Va detto che nessuno di questi fattori di trascrizione da solo è sufficiente a far maturare tutti gli aspetti del fenotipo mDA, indicando che essi devono agire in modo coordinato e combinatorio.

Nurr1 regola l'espressione di vari geni importanti per la funzione DA, tra cui quello che codifica per la tirosina idrossilasi, l'enzima chiave nelle biosintesi delle catecolamine, che sintetizza L-DOPA da tirosina; la decarbossilasi degli aminoacidi aromatici, AADC, che trasforma L-DOPA in DA; il trasportatore vescicolare delle monoamine VMAT-2, che concentra le catecolamine dal citoplasma nelle vescicole sinaptiche; il trasportatore citoplasmatico della dopamina DAT, che recupera la dopamina liberata nella fonte sinaptica mediante un meccanismo selettivo di cattura ad alta affinità; l'inibitore della ciclina chinasi p57Kip^2, che è un regolatore negativo della proliferazione cellulare; la neuropilina-1, che come le altre NRP è un co-recettore delle semaforine di classe 3, polipeptidi chiave nella crescita assonale, e dei membri della famiglia delle citochine vascolari VEGF (*vascular endothelial growth factor*); inoltre Nurr1 regola la risposta a fattori neurotrofici come il GDNF (*glial derived neurotrophic factor*) regolando l'espressione dei suoi recettori Ret and GFRa1; infine Nurr1 controlla l'espressione della neurotrofina BDNF (*brain derived neurotrophic factor*) che in

(*cont.*→)

(**Box 5.2.** *continua*)

questo caso agisce in maniera autocrina. Quindi Nurr1 è implicato in un circolo di neuro-protezione e mantenimento dei neuroni mDA attraverso i due fattori neurotrofici citati, GDNF e BDNF. In aggiunta Nurr1 regola, almeno in parte, anche la trascrizione dell'altro fattore di trascrizione chiave nello viluppo dei neuroni mDA, Pitx3.

Tutte queste funzioni di Nurr1 nella funzione dopaminergica ne fanno un elemento indispensabile sia per la nascita e sopravvivenza dei neuroni mDA che per il loro mantenimento nell'età adulta. Va detto che altri neuroni DA del cervello, come quelli presenti nell'ipotalamo, bulbi olfattivi e retina non sono dipendenti dalle funzioni di Nurr1.

Il secondo fattore di trascrizione considerato "dopaminergico" è codificato dall'omeogene *Pitx3*. Esso è presente sia nei neuroni SN che VTA, ma mutazioni che ne annullano la funzione comportano perdita dei soli neuroni mDA della SN, suggerendo una fisiologia cellulare differente in questi neuroni mDA, pur appartenenti alla stesso compartimento e per altro soggetti a molte regolazioni comuni. Riassumendo, la genesi dei neuroni mDA da progenitori neurali potrebbe essere suddivisa in quattro fasi distinte, in base all'espressione di una coorte di geni e marcatori e allo stato di differenziamento: fase I, determinazione regionale e neuronale; fase II differenziamento precoce e fase III differenziamento tardivo, fase IV maturazione. SHH, FGF8, Wnt1, Otx2, Lmx1a, Lmx1b, Msx1 and Msx2, neurogenin 2 e Mash1 caratterizzano la fase I o dei progenitori. Successivamente si generano neuroni mDA immaturi che esprimono Ngn2, Nurr1, Lmx1a, Lmx1b, En1/2, l'aldeide deidrogenasi dell'acido retinoico (AHD2 o Aldh1a1) e la tubulina neurono-specifica β-III. In seguito, i neuroni mDA immaturi differenziano ulteriormente ed esprimono tirosina idrossilasi (TH) e la decarbossilasi AADC, VMAT2, Lmx1b, Pitx3 e En1/2. Infine in concomitanza con l'arrivo delle fibre dopaminergiche allo striato i neuroni mDA esprimono DAT raggiungendo la completa funzione dopaminergica.

Nella Figura 5.9 è mostrato un diagramma dello sviluppo embrionale dei neuroni mDA nei roditori.

Una volta maturi, i neuroni mDA potranno svolgere la loro funzione. La Fig. 5.10 mostra schematicamente il metabolismo della dopamina in una terminazione dopaminergica (si veda anche Fig. 4.2).

I nuclei e le vie dopaminergiche mesencefalici sono descritte nella Figura 5.11.

1) *via nigrostriatale*. Gli assoni DA della substantia nigra stabiliscono collegamenti sinaptici con il maggiore dei nuclei della base, il caudato-putamen (corrispondente al nucleo striato nei roditori) e danno origine alla via ascendente nigrostriatale. Questa via, parte del sistema extrapiramidale, presiede al controllo dei movimenti e del tono muscolare attraverso le efferenze striatali al talamo e alla corteccia. Nell'uomo la degenerazione di questa via causa il morbo di Parkinson, descritto dal celebre neurologo inglese nel suo saggio sulla "paralisi agitante" nel 1817. Trapianti di neuroni DA fetali o differenziati da cellule staminali embrionali, o di cellule staminali neurali o mesenchimali, in modelli animali di PD sono in grado di riparare il danno e ripristinare la funzione DA. La mancanza di DA nel circuito nigrostriatale aumenta l'attività dei nuclei di uscita (*output*) dei gangli della base, il globus pallidus interno (GPi) e la substantia nigra pars reticulata (le regioni efferenti) e del nucleo subtalamico (NST). La modulazione del circuito gangli-della-base-talamo-corticale mediante stimolazione del NST o del GPi sopperisce alla mancanza di DA probabilmente per attivazione di circuiti GABAergici, riducendo così l'attività di queste regioni. È questo il principio alla base della stimolazione dei nuclei profondi (*deep brain stimulation*, DBS) dove un elettrodo inserito nel SNT o GPi è in grado di alleviare i sintomi motori del PD

(*cont.*→)

(Box 5.2. *continua*)

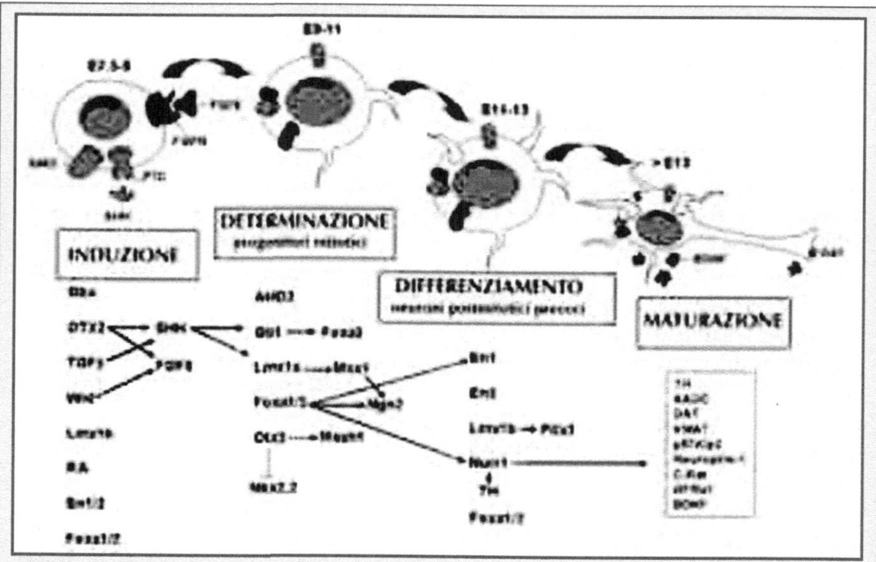

Fig. 5.9. Espressione dei vari fattori di trascrizione, molecole diffusibili, recettori descritti che sono coinvolti nella induzione, determinazione, differenziamento e maturazione del fenotipo mDA, a varie età embrionali (E)

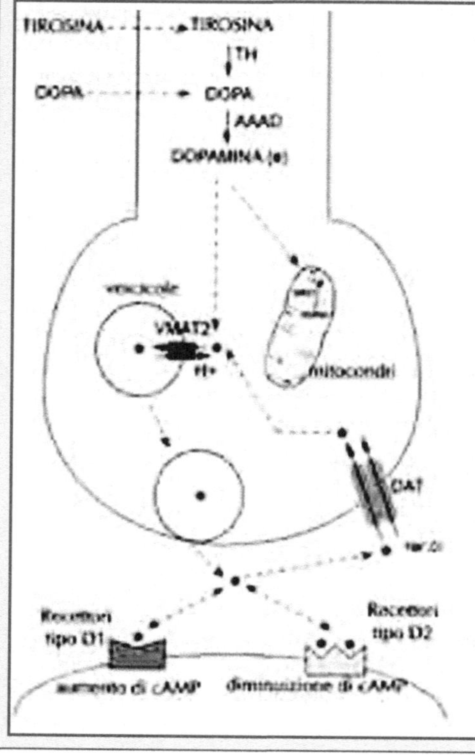

Fig. 5.10. Sintesi, rilascio e ricattura della dopamina. L'enzima tirosina idrossilasi (*TH*) sintetizza L-DOPA dal precursore tirosina. La DOPA viene decarbossilata dalla AAAD (decarbossilasi degli aminoacidi aromatici) in dopamina (*asterisco*). La DA viene concentrata nelle vescicole sinaptiche mediante il trasportatore vescicolare VMAT2 che funziona con una pompa protonica riducendo il pH intravescicolare. Le vescicole rilasciano il neurotrasmettotre alla sinapsi. Qui la DA interagisce con i recettori DA sulla membrana postsinaptica che possono essere di tipo D1 (D1, D3, D5) o D2 (D2 e D4) che regolano rispettivamente positivamente o negativamente l'adenilato ciclasi. Una volta rilasciata la DA rientra nella fibra presinaptica mediante il trasportatore DAT che utilizza ioni sodio e cloro, e da qui viene riciclata nelle vescicole o metabolizzata dalle monoamino ossidasi (MAO) in DO-PAC

(*cont.*→)

(**Box 5.2.** *continua*)

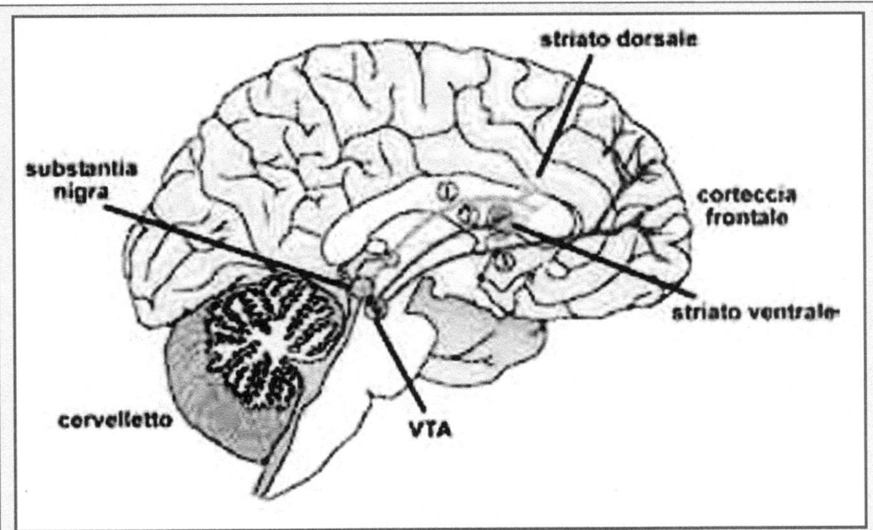

Fig. 5.11. Diagramma dell'innervazione dopaminergica nell'uomo: 1 via nigrostriatale; 2 e 3 vie mesolimbica e mesocorticale. *VTA*, area tegmentale ventrale

e riduce la necessità di assunzione di l-DOPA e conseguentemente i suoi effetti collaterali, descritta nel Box 9.1, *La stimolazione cerebrale profonda*;

2) e 3) *vie mesocorticale e mesolimbica.* Gli assoni DA prevalentemente originati nella VTA innervano alcune aree corticali (corteccia prefrontale mediale, giro del cingolo, area entorinale) e varie strutture del sistema limbico (il nucleo accumbens, il tubercolo olfattorio, l'amigdala, la corteccia piriforme). Queste due vie, largamente sovrapposte, sono coinvolte nel controllo dell'umore, dell'affetto e delle emozioni e nei comportamenti sociali. Disturbi in questo sistema sono associati con la schizofrenia, con stati allucinatori, con sindromi depressive, con dipendenza da droghe d'abuso (si veda il Box 8.1, *Le droghe d'abuso*) e con il deficit di attenzione e iperattività dell'infanzia (ADHD).

Letture consigliate

di Porzio U, Perrone-Capano C, Pernas-Alonso R (eds) (1999) Dopaminergic Neuron Development. Neuroscience Intelligence Unit. Landes Co, Austin

Perrone-Capano C, Volpicelli F, di Porzio U (2008) The molecular code that specifies midbrain dopaminergic neurons. Rendiconti Lincei 19:271–290

Smidt MP, Burbach JP (2006) How to make a mesodiencephalic dopaminergic neuron. Nat Rev Neurosci 8:21–36

CAPITOLO 6

I fattori di crescita neurotrofici

*Nowhere are the beauty and power of life processes
better expressed than in the development of the nervous system.*[1]

Generalità e funzioni dei fattori neurotrofici

I fattori neurotrofici (FN) (dal greco *trofein* concernente il nutrimento) sono molecole solubili di natura proteica che, secrete da cellule di vario tipo (neuroni, glia, cellule emopoietiche, ecc.), favoriscono la sopravvivenza dei neuroni (cellule bersaglio, *target cells*). Essi agiscono su specifici recettori di membrana posti sulle cellule bersaglio generando segnali intracellulari in grado di regolare i processi di sopravvivenza e di morte.

In realtà i fattori neurotrofici svolgono un ruolo ben più ampio, infatti è oggi chiaro che essi sono in grado di influenzare anche altri importanti processi delle cellule nervose quali il differenziamento, la proliferazione, la neurogenesi, la plasticità sinaptica e la neurotrasmissione, solo per citarne i più importanti. Inoltre, anche importanti funzioni comportamentali, quali l'apprendimento, la memoria, il tono dell'umore e l'ansia, sono influenzate dai FN. Alterazioni nel funzionamento dei FN sono coinvolte nella patogenesi di diverse malattie neurodegenerative (ad es., morbo di Parkinson, corea di Hungtinton), oncologiche ed epilessie che colpiscono il SN. D'altronde i FN sono stati usati per la terapia, finora sperimentale, di malattie soprattutto neurodegenerative quali il morbo di Parkinson, la corea di Hungtinton, l'ischemia cerebrale e alcune neuropatie e per prevenire la morte neuronale causata dalla somministrazione di neurotossine.

Dalla scoperta del primo fattore neurotrofico, l'NGF, ad oggi sono stati isolate diverse molecole che possono essere annoverate tra i fattori neurotrofici.

I fattori neurotrofici specifici per il SN sono classicamente raggruppati in quattro famiglie principali i cui membri sono accomunati da omologia di sequenza propria e dei loro recettori e attivano una comune, anche se non identica, trasduzione del segnale (Tabella 6.1).

---

[1] "In nessun posto la bellezza e la forza dei processi vitali sono espressi meglio che durante lo sviluppo del sistema nervoso". Kuffler SW, Nicholls JG (1976) *From Neuron to Brain.* Sinauer Associates Inc, NY.

Tabella 6.1. I fattori neurotrofici

Le neurotrofine	La famiglia del GDNF	Le neurocitochine	La famiglia del MANF
NGF	GDNF	CNTF	MANF
BDNF	Nerturina	IL-6	CDNF
NT-3	Persefina	CT-1	
NT-4	Artemina		

NGF, Nerve Growth Factor; *BDNF*, Brain-Derived Neurotrophic Factor; *NT-3*; Neurotrophin 3; *NT-4*, Neurotrophin 4; *GDNF*, Glial cell-Derived Neurotrophic Factor; *CNTF*, Ciliary Neurotrophic Factor; *IL-6*, Interleukin-6; *CT-1*, Cardiotrophin-1; *MANF*, Mesencephalic Astrocyte Neurotrophic Factor; *CDNF*, Conserved Dopamine Neurotrophic Factor.

Tabella 6.2. Fattori di crescita e ormoni con attività neurotrofica

- bFGF: basic Fibroblast Growth Factor
- IGF-1/2: Insulin-like Growth Factor
- Eritropoietina
- PDGF: Platelet-Derived Growth Factor
- VEGF: Vascular Endothelial Growth Factor
- Estrogeni
- VDH: 1,25-dihydroxyvitamin D_3
- BMP: Bone Morphogenetic Growth Factor
- TGF-α: Transforming Growth Factor

È opportuno specificare che diverse molecole oltre quelle classicamente definite fattori neurotrofici possono svolgere un'attività protettiva e antiapoptotica nei confronti di particolari popolazioni cellulari. Tra queste molecole vi sono molti fattori di crescita di natura proteica, alcuni neurotrasmettitori e ormoni (Tabella 6.2).

In particolare, fra gli ormoni, gli estrogeni meritano una menzione particolare in quanto essi manifestano una chiara attività promuovente la sopravvivenza neuronale, neuroprotettiva e neuroregenerativa testimoniata da osservazioni cliniche, esperimenti *in vitro* e in modelli animali di malattia.

I fattori neurotrofici possono svolgere una triplice azione rispetto al processo di morte cellulare. Essi possono promuovere la sopravvivenza cellulare (*survival effect*), possono proteggere le cellule da sostanze nocive (*neuroprotective effect*) e infine possono ripristinare funzioni cellulari andate perse a seguito della morte neuronale (*neurorestorative effect*). Nel primo caso il FN agirà contrastando i normali processi di morte neuronale, pertanto la sua deprivazione (mediante per es. anticorpi bloccanti o ablazione genica) causerà morte della popolazione neuronale normalmente protetta viceversa la sua somministrazione, per esempio, *in vitro* ne aumenterà la sopravvivenza cellulare. Per documentare invece un effetto protettivo il fattore è somministrato prima della sostanza nociva e deve proteggere le cellule dall'azione di quest'ultima. Infine l'effetto "rigenerativo" si valuta somministrando la sostanza dopo che la lesione neurologica è avvenuta. In tal caso si valuta la capacità del fattore di promuovere un processo endogeno di riparazione cellulare che spesso avviene mediante un meccanismo di plasticità neuronale e/o di neurogenesi.

Tali proprietà possono non coesistere tutte in uno stesso fattore neurotrofico e inoltre devono essere valutate in relazione a un particolare tipo neuronale e ad una specifica *noxa* patogena. Infine, è importante precisare che i meccanismi molecolari responsabili dei vari effetti determinati dai fattori neurotrofici (sopravvivenza, protezione, riparazione) sono spesso diversi.

La scoperta del primo fattore neurotrofico, il *nerve growth factor* e l'ipotesi neurotrofica dello sviluppo del sistema nervoso

Questo campo delle neuroscienze è di fatto iniziato negli anni '50 con gli studi di Rita Levi-Montalcini e Victor Hamburger nel laboratorio di quest'ultimo negli Stati Uniti presso la Washington University a Saint Louis, nello stato del Missouri. Questi ricercatori ipotizzarono che la morte dei motoneuroni conseguente l'asportazione dell'abbozzo embrionale di un arto di pollo fosse dovuta alla mancanza di fattori trofici prodotti dalle cellule muscolari innervate e attivi sui neuroni.

Rita Levi-Montalcini e Victor Hamburger elaborarono una teoria neurotrofica dello sviluppo del SN. La teoria sostiene che durante lo sviluppo del SN, la sopravvivenza dei neuroni, generati in largo eccesso, dipende dalla loro capacità di competere per le cellule bersaglio (altri neuroni o cellule muscolari) che producono e rilasciano in quantità limitata fattori trofici in grado di bloccare i processi di morte cellulare programmata dei neuroni. I fattori trofici entrati all'interno dei terminali assonici neuronali risalgono, con un meccanismo di trasporto retrogrado, fino al soma dove, raggiunto il nucleo, modificano l'espressione genica.

Stanley Cohen fu il biochimico che caratterizzò la natura chimica dei segnali neurotrofici ipotizzati. Egli, con abili ed eleganti esperimenti, dimostrò la natura proteica e poi isolò il primo e a tutt'oggi il più studiato di tali fattori, denominato *nerve growth factor* (NGF) grazie alla sua azione neuritogenica (Fig 6.1). In seguito, studi *in vitro* di Campenot e collaboratori dimostrarono che le fibre di neuroni simpatici e parasimpatici crescono lungo un gradiente di NGF, e che l'NGF deve essere presente in prossimità della terminazione per garantire la crescita e la sopravvivenza *in vitro* di neuroni simpatici e dei neuroni sensoriali (Fig. 6.2). L'NGF è stato il primo di una lunga serie di fattori di crescita glicoproteici ad essere isolato. In particolare, dopo l'NGF Cohen isolerà anche l'*epidermal growth factor* e condividerà con la Levi-Montalcini il premio Nobel nel 1986.

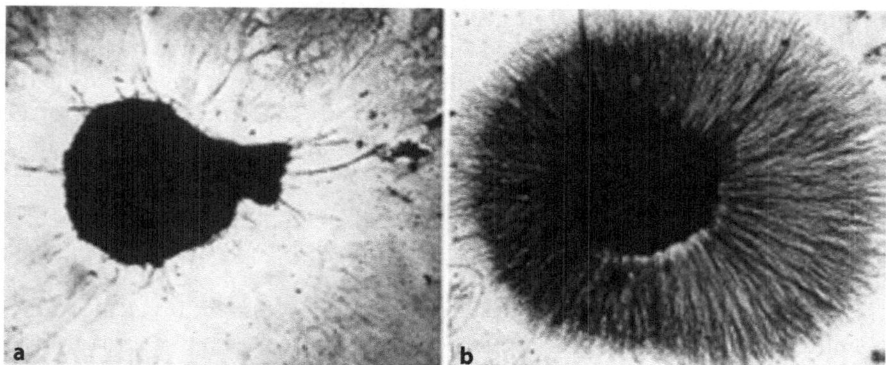

Fig. 6.1. Un ganglio somatosensoriale delle radici dorsali (DRG) cresciuto senza (a) o con (b) NGF. La straordinaria crescita neuritica rende ovvio perché sia stato chiamato fattore di crescita nervoso (da Rita Levi-Montalcini, Pietro Calissano, 1974, *The Nerve-Growth Factor*. Sci Am 240:248)

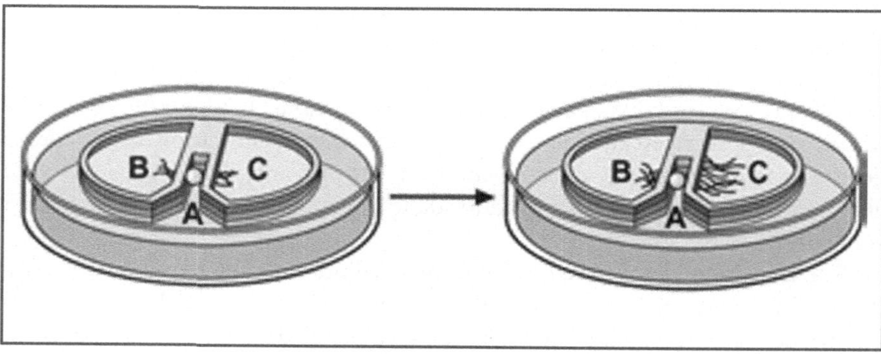

Fig. 6.2. Azione chemioattrattiva del NGF. Una piastra di Petri viene divisa in tre compartimenti (piastra di Campenot): *A*, dove sono i somata di neuroni sensoriali, e i compartimenti *B* e *C*. *A sinistra* l'NGF è fornito a tutta la piastra e i neuriti crescono in tutte le direzioni. *A destra* l'NGF è fornito solo nel compartimento *B* e i neuriti si indirizzano solo in questa direzione

La teoria neurotrofica della sopravvivenza dei neuroni e della formazione dei circuiti durante lo sviluppo del SN è stata dimostrata da varie evidenze sperimentali. Fra le prime e più importanti prove del ruolo dei fattori neurotrofici per la sopravvivenza di selettivi gruppi neuronali vi sono gli esperimenti eseguiti iniettando in topi neonati anticorpi generati contro l'NGF e bloccanti la sua azione (tale tecnica fu definita immunosimpatectomia). Questi esperimenti chiaramente dimostrarono che in mancanza dell'NGF i neuroni dei gangli simpatici morivano.

È curioso notare come la nascita e lo sviluppo di questo fondamentale campo della neurobiologia si siano giovati di modelli sperimentali, tecniche e risultati dell'oncologia sperimentale. In particolare, la Levi Montalcini apprese da Elmer Bueker, allora dottorando nel laboratorio di Hamburger, il modello sperimentale del sarcoma 180, un tumore maligno del topo. Tale tumore innestato in embrioni di pollo causava un'intensa proliferazione di fibre nervose emergenti dai gangli vicini, suggerendo l'esistenza di un fattore diffusibile in grado stimolare la crescita delle fibre nervose. L'NGF fu, in seguito, isolato da tale tumore. Inoltre, negli anni '90 si scoprì che il recettore ad alta affinità dell'NGF è il prodotto dell'oncogene TRK (*tropomyosin-related kinase*) isolato da un carcinoma umano del colon. Anche la scoperta del recettore del *glial-derived neurotrophic factor* (GDNF), un altro importante fattore neurotrofico, rivelò che esso è il prodotto dell'oncogene RET (*rearranged during transfection*). Infine va menzionato il fatto che molti dei meccanismi molecolari originati dai fattori neurotrofici e in particolare dalle neurotrofine è stata ottenuta utilizzando la linea cellulare PC12. Tali cellule isolate a opera di Green e Tischler nel 1976 da un feocromocitoma, un tumore della midollare del surrene di ratto, rispondono all'NGF bloccando la propria proliferazione e differenziandosi in neuroni simpatici. Pertanto esse permettono lo studio biochimico e molecolare degli eventi molecolari responsabili della risposta alla neurotrofina.

Caratteristiche generali dell'azione dei fattori neurotrofici

Lo studio dei fattori neurotrofici è oggi una delle aree di più intensa e produttiva ricerca neurobiologica e continua a contribuire con fondamentali scoperte alla comprensione non solo dei meccanismi di sopravvivenza e comunicazione intercellulare ma anche di funzioni più complesse quali l'apprendimento, la memoria e il tono dell'umore per citarne solo alcune. Pertanto la letteratura che riguarda i fattori neurotrofici è molto vasta. Prima di prendere in esame le quattro famiglie di fattori neurotrofici può essere utile elencare alcuni aspetti generali che accomunano la loro azione:
- i fattori neurotrofici e i loro recettori si esprimono sia durante lo sviluppo sia nel SN maturo e nei tessuti bersaglio;
- i neuroni ricevono il loro fattori neurotrofici non solo dalle cellule che essi innervano mediante un trasporto retrogrado, ma anche da neuroni afferenti mediante un trasporto anterogrado o da essi stessi mediante un meccanismo autocrino;
- un determinato fattore trofico viene utilizzato da differenti tipi neurali (varie classi di neuroni e/o cellule gliali). Per esempio, il GDNF agisce sia sui neuroni dopaminergici sia sui neuroni del Purkinje presenti nel cervelletto;
- un determinato tipo neuronale è regolato da vari fattori trofici quindi ogni neurone ha recettori per differenti fattori trofici (cioè ogni recettore per un dato fattore trofico ha una distribuzione ampia). Per esempio, i neuroni dopaminergici della *substantia nigra* mesencefalica beneficiano sia dell'azione del BDNF sia di quella del già citato GDNF;

- una stessa fattore neurotrofico può esercitare effetti biologici differenti in tipi cellulari diversi, negli stessi tipi cellulari a diversi stadi maturativi o in diverse condizioni fisiologiche e/o sperimentali;
- ogni fattore neurotrofico possiede spesso più di un recettore (ad alta e a bassa affinità e con caratteristiche di trasduzione del segnale diverse). Il rapporto quantitativo di espressione di tali recettori è cruciale nel determinare la modulazione degli effetti esercitati dal fattore neurotrofico. Per esempio una stessa neurotrofina può svolgere un'attività anti-apoptotica o pro-apoptotica a seconda del repertorio recettoriale ingaggiato;
- possono aver luogo interazioni funzionali tra fattori neurotrofici, aminoacidi eccitatori (es. glutammato) e ormoni (es. estrogeni). Per esempio, alcune neurotrofine cooperano con gli estrogeni nel differenziamento dei neuroni ippocampali.

Quattro famiglie di fattori neurotrofici

Le neurotrofine

La famiglia delle neurotrofine è costituita da quattro molecole: il *nerve growth factor* (NGF), il *brain-derived neurotophic factor* (BDNF), la neurotrofina 3 (NT-3) e la neurotrofina 4/5 (NT4/5). Il capostipite di tali fattori è rappresentato dal NGF, il primo a essere scoperto e a tutt'oggi il più studiato. Tali fattori sono glicoproteine sintetizzate come precursori nel reticolo endoplasmatico dopodichè all'interno della cellula subiscono un taglio proteolitico che le converte in neurotrofine poi secrete all'esterno della cellula. In altri casi possono anche essere secrete come pro-neurotrofine e tagliate da metallo proteasi extracellulari. Infine, recentemente è stato scoperto che anche le pro-neurotrofine possono svolgere una propria funzione autonoma. Esse, diversamente dalle neurotrofine promuovono fenomeni di morte cellulare, come sarà spiegato più avanti.

Le neurotrofine riconoscono due tipi di recettori di membrana p75^{NTR} e Trk, di cui esistono vari membri (Trk-A, B,C) con diversa affinità di legame per le varie neurotrofine. p75^{NTR} è un recettore membro della famiglia del recettore per il TNF (*tumor necrosis factor*). È in grado di legarsi a tutti membri della famiglia delle neurotrofine. È costituito da un dominio extracellulare ricco in cisteina coinvolto nel legame con le neurotrofine, una regione trasmembrana contenente il sito di clivaggio per la gamma-secretasi e un dominio intracellulare tipico della famiglia recettoriale per il TNF. Quest'ultima parte della molecola contiene il dominio di morte il cosiddetto *death domain* responsabile dell'attività pro-apoptotica del recettore. Il recettore p75^{NTR} è un monomero che interagisce con il complesso formato dalla neurotrofina (dimero) legata al recettore Trk, regolandone l'attività favorente la sopravvivenza. Altrimenti p75^{NTR} può, in assenza del recettore Trk, legarsi alle neurotrofine direttamente. In tal caso, quando cioè p75^{NTR} non coopera con l'altro recettore Trk, esso genera una cascata apoptotica che culmina con l'attivazione delle caspasi-3 e quindi con la morte cellulare.

La famiglia dei recettori Trk, di cui sono noti tre membri (Trk-A, -B e -C) comprende una porzione extracellulare e una intracellulare collegate tra loro da un segmento trasmembrana. Di seguito, descriveremo più in dettaglio solo il recettore Trk-A, il recettore ad alta affinità per il NGF perché le sue caratteristiche strutturali fondamentali sono simili a quelle degli altri membri della famiglia. La porzione extracellulare è caratterizzata dalla presenza di 5 domini extracellulari (d2, ricco in leucina, d1 e d3 che presentano cluster di cisteina, d4 e d5 che presentano i domini immunoglobulinici). La porzione intracellulare possiede il dominio con attività tirosino chinasica.

Le neurotrofine presentano una diversa specificità per i recettori della famiglia Trk. Il NGF si lega a Trk-A, il BDNF e NT4/5 a Trk-B e la neurotrofina NT-3 a Trk-C. Tuttavia, a causa dell'alto grado di omologia che esiste sia tra le neurotrofine sia tra i loro recettori, è possibile un'attivazione crociata, sicché, per esempio, NT-3 può attivare anche Trk-B.

Dopo aver interagito con la propria neurotrofina, i recettori Trk dimerizzano, innescando l'attività enzimatica contenuta nella porzione intracellulare, la quale opera una reciproca fosforilazione delle due molecole recettoriali in specifici siti aminoacidici. I siti fosforilati della porzione intracellulare del recettore costituiscono zone di ancoraggio per molecole in grado di iniziare una cascata di segnalazione che determinerà cambiamenti nell'espressione genica del neurone e gli effetti biologici.

Le principali vie di trasduzione del segnale attivate dai recettori Trk in seguito al legame con le rispettive neurotrofine sono rappresentate dalle seguenti cascate enzimatiche: Ras-ERK1/2; PI3K-AKT, PLCγ-PKC. Esse, a seconda del tipo cellulare e del contesto biologico promuovono la sopravvivenza, il differenziamento, la proliferazione cellulare e la plasticità sinaptica (Fig. 6.3).

Lo yin e yang dell'azione delle neurotrofine: pro-neurotrofine vs neurotrofine mature

Le neurotrofine, al pari di altre proteine secrete, sono sintetizzate a partire da precursori proteici le pre-pro-neurotrofine nel reticolo endoplasmatico. Dopo il taglio del peptide segnale la pro-neurotrofina è trasferita nell'apparato di Golgi dove è indirizzata verso il *pathway* secretorio costitutivo oppure quello regolato in vescicole. Le pro-neurotrofine (pro-NT) possono essere tagliate e convertite in neurotrofine mature (m-NT) nel citoplasma cellulare ad opera di enzimi presenti nell'apparato di Golgi (le serino proteasi furine) oppure ad opera di enzimi presenti nelle vescicole secretorie (pro-convertasi). Alternativamente, le pro-NT possono essere secrete in quanto tali e clivate da varie proteasi extracellulari. La più importante fra queste è rappresentata dalla serino proteasi plasmina, un enzima presente in forma inattiva (zimogeno), il plasminogeno che è convertito in plasmina da un taglio proteolitico operato dall'attivatore del plasminogeno (tPa), espresso abbondantemente nel cervello. Anche metallo proteasi tessutali quali MMP3 e MMP7 attivate da ioni zinco sono coinvolte nel taglio proteolitico e quindi nell'attivazione delle pro-NT. Studi degli ultimi anni hanno dimostrato che le pro-NT possono essere secrete e agire in quanto tali. L'azione delle

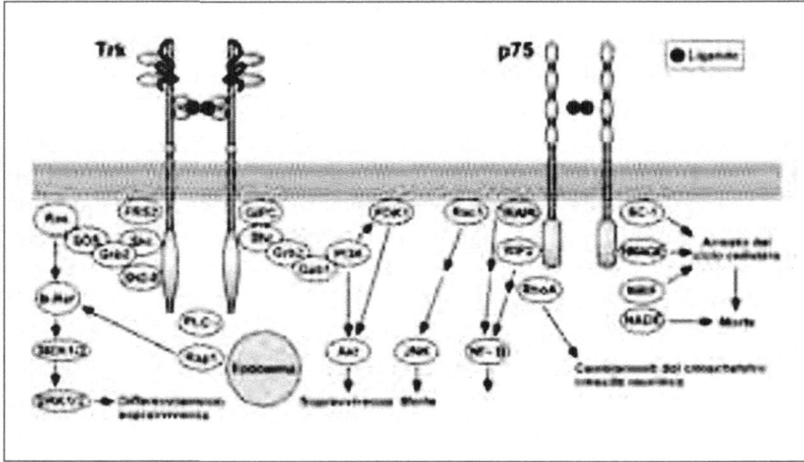

Fig. 6.3. Segnalazione dei recettori Trk e p75. I recettori Trk influenzano il differenziamento e la sopravvivenza mediante la segnalazione intracellulare di ERK (*extracellular signal-regulated kinase*), la chinasi fosfatidil inositolo 3 (PI3K) e la fosfolipasi Cγ (PLCγ). Dapprima reclutano PLCγ e l'adattatore Shc (*Src homologous and collagen-like*), che portano a aumento di PI3K e ERK. Il recettore p75 attiva NF-kappaB e la chinasi Jun N-terminale (JNK) e RhoA, attraverso proteine adattatrici come *neurotrophin-receptor interacting factor* (NRIF), *neurotrophin-associated cell death executor* (NADE), *neurotrophin-receptor-interacting MAGE homologue* (NRAGE), Schwann cell 1 (SC1) e *receptor-interacting protein 2* (RIP2), intervenendo così nell'apoptosi, crescita neuritica e arresto della crescita, sopravvivenza. *Akt*, protein chinasi B; *FRS2*, fibroblast growth factor receptor substrate 2; *Gab1*, Grb2-associated binder-1; *Grb2*, growth factor receptor-bound protein 2; *GIPC*, GAIP interacting protein, C terminus; *MEK*, mitogen-activated protein kinase (MAPK)/ERK kinase; *PDK1*, phosphoinositide-dependent kinase 1; *SH2B*, Src homology 2-B; *SOS*, Son of Sevenless; *TRAF6*, tumour necrosis factor receptor-associated factor 6. Modificato da Chao MV (2003) Neurotrophins and their receptors: A convergence point for many signalling pathways. Nat Rev Neurosci 4:299–309

pro-NT è a tutt'oggi stata documentata sia per il BDNF sia per il NGF. L'azione delle pro-NT risulta antagonista rispetto a quella della corrispondente NT. Ad esempio, per quanto riguarda la sopravvivenza cellulare il pro-NGF e il pro-BDNF causano morte cellulare di specifiche popolazioni neuronali diversamente dalle rispettive forme mature che invece esercitano un'azione protettiva. Anche nel caso dei fenomeni di plasticità sinaptica il pro-BDNF, precursore del BDNF e la sua forma matura il BDNF manifestano effetti opposti. Mentre il primo promuove la *long term depression* (LTD) il secondo facilita la *long term potentiation* (LTP). Per quanto riguarda il meccanismo molecolare di azione le pro-NT esercitano i loro effetti legandosi a p75^{NTR} mentre gli effetti delle forme mature dipendono dal legame con i recettori tirosino chinasici Trk.

Se il dualismo fra l'azione dei precursori e quella delle neurotrofine mature si estende anche ad altre funzioni biologiche o ad altri membri della famiglia delle neurotrofine è attualmente oggetto di intensi studi.

L'ipotesi neurotrofica della depressione

In questi ultimi anni sono emerse nuove e convincenti evidenze sperimentali che indicano come alcuni fattori neurotrofici, in particolare, il BDNF e il suo recettore tirosino chinasico Trk-B siano coinvolti nella fisiopatologia del tono dell'umore e svolgano un ruolo importante nel meccanismo di azione dei farmaci antidepressivi. Il BDNF risulta diminuito nei pazienti depressi o in seguito a stress mentre aumenta in seguito alla somministrazione di farmaci antidepressivi, i quali attivano anche il suo recettore Trk-B. Altri esperimenti eseguiti in modelli murini di depressione evidenziano come l'inoculazione di BDNF in particolari aree cerebrali, quali l'ippocampo e il mesencefalo ventrale, riproduca l'effetto della somministrazione dei farmaci anti-depressivi.

Infatti, diversamente dall'ipotesi chimica che individua la causa della depressione in un'alterazione dei neurotrasmettitori cerebrali, le acquisizioni più recenti ritengono che la depressione possa essere la conseguenza di un malfunzionamento dei processi adattativi di plasticità neuronale ai vari stimoli ambientali. In altre parole, nell'individuo depresso è il processamento dell'informazione ad opera di particolari circuiti neuronali a essere alterato come conseguenza di fenomeni di atrofia e/o morte cellulare dovuti, per esempio, allo stress e alla produzione endogena di glucocorticoidi. Pertanto l'azione terapeutica dei farmaci antidepressivi risiederebbe nella loro capacità di attivare, per esempio mediante fattori neurotrofici quali il BDNF, la plasticità neuronale promuovendo fenomeni di proliferazione, differenziamento e sopravvivenza cellulare che in tal modo ripristinano il funzionamento dei circuiti cerebrali alterati.

Il GDNF e i fattori correlati (GDNF, nerturina, artemina, persefina)

IL GDNF (*glial cell-derived neurotrophic factor*) fu isolato dal terreno di coltura di una linea cellulare gliale. È un polipeptide glicosilato di 20 KDa (15 dopo deglicosilazione) che agisce come dimero. Il GDNF è stato inizialmente ritenuto un fattore di sopravvivenza *in vitro* per i neuroni dopaminergici e i motoneuroni, in seguito si è rivelato estremamente pleiotropico. Esso, infatti, svolge un ruolo essenziale nella biologia dello sviluppo del sistema nervoso enterico, del rene e della spermatogenesi dove regola la proliferazione delle cellule staminali spermatogoniali.

Il GDNF fa parte di una famiglia genica che comprende altri tre membri quali neurturina, artemina e persefina. Il complesso di molecole recettoriali che trasduce il segnale di GDNF, neurturina artemina e persefina è costituito dal recettore Ret, il prodotto del proto-oncogene c-ret, una proteina trasmembrana con attività tirosino-chinasica e dai co-recettori GFRα 1, 2, 3, 4, quattro membri di una famiglia genica che codifica una proteina ancorata alla membrana mediante una molecola GPI (glicosilfosfatidilinositolo). I membri della famiglia del GDNF legano uno dei recettori GFRα in modo relativamente promiscuo (ogni recettore può legare più di un membro della famiglia) (Fig 6.4). GFRα legato a uno dei

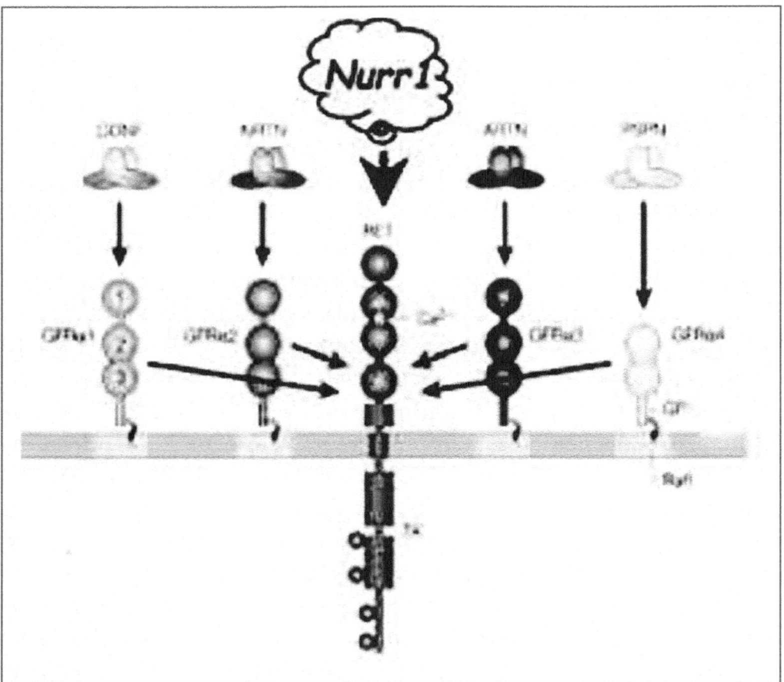

Fig. 6.4. Recettori per i ligandi della famiglia GDNF. Ligandi della famiglia del GDNF attivano un recettore tirosin-chinasico Ret legando dapprima il recettore GFRα 1-4. Queste proteine sono ancorate alla membrana mediante glicosilfosfatidilinositolo (GPI). Il legame di ioni Ca^{++} a uno dei quattro domini tipo-caderina di Ret è richiesto per la sua attivazione da parte dei GFR-alfa. Ret lega vari adattatori mediante quattro tirosine nel dominio intracellulare. L'espressione del gene Ret, importante per lo sviluppo e il mantenimento dei neuroni dopaminergici mesencefalici, viene regolato dal fattore di trascrizione dopaminergico Nurr1. *ARTN*, artemina; *NRTN*, neurturina; *PSPN*, persepina; *Raft*, zattere, sono microdomini lipidici di membrana ricchi in colesterolo e sfingolipidi, dove si addensano recettori con funzioni cellulari come la trasduzione del segnale, il traffico di membrana, il differenziamento, l'entrata di patogeni e di tossine nella cellula. Modificato da Airaksinen MS, Saarma M (2002) The GDNF family: signalling, biological functions and therapeutic value. Nat Rev Neurosci 3:383–394

fattori di crescita dimerizza con Ret attivando una cascata di segnalazione intracellulare che determina l'attivazione delle vie di segnalazione di Ras-ERK; PLC-γ; PI3K-AKT o JUNK, a seconda del contesto cellulare. Ibáñez e collaboratori hanno dimostrato che GDNF, legato al complesso recettoriale formato dalla molecola di adesione N-CAM e da GFRα (N-CAM/ GFRα) può inviare segnali all'interno della cellula in modo indipendente da Ret.

Il GDNF è una molecola molto efficace nel proteggere i neuroni dopaminergici mesencefalici dopo lesione e/o durante la degenerazione ed è considerato un fattore trofico con un potenziale uso terapeutico nel morbo di Parkinson. In colture primarie di neuroni dopaminergici mesencefalici di topo la protratta stimo-

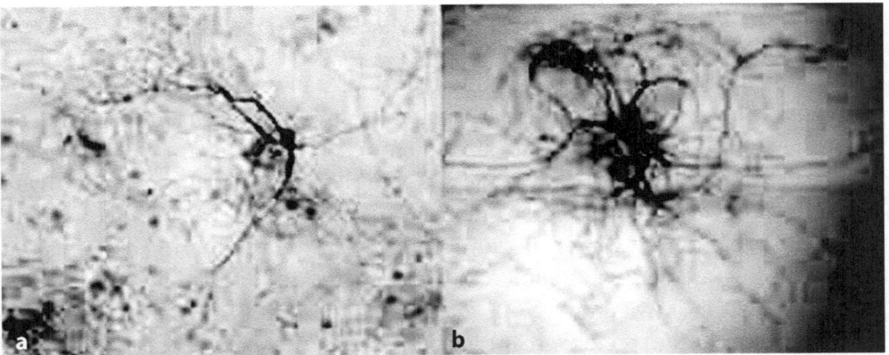

Fig. 6.5. Effetto trofico e morfogenetico del GDNF. L'aggiunta di GDNF al terreno di coltura di neuroni da mesencefalo embrionale di topo aumenta il numero, la lunghezza e le arborizzazioni dei neuriti dopaminergici, visualizzati mediante immunoistochimica con anticorpi contro la tirosina idrossilasi, l'enzima limitante nella sintesi delle catecolamine

lazione con GDNF aumenta la sopravvivenza, i marcatori molecolari e la crescita neuritica dei neuroni DA (Fig. 6.5). Esso svolge un'azione protettiva anche nei confronti dei motoneuroni spinali. Tuttavia topi privi del gene del GDNF o dei vari membri della sua famiglia o dei recettori Ret o GFRα non mostrano deficit dei neuroni dopaminergici o dei motoneuroni spinali, suggerendo che l'azione di tali fattori si esplichi essenzialmente nell'età adulta. Invece in tali topi mutanti si osserva una totale ablazione dei neuroni del sistema nervoso enterico e del rene. Infine l'analisi di un topo mutante condizionale in cui il gene GDNF è spento in età adulta ha chiarito il ruolo di questa fattore di crescita nei neuroni catecolaminergici. In questi ultimi mutanti si osserva la morte dei neuroni noradrenergici del locus coeruleus localizzato nel tronco encefalico e dei neuroni dopaminergici della sostanza nera e del nucleo VTA localizzati nel mesencefalo.

Le neurocitochine (CNTF, IL-6, LIF)

Il *ciliary neurotrophic factor* (CNTF) fu identificato negli anni Settanta da Silvio Varon, allievo di Rita Levi-Montalcini, in California. Il CNTF fu isolato dai muscoli innervati dal ganglio ciliare come fattore capace di promuovere la sopravvivenza *in vitro* di neuroni del suddetto ganglio (da cui il nome). In seguito si scoprì che esso svolge molte altre funzioni su un ampio spettro di neuroni. Infatti, il CNTF determina la sopravvivenza anche di diversi altri tipi neuronali, induce il differenziamento dei neuroni simpatici di pollo, mentre induce transdifferenziamento colinergico dei neuroni simpatici di ratto neonato mutando così il loro fenotipo catecolaminergico. Il CNTF fa parte di una serie di fattori di crescita definiti neurocitochine (o anche fattori neuropoietici insieme al LIF, *leukaemic inhibitory factor*, e a IL-6) che svolgono effetti pleiotropici sul sistema nervoso centrale e periferico e anche in altri organi. Agisce sui muscoli scheletrici, riduce la distruzione tissutale dovuta a infiammazione e, come la leptina, ha un duraturo effetto anti-obesità perché riduce l'assunzione di cibo. Recentemente si è scoperto che il CNTF è un importante fattore di sopravvivenza dei motoneuroni spinali. In modelli animali di sclerosi laterale amiotrofica (*amyotrophic lateral sclerosis*, ALS) tali neuroni traggono giovamento dalla somministrazione di CNTF.

Il recettore del CNTF (CNTFR) è un complesso molecolare che condivide una sub-unità con il recettore per l'interleuchina-6 e il LIF. La specificità è data dalla subunità che tuttavia è priva di dominio transmembranario ed è ancorata alla membrana mediante una molecola di glicosilfosfatidilinositolo (GPI). Dopo aver legato CNTF, CNTFRa recluta due altre molecole di membrana, gp130 e LIFRb, formando un recettore trimerico. Questi recluta e attiva trasduttori proteici JAK-STAT (*signal transducer and activator of transcription*). Questi fattori di trascrizione dimerizzano e traslocano nel nucleo dove attivano la trascrizione genica responsabile degli effetti elicitati dal fattore trofico.

I fattori CDNF/MANF (MANF, CDNF)

Due nuovi fattori, il CDNF (*cerebral dopamine neurotrophic factor*) e il MANF (*mesencephalic astrocyte-derived neurotrophic factor*), rappresentano una nuova classe di sostanze che manifestano una selettiva protezione per i neuroni dopaminergici. MANF è il primo fattore neurotrofico individuato negli invertebrati, in *Drosophila* infatti protegge i neuroni dopaminergici e la sua assenza ne determina degenerazione. I recettori di questi nuovi fattori neurotrofici e la trasduzione del segnale originata dalla loro azione non sono ancora stati delucidati.

Letture consigliate

Nerve growth factor
Abbott A (2009) One hundred years of Rita. Nat 458:564–567
Luo W, Wickramasinghe SR, Savitt JM et al (2007) A hierarchical NGF signaling cascade controls Ret-dependent and Ret-independent events during development of nonpeptidergic DRG neurons. Neuron 54:739–754
Wiesmann C, Ultsch MH, Bass SH, de Vos AM (1999) Crystal structure of nerve growth factor in complex with the ligand-binding domain of the TrkA receptor. Nature 401:184–188

Brain-derived neurotrophic factor
Barde YA, Edgar D, Thoenen H (1982) Purification of a new neurotrophic factor from mammalian brain. EMBO J 1:549–553
Volpicelli F, Caiazzo M, Greco D et al (2007) Bdnf gene is a downstream target of Nurr1 transcription factor in rat midbrain neurons in vitro. J Neurochem 102:441–453
Zuccato C, Cattaneo E (2009) Brain-derived neurotrophic factor in neurodegenerative diseases. Nat Rev Neurol 5:311–322
Zuccato C, Ciammola A, Rigamonti D et al (2001) Loss of huntingtin-mediated BDNF gene transcription in Huntington's disease. Science 293:493–498

Ciliary neurotrophic factor
Lambert PD, Anderson KD, Sleeman MW et al (2001) Ciliary neurotrophic factor activates leptin-like pathways and reduces body fat, without cachexia or rebound weight gain, even in leptin-resistant obesity. Proc Natl Acad Sci USA 98:4652–4657
Manthorpe M, Skaper S, Adler R et al (1980) Cholinergic neuronotrophic factors: fractionation properties of an extract from selected chick embryonic eye tissues. J Neurochem 34:69–75
Schuste B, et al (2003) Signaling of human ciliary neurotrophic factor (CNTF) revisited. The interleukin-6 receptor can serve as an alpha-receptor for CTNF. J Biol Chem 278:9528–9535

Glial-derived neurotrophic factor
Airaksinen MS, Titievsky A, Saarma M (1999) GDNF family neurotrophic factor signaling: four masters, one servant? Mol Cell Neurosci 13:313–325
Consales C, Volpicelli F, Greco D et al (2007) GDNF signaling in embryonic midbrain neurons in vitro. Brain Res 1159:28–39
Paratcha G, Ledda F, Ibáñez CF (2003) The neural cell adhesion molecule NCAM is an alternative signaling receptor for GDNF family ligands. Cell 113:867–879
Pascual A, Hidalgo-Figueroa M, Piruat JI et al (2008) Absolute requirement of GDNF for adult catecholaminergic neuron survival. Nat Neurosci 11:755–761

Cerebral dopamine neurotrophic factor e Mesencephalic astrocyte-derived neurotrophic factor
Lindholm P, Voutilainen MH, Laurén J et al (2007) Novel neurotrophic factor CDNF protects and rescues midbrain dopamine neurons in vivo. Nature 448:73–77
Palgi M, Lindström R, Peränen J et al (2009) Evidence that DmMANF is an invertebrate neurotrophic factor supporting dopaminergic neurons. Proc Natl Acad Sci 106:2429–2434

Siti Internet

Nerve growth factor
http://www.hypothesis.it/nobel/ita/bio/montalcini_ext.htm
http://www.accademiaxl.it/Biblioteca/Virtuale/Ipertesti/neuroscienzeXL/montalciniNGF.htm

Capitolo 7

Le cellule staminali neurali

More may have been learned about the brain and the mind
in the 1990s – the so-called decade of the brain – than during the entire
previous history of psychology and neuroscience.[1]

Le cellule staminali rappresentano oggi uno dei campi più importanti della ricerca bio-medica per lo studio dei meccanismi di sviluppo embrionale e di quelli patogenetici e per la messa a punto di nuove terapie cellulari nel quadro di quella che oggi si chiama "medicina rigenerativa".

In particolare, la scoperta dell'esistenza di cellule staminali neurali ha rivoluzionato alcuni concetti fondamentali che avevano guidato lo studio del sistema nervoso e ha comportato anche una revisione delle teorie su memoria e apprendimento (si veda il Capitolo 8, *Plasticità, apprendimento e memoria*).

Definizione di cellule staminali

Le cellule staminali sono le cellule fondatrici d'ogni organo, tessuto e cellula del corpo in animali e piante. Sono cellule indifferenziate, che ancora non hanno una funzione specifica se non quella d'essere toti-, pluri- o multipotenti. Costituiscono una specie di sistema di riparazione del corpo e possono dividersi senza limite per reintegrare altre cellule finché la persona o l'animale sarà vivo. Nel loro continuo dividersi le cellule staminali mantengono una informazione genetica stabile, come anche le modificazioni epigenetiche del DNA e quelle delle proteine che insieme a esso costituiscono la cromatina.

Il concetto di cellula staminale si rifà a due sue fondamentali proprietà, la capacità di dare origine a tutti i tipi cellulari di un organismo o di un tessuto e la capacità di dare contemporaneamente origine a una cellula simile a se stessa. La divisione *asimmetrica* è una peculiare proprietà biologica che distingue le cellule staminali dagli altri tipi cellulari in cui la divisione mitotica è *simmetrica* con la generazione di due cellule figlie uguali alla cellula madre.

---

[1] "Abbiamo imparato di più sul cervello e sulla mente negli anni '90 – la cosiddetta decade del cervello – che durante tutta la precedente storia della psicologia e delle neuroscienze". Damasio AR (2002) *How the brain creates the mind*, Sci American 12:4.

Pertanto, possiamo definire come staminale una cellula che possegga le seguenti proprietà: 1) quando opportunamente stimolata dà origine a uno o più tipi cellulari con diverse specializzazioni fenotipiche; e 2) al contempo duplica se stessa, mantenendo costante il numero di cellule staminali disponibili (Fig. 7.1). L'iter differenziativo di una cellula staminale prevede una serie di stadi intermedi, ciascuno dei quali può procedere o meno verso il differenziamento terminale o arrestarsi alla produzione di progenitori, a seconda dello stadio ontogenetico o stimoli fisio-patologici.

Le cellule staminali, di fatto, possono essere presenti in diversi stati proliferativi. Per esempio, nei tessuti che richiedono un elevato ricambio cellulare quali il sangue, l'epidermide, l'epitelio intestinale e le gonadi maschili, le cellule staminali sono presenti in un attivo stato proliferativo permettendo un efficace equilibrio fra perdita di cellule e loro sostituzione. Invece, in altri tessuti in cui la perdita di cellule è più limitata, quali il fegato, i denti e il cervello, le cellule staminali sono presenti in uno stato quiescente o comunque di proliferazione relativamente bassa, che può essere attivata da stimoli fisiologici e/o patologici.

Le cellule staminali dal punto di vista ontogenetico possono essere suddivise in tre tipi fondamentali: cellule staminali embrionali della blastocisti e della linea germinale (le cellule ES, da *embryonic stem cells*, ed EG, da *embryonic germinal stem cells*), cellule staminali dei diversi tessuti embrionali, cellule staminali dell'adulto. Questi tre tipi di cellule staminali non posseggono tutti la stessa potenzialità differenziativa. Possono essere: totipotenti, pluripotenti e multipotenti.

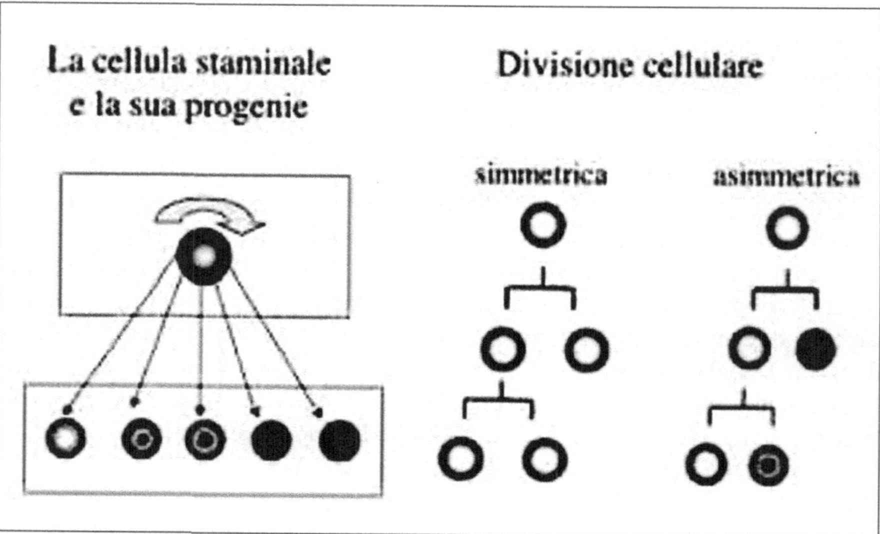

Fig. 7.1. La cellula staminale e la sua progenie. Il disegno rappresenta una cellula staminale capace di riprodursi e produrre cellule figlie progenitrici che daranno luogo a cellule differenziate

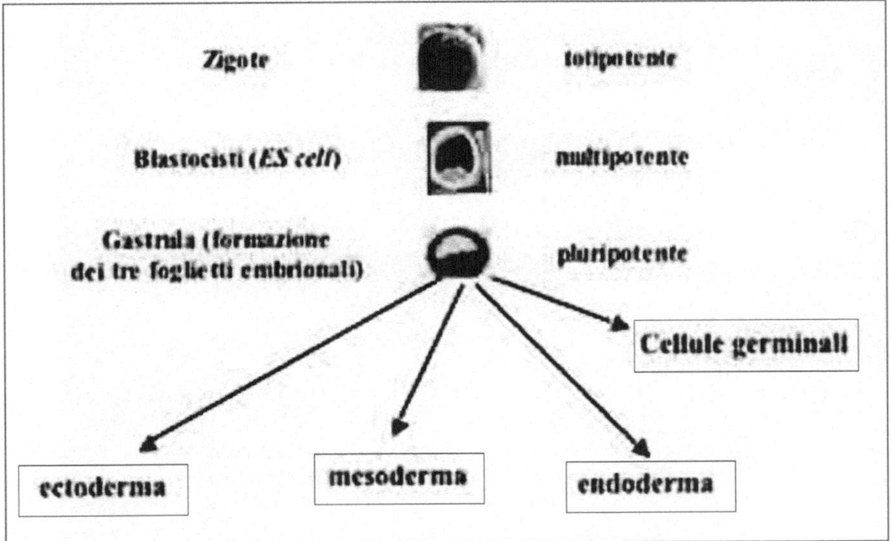

Fig. 7.2. Dallo zigote alle cellule differenziate. Le cellule staminali riducono progressivamente la loro plasticità differenziativa

Lo zigote, cioè l'oocita fecondato da uno spermatozoo, rappresenta la cellula con la massima potenzialità differenziativa, potendo dar luogo a un organismo. Pertanto lo zigote si definisce totipotente, cioè in grado di dare origine a tutte le cellule di un organismo, incluso quelle che non fanno parte dell'embrione, cioè gli annessi come la placenta. Progressivamente nel corso dello sviluppo si restringono le potenzialità differenziative della progenie cellulare dello zigote (Fig. 7.2).

Dallo zigote si forma la blastocisti divisa in una cavità e un aggregato di cellule che costituiscono la massa interna, in cui sono contenute le cellule staminali indicate come cellule staminali embrionali (*ES cells*). A uno stadio successivo dello sviluppo è possibile isolare dalla gastrula le cellule staminali germinali (dette *EG cells*). Le cellule ES e le EG si definiscono cellule pluripotenti perché sono in grado di generare l'intero organismo. Esse tuttavia, a differenza dello zigote, non sono in grado di generare anche gli annessi.

Procedendo nel corso dello sviluppo è ancora possibile isolare cellule staminali da organi già in formazione, che sono in grado di generare tutti i tipi cellulari di quel determinato organo e tessuto, per cui avremo per esempio cellule staminali embrionali epatiche, neurali, muscolari che sono multipotenti. Infine, anche nell'adulto i vari organi mantengono un compartimento staminale, localizzato in uno specifico microambiente, le *nicchie*, che regola il loro comportamento (Fig. 7.3).

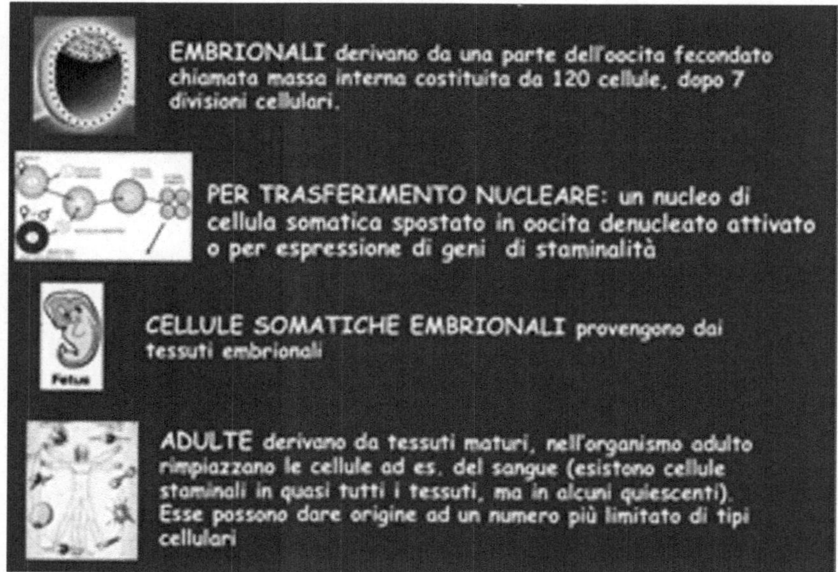

Fig. 7.3. Fonti potenziali di cellule staminali

Generazione di nuove cellule staminali

Trans-differenziazione

Anche il concetto della progressiva restrizione della capacità differenziativa delle cellule staminali è stato rivisitato in questi ultimi anni. Infatti è stato dimostrato che cellule staminali di un dato organo possono differenziare in cellule di un organo diverso. Per esempio, da cellule staminali ematopoioetiche si possono ottenere neuroni e viceversa. Tale fenomeno è definito *trans-differenziazione*, termine che indica un processo mediante il quale cellule appartenenti a un determinato *lineage* differenziativo cambiano la loro identità per generare altri tipi cellulari appartenenti a *lineage* di derivazione embriologica diversa. La plasticità delle cellule staminali adulte fu inizialmente osservata in pazienti che avevano ricevuto trapianto di midollo osseo, le cui cellule erano differenziate in vari tessuti dell'ospite, incluso il cervello, Siccome donatore e ospite erano di sesso diverso fu possibile, in base ai cromosomi sessuali XX e XY, distinguere le cellule dell'una da quelle dell'altro dopo la morte del paziente e l'esecuzione dell'autopsia. Così si osservarono neuroni con cromosoma Y in cervelli di donne che avevano ricevuto il trapianto sei anni prima.

La *trans-differenziazione* (o *metaplasia* dal greco *metáplasis* trasformazione, *metá* indica trasformazione, e un derivato di *plássein* plasmare, formare), dunque, definisce un processo mediante il quale cellule progenitrici cambiano le loro potenzialità differenziative per dare origine a un altro tipo di tessuto, del tutto distinto dal primo e anche embriologicamente distinto. Alcuni esperimenti recenti indicano che la transdifferenziazione in alcuni casi potrebbe essere, piuttosto, la conseguenza di fusioni cellulari.

Trasferimento nucleare

Ugualmente, è possibile generare cellule staminali pluripotenti da una cellula terminalmente differenziata, per esempio mediante trasferimento del suo nucleo in un oocita o mediante trasfezione di un determinato gruppo di geni.

Gli oociti generati per trasferimento nucleare possono dar luogo a individui uguali al donatore del nucleo se impiantati in un utero adottivo (clonazione). Già John Gurdon nel 1962 aveva dimostrato la possibilità di generare un organismo intero, una rana, a partire dal nucleo di una cellula somatica (intestino) inserito in una cellula uovo non fecondata e precedentemente privata del suo pro-nucleo. Questo esperimento dimostrava che anche il nucleo di una cellula differenziata ritiene tutta la potenzialità dell'informazione genetica per guidare lo sviluppo di un nuovo organismo. Nel 1997 Ian Wilmuth dimostrò che quest'esperimento era ripetibile anche nei mammiferi, clonando la ormai famosa pecora Dolly. Questa tecnica ha aperto la strada per eseguire una clonazione "terapeutica" al fine di ottenere una illimitata sorgente di cellule staminali "autologhe" da utilizzare per fini di ricerca e/o terapeutici. Le cellule staminali così generate avrebbero la prerogativa di mantenere le caratteristiche antigeniche dell'organismo donatore del nucleo e pertanto saranno riconosciute come cellule "self" da questo individuo e non andranno incontro a possibili fenomeni di rigetto immunitario se trapiantate.

Oltre al trasferimento nucleare somatico è possibile ottenere cellule staminali pluripotenti, tipo ES, mediante fusione di fibroblasti adulti con cellule ES, che determina riprogrammazione del genoma della cellula adulta ad uno stato staminale embrionale.

Cellule staminali pluripotenti indotte

Infine, la dimostrazione della riprogrammazione staminale di una cellula terminalmente differenziata è stata ottenuta mediante espressione di geni esogeni (trasfezione) in fibroblasti di topo adulto. I geni trasfettati codificano per quattro fattori di trascrizione Oct4, Sox2, c-Myc and Klf4. Le cellule così generate sono chiamate cellule staminali a pluripotenza indotta (*induced pluripotent stem cells*, iPS). Anche la combinazione di Oct4, Sox2, Nanog e Lin può produrre iPS da cellule somatiche umane. In seguito è stato dimostrato che non tutti e quattro geni sono indispensabili per generare iPS e che Oct4 è l'unico indispensabile. Inoltre è stato possibile ottenere cellule iPS coltivando fibroblasti adulti in presenza delle proteine di questi quattro geni, opportunamente modificate per facilitarne l'ingresso nella cellula. Questi ultimi esperimenti dimostrano in modo incontrovertibile che il genoma di una cellula differenziata conserva potenziali proprietà staminali. Tuttavia le iPS non sono scevre dal pericolo di trasformazione tumorale, sia per la possibile riattivazione dell'oncogene c-myc, ma anche in sua assenza tale evidenza è stata osservata. Inoltre si è osservato che NSC derivate da iPS possono formare teratomi con un'incidenza variabile a seconda del tipo di cellula da cui sono state originate, della tecnica usata per introdurre i geni esogeni, ecc. Si intravede così da un lato una possibile nuova via terapeutica con la generazione di cellule staminali "personalizzate" e dall'altro la possibilità di produrre cellule staminali malattia-specifiche con caratteristiche di determinate malattie genetiche utili sia alla comprensione di queste ultime sia alla terapia. Tuttavia tutte le variabili che possano alterare la sicurezza del risultato terapeutico vanno valutate con grande rigore prima di poter introdurre le iPS nella pratica clinica.

Oltre ai fattori proteici succitati un'altra proteina, *nanog*, prodotta nelle cellule dell'embrione ai primi stadi di sviluppo, può trasformare cellule staminali adulte in staminali pluripotenti (come le cellule embrionali), cioè può indurre pluripotenzialità anche in cellule somatiche.

Esistono quindi dei caratteri molecolari comuni della staminalità, che oggi iniziamo appena ad intravedere.

Le cellule staminali neurali

Uno dei campi biomedici dove la scoperta delle cellule staminali ha destato maggiore stupore e desta maggiori aspettative, è la neurobiologia.

L'esistenza di cellule staminali neurali (*neural stem cells*, NSC), infatti, infrange il "dogma" secondo cui dopo le fasi dello sviluppo embrionale, non vi sia più produzione di nuovi neuroni.

Analogamente ad altri tipi di cellule staminali, definiamo cellula staminale neurale una cellula in grado di dar vita a tutti i lignaggi cellulari del sistema nervoso e allo stesso tempo riprodurre se stessa (Fig. 7.4).

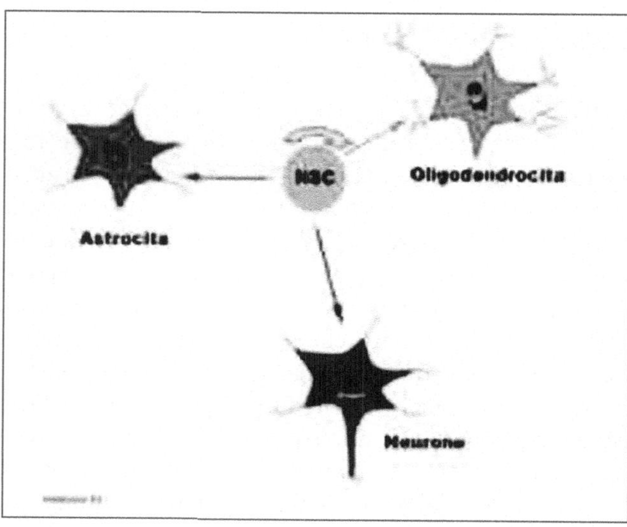

Fig. 7.4. La cellula staminale nel SNC. Immagine schematica di una cellula staminale (*NSC*) che si autoreplica o può differenziare in oligodendrociti, astrociti e/o neuroni (E=mc²). Vari fattori sono in grado di promuovere il differenziamento nei tre tipi cellulari neurali

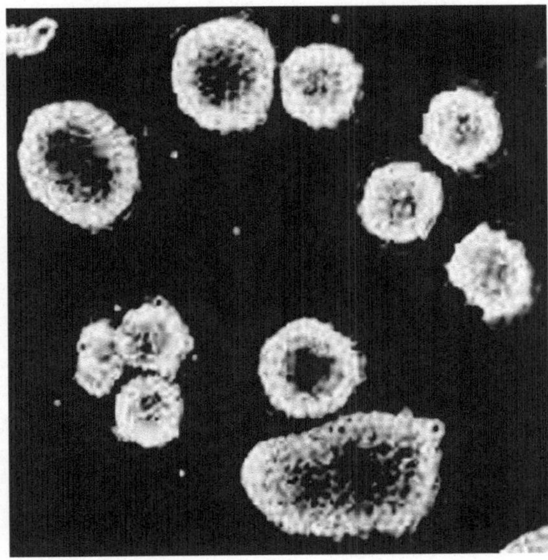

Fig. 7.5. Neurosfere. Neurosfere ottenute mediante ripetuti passaggi di cellule embrionali del telencefalo di topo in terreno con *epidermal growth factor* (EGF) e *fibroblast growth factor 2* (FGF2) in colture in sospensione

Operativamente, le NSC possono essere riconosciute per la loro capacità di dare origine a particolari strutture cellulari in coltura, chiamate neurosfere (Fig. 7.5). Queste ultime sono in realtà aggregati di NSC generati e propagati *in vitro* in particolari condizioni di crescita. Specifici fattori mitogeni sono necessari per la loro proliferazione e sopravvivenza in coltura.

Fattori in grado di indirizzare e influenzare il destino delle cellule staminali neurali

Durante lo sviluppo embrionale le cellule staminali debbono andare incontro a estesa e rapida proliferazione che porterà alla formazione di un gran numero di cellule. Tale è il caso anche per le cellule staminali neurali.

Esperimenti *in vitro* hanno dimostrato che le NSC sottoposte all'azione di EGF (*epidermal growth factor*, fattore di crescita epidermico) e bFGF (*basic fibroblast growth factor*, fattore basico di crescita dei fibroblasti) vanno incontro a una rapida e sostenuta proliferazione cellulare. Questi fattori mitogeni tuttavia limitano il differenziamento per il quale è richiesta l'uscita dal ciclo cellulare. Fattori induttivi, fattori trofici, altre molecole, contatti con la matrice extracellulare e con altre cellule sono necessari per il differenziamento neurale. La individuazione degli agenti necessari al differenziamento delle NSC nei vari fenotipi neurali è essenziale per indirizzarle verso un lignaggio neuronale, astrogliale o oligodendrogliale, e verso i diversi sottotipi neuronali. È quindi necessario conoscere i vari cocktail di molecole e le particolari modalità di somministrazione in grado di generare ogni specifico tipo di neurone. La conoscenza dei meccanismi molecolari e cellulari dello sviluppo embrionale ne è un prerequisito. Per esempio, i

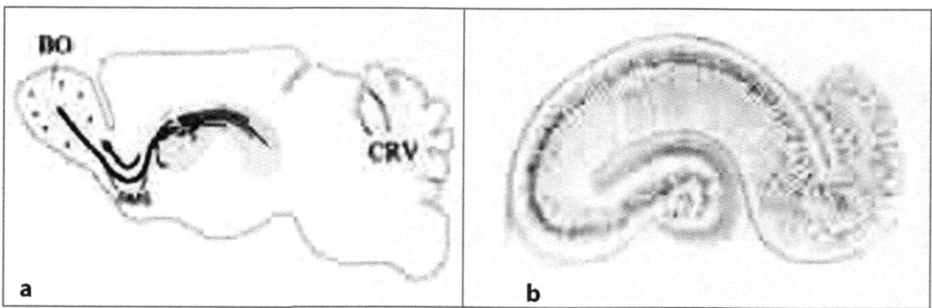

Fig. 7.6. Neurogenesi nella SVZ e nell'ippocampo. a La neurogenesi olfattiva. I precursori dei neuroni olfattivi originano dalla zona subventricolare (*subventricular zone*, SVZ), uno strato di cellule in divisione che si estende lungo la parete dei ventricoli laterali. I neuroni che nascono nella SVZ migrano tangenzialmente in un fascio di cellule in migrazione, il *rostral migratory stream* (*RMS*), verso i bulbi olfattivi (*BO*), dove si differenziano in interneuroni inibitori. *CRV*, cervelletto; b un disegno di Golgi (*Opera Omnia*, Hoepli, Milano, 1903) che ritrae una sezione sagittale di ippocampo colorata con il metodo dell'impregnazione argentica o di Golgi. Le cellule dei granuli del giro dentato nascono localmente nella zona sub-granulare da cellule staminali, costituite da astrociti GFAP-negativi

neuroni dopaminergici del mesencefalo si formano durante lo sviluppo embrionale per azione di due fattori diffusibili, *sonic hedgehog* (Shh) e FGF8. L'utilizzo di questi fattori, e di acido retinoico, ha permesso la generazione *in vitro* di neuroni DA da NSC. Al cocktail di molecole necessarie al differenziamento e sopravvivenza dei neuroni DA vanno aggiunti fattori di crescita come il GDNF e il BDNF. Che la composizione del cocktail di fattori sia determinante è evidenziato, per esempio, dal fatto che fattori che inducono differenziamento di un determinato fenotipo neuronale, a concentrazioni diverse e insieme ad altri fattori possono indurre differenziamento di altri tipi neuronali.

Le cellule staminali del cervello permangono attive anche nella vita adulta (si veda il Box 7.1, *La neurogenesi nell'adulto: la fine di un dogma*). Esse possono generare fisiologicamente nuovi neuroni in due zone dette neurogeniche, la zona subventricolare (*subventricular zone*, SVZ) e la zona subgranulare del giro dentato dell'ippocampo: l'una genera i neuroni dei bulbi olfattivi, l'altra genera neuroni coinvolti nei processi della memoria (Fig. 7.6; si veda anche il Box 7.1, *La neurogenesi nell'adulto: la fine di un dogma*).

Basi fisiopatologiche per l'uso terapeutico delle cellule staminali neurali

La scoperta delle cellule staminali neurali nel SNC adulto ha innescato una corsa alle applicazioni terapeutiche fino ad oggi ancora sperimentali. L'intensa ricerca che è seguita, ha rivelato inattese proprietà di queste cellule estendendo le loro possibili applicazioni terapeutiche. Schematicamente, tre sono le proprietà delle NSC, che possono essere utilizzate per curare le malattie neurologiche. La prima è data dalla loro capacità di autorinnovamento e plasticità. La seconda, inaspettata, proprietà, è data dalla capacità delle NSC endogene di proliferare nel cervello leso, e in seguito di migrare verso il sito della lesione (tropismo per i siti di danno). La terza proprietà, la più inattesa, è rappresentata dalla loro capacità di esercitare una funzione immunosoppressiva. Le NSC, infatti, in particolari condizioni sperimentali, si sono rivelate in grado di bloccare l'attivazione dei linfociti T nel SNC. Queste tre proprietà sono attualmente utilizzate per la cura di modelli sperimentali di malattie neurologiche che riconoscono diversi meccanismi patogenetici. Nelle malattie neurodegenerative, quali ad esempio il morbo di Parkinson (MP), le NSC precedentemente isolate, espanse ed eventualmente differenziate *in vitro* possono essere trapiantate nel cervello dell'individuo ammalato per ripristinare le funzioni perdute. Ad oggi, anche altri modelli animali di malattie neurodegenerative sono stati curati o la loro sintomatologia è migliorata dopo trapianto di NSC. La stimolazione della neurogenesi endogena, invece, è stata osservata nei roditori, in seguito all'ischemia cerebrale del nucleo striato indotta dall'occlusione dell'arteria cerebrale media. In questo modello sperimentale, si assiste alla proliferazione delle NSC nella SVZ, alla loro migrazione verso il sito della lesione e al differenziamento in neuroni striatali. Queste osservazioni suggeriscono che la manipolazione della neurogenesi endogena rappresenti una potenziale terapia per la riparazione delle lesioni cerebrali. L'abilità delle cellule staminali di migrare verso i siti di neuroinfiammazione o lesione nel cervello adulto (diversi da quelli utilizzati nella normale neurogenesi) rappresenta un importante razionale biologico per l'uso terapeutico di cellule staminali (neurali o di altra origine) endogene o esogene iniettate nella circolazione sanguigna. Ciò potrebbe consentire di somministrare anche cellule staminali al cervello in modo non invasivo, tramite le cavità nasali.

Inoltre, le NSC sono state trapiantate nei cervelli di animali affetti da encefalite autoimmune sperimentale (*experimental autoimmune encephalitis*, EAE). Si tratta di un modello animale di sclerosi multipla, malattia umana a patogenesi autoimmune, caratterizzata dalla distruzione della mielina del SNC ad opera di linfociti T autoreattivi. Inaspettatamente, è stato osservato che le NSC non differenziate sono in grado di migliorare il decorso clinico della malattia funzionando come soppressori dell'autoimmunità mediante la produzione di particolari molecole che agiscono sui linfociti T encefalitogeni. Infine, va menzionato il "lato oscuro" delle cellule staminali: i tumori cerebrali, come altri tipi tumorali, contengono o sono generati da cellule staminali trasformate. Nel glioblastoma, uno dei tumori umani più aggressivi, le cellule staminali cancerose sostengono la crescita tumorale. Tali cellule, inoltre, determinano la resistenza del tumore sia alla terapia radiante, per incremento dei meccanismi di riparazione del DNA, sia a molti farmaci usati in chemioterapia per aumento delle pompe di efflusso che eliminano le sostanze estranee dalla cellula.

Le speranze esistenti sulle cellule staminali neurali potranno essere soddisfatte un giorno solo se e quando si comprenderà a pieno come produrre da cellule staminali non specializzate molti neuroni e specificamente un determinato tipo neuronale, come si possano inserire i "nuovi" neuroni nei circuiti nervosi esistenti,

come si possa evitare il rigetto di neuroni non propri nell'organismo trapiantato. Su tutti questi punti gli approcci sperimentali hanno già compiuto importanti progressi. Va detto tuttavia che due studi recenti hanno generato non poca
delusione sulla efficacia di trapianti nella cura delle malattie neurodegenerative.
Un primo studio del 2008 ha mostrato che in tre su otto pazienti affetti da MP
che avevano ricevuto un trapianto di cellule di mesencefalo embrionale da quattro a sedici anni prima della morte, una frazione dei neuroni trapiantati presen-
tava corpi di Lewy alfa-sinucleina- e ubiquitina-positivi, come quelli del paziente. Si suppone che infiammazione, stress ossidativo, esocitotossicità o mancanza
di supporto neurotrofico potrebbero essere alla base delle alterazioni osservate.
Ugualmente uno studio del 2009 mostra che neuroni striatali embrionali trapiantati in due pazienti con morbo di Huntington dieci anni prima, mostrano
neurodegenerazione come i neuroni del paziente, pur non avendo huntingtina
mutata come i neuroni endogeni, indicando che l'ambiente cerebrale "malato"
sui lunghi tempi ha danneggiato anche i nuovi neuroni. Questi dati tuttavia non
debbono annebbiare l'intero campo della ricerca clinica sulle cellule staminali e
sui trapianti nelle malattie neurodegenerative. Solo il 5-8% dei neuroni trapiantati in pazienti affetti da MP sviluppano corpi di Lewy. Del resto i trapianti eseguiti sono sopravvissuti per almeno una decade. Questi risultati relativamente
deludenti sono uno sprone a incrementare gli studi sui meccanismi di protezione necessari a cellule trapiantate (neuroni embrionali, cellule staminali, cellule
staminali differenziate): creare cioè intorno al trapianto un ambiente antinfiam-
matorio, neuroprotettivo e neurotrofico.

In conclusione, per raggiungere un'efficace risultato terapeutico servirà un
intenso e continuo scambio di idee e d'informazioni, la cooperazione tra gli
addetti ai lavori: "staminalisti", fisiopatologi e clinici, e, come già sottolineato,
un'attenta valutazione dei pericoli che si potrebbero correre. Pertanto le NSC
non potranno essere in sé una panacea e risultati duraturi si otterranno solo
quando la loro complessa biologia potrà essere finemente adattata ai diversi e
solo parzialmente delucidati meccanismi delle malattie neurologiche.

Letture consigliate

Brundin P, Li JY, Holton JL et al (2008) Research in motion: the enigma of Parkinson's disea-
　　se pathology spread. Nature Rev Neurosci 9:741–745
Cicchetti F, Saporta S, Hauser RA, Parent M (2009) Neural transplants in patients with Hun-
　　tington's disease undergo disease-like neuronal degeneration. Proc Natl Acad Sci USA
　　106:12483–12488
Cogle CR, Yachnis AT, Laywell ED et al (2004) Bone marrow transdifferentiation in brain af-
　　ter transplantation: a retrospective study. Lancet 363:1432–1437
Colucci-D'Amato L, di Porzio U (2008) Neurogenesis in adult CNS: from denial to opportu-
　　nities and challenges for therapy. Bioessays 30:135–145
Daley GQ, Scadden DT (2008) Prospects for stem cell-based therapy. Cell 132:663–676
Ivanova N, Dobrin R, Lu R et al (2006) Dissecting self-renewal in stem cells with RNA inter-
　　ference. Nature 442:533–536

Kornblum HI (2007) Introduction to neural stem cells. Stroke 38:810–816

Miura C, Okada Y, Aoi T et al (2009) Variation in the safety of induced pluripotent stem cell lines. Nat Biotechnol 27:743–745

Morrison SJ, Spradling AC (2008) Stem cells and niches: mechanisms that promote stem cell maintenance throughout life. Cell 132:598–611

Takahashi K, Tanabe K, Ohnuki M et al (2007) Induction of pluripotent stem cells from adult human fibroblasts by defined factors. Cell 131:1–12

Takahashi K, Yamanaka S (2006) Induction of pluripotent stem cells from mouse embryonic and adult fibroblast cultures by defined factors. Cell 126:663–676

Yu J, Vodyanik MA, Smuga-Otto K et al (2007) Induced pluripotent stem cell lines derived from human somatic cells. Science 318:1917–1920

Box 7.1. La neurogenesi nell'adulto: la fine di un dogma

In alcuni tessuti adulti che possono autoripararsi, come ad esempio la pelle e il fegato, le cellule che muoiono possono essere rimpiazzate sia grazie alla proliferazione delle cellule vicine, sia grazie all'attivazione di cellule staminali residenti nel tessuto stesso. Fino a poco tempo fa si riteneva che solo le cellule staminali neurali embrionali potessero dare origine a neuroni, e che la neurogenesi nel cervello adulto non potesse avere luogo. Tuttavia a partire da esperimenti di Reynold e Weiss nel 1992 sono state individuate cellule staminali cerebrali con la potenzialità di generare sia cellule gliali che neuroni anche nel cervello adulto. La generazione di nuovi neuroni e la loro integrazione funzionale era stata inizialmente osservata solo in aree cerebrali specifiche e limitate. Nel cervello dei mammiferi sono state individuate due popolazioni di cellule staminali: una nella zona sub-granulare del giro dentato dell'ippocampo, e l'altra nella zona subventricolare (SVZ). Quest'ultima è ricca di cellule staminali neurali, che migrano al bulbo olfattivo e qui si differenziano in interneuroni (granuli o cellule periglomerulari) o glia. La presenza di cellule staminali nell'ippocampo è stata documentata in mammiferi adulti (ratto) e il significato biologico di questa neurogenesi sembra legato all'acquisizione della memoria. Recentemente è stato osservato *in vivo* che cellule staminali possono essere attivate e riparare una lesione del tessuto nervoso indotta sperimentalmente: si generano nuovi neuroni con caratteristiche morfologiche e molecolari dei neuroni perduti solo nelle zone danneggiate. I nuovi neuroni si reintegrano in maniera appropriata nel circuito normale o danneggiato.

La convinzione che non potesse esservi neurogenesi nel cervello adulto risale alla fine del XIX secolo, sostenuta dalla principale figura della neurobiologia del tempo, Santiago Ramón y Cajal, nonché da Camillo Golgi e Giulio Bizzozero in Italia. Questa convinzione diventò ben presto il "dogma centrale della neurobiologia", che trovò molti seguaci e solo pochi coraggiosi dissidenti. La prima dimostrazione di proliferazione neuronale nel cervello di mammifero adulto venne negli anni Sessanta con gli esperimenti di Joseph Altman e collaboratori, che avevano dimostrato l'esistenza di cellule proliferanti nel giro dentato dell'ippocampo mediante l'uso della timidina radioattiva. Tuttavia essi non poterono dimostrare inequivocabilmente che le cellule che incorporavano la timidina radioattiva erano neuroblasti. Queste ricerche furono duplicate negli anni Settanta da Michel Kaplan che, accoppiando a tecniche autoradiografiche la microscopia elettronica, poté dimostrare che gli elementi cellulari marcati con timidina nel giro dentato del ratto erano effettivamente neuroni. Ma la comunità scientifica rimase scettica o chiaramente ostile. Gli studi di Nottebhom e collaboratori negli anni Ottanta diedero una prima svolta a que-

(*cont.*→)

(**Box 7.1.** *continua*)

sto campo. Questi ricercatori, studiando le basi neurologiche del canto degli uccelli, dimostrarono che vi è neurogenesi nel cervello di uccelli adulti. Ma fu il già citato lavoro *in vitro*
di Weiss e Reynolds a dimostrare che in cervelli di mammifero adulto esistevano cellule
staminali neurali che potevano essere isolate ed espanse *in coltura*. In seguito si osservò
che esiste neurogenesi *in vivo* e che nuovi neuroni vengono continuamente generati nelle
particolari aree del cervello dell'adulto sopracitate, l'ippocampo, e nel sottile strato di cellule che riveste i ventricoli cerebrali o zona subventricolare (Fig. 7.7). A tutt'oggi cellule
staminali neurali sono state isolate da quasi tutte le aree del cervello embrionale di mammiferi.

È opportuno ulteriormente precisare come queste osservazioni e scoperte furono, di
fatto, rese possibili:
- dall'identificazione di "fattori induttivi" e/o "fattori di crescita", che aggiunti nel mezzo di
  coltura sono capaci di indurre *in vitro* proliferazione e/o differenziamento delle cellule;

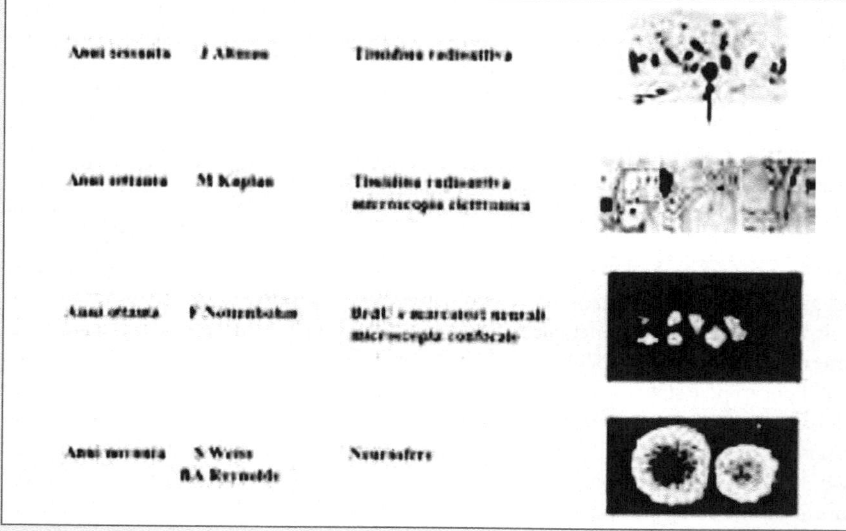

Fig. 7.7. La fine di una dogma: neurogenesi nel cervello adulto. Come descritto nel testo, l'avvento di
nuove tecniche permise la scoperta delle cellule staminali neurali adulte, determinando così la fine
del dogma basato sulla convinzione di Ramón y Cajal (1913) che "una volta terminato lo sviluppo,
le fonti di crescita e rigenerazione degli assoni e dei dendriti si prosciugano irrevocabilmente". Negli
anni Sessanta J. Altman dimostrò neosintesi di DNA nel cervello; circa dieci anni dopo M. Kaplan
dimostrò che tale neosintesi avveniva in neuroni. Negli anni Ottanta Nottebohm confermò la nascita di nuovi neuroni nel cervello degli uccelli adulti. La relativa immagine presentata mostra neuroni
positivi sia per marcatori neuronali che di proliferazione, la cui colorazione dà fluorescenza chiara,
qui indicata dalla freccia. Infine negli anni Novanta Weiss e Reynolds dimostrarono l'esistenza di cellule staminali nel cervello adulto che *in vitro* formano neurosfere in specifiche condizioni di crescita. Le immagini della prima e seconda riga sono state modificate rispettivamente da Altman J (1962)
Are new neurons formed in the brains of adult mammals? Science 135:1127–1128 e Kaplan MS,
Hinds JW (1977) Neurogenesis in the adult rat: Electron-microscopic analysis of light radioautogra-
phics. Science 197:1092–1094. L'immagine nella terza riga mostra neuroni marcati con un marcatore di replicazione del DNA e un marcatore neuronale. Nella ultima riga l'immagine è un particolare
della Figura 7.5

(*cont.*→)

(**Box 7.1.** *continua*)

- dall'identificazione di "marcatori" cellulari specifici, che permisero di caratterizzare il fenotipo delle cellule generate *in vitro* mediante tecniche di immunoistochimica;
- dalla sostituzione della timidina marcata con la bromodeossiuridina, un analogo della timidina visualizzabile mediante immunoistochimica;
- dalla nuova tecnica della microscopia confocale che permette di localizzare in una stessa cellula più molecole con fluorocromi differenti.

Oggi sappiamo che è possibile influenzare la neurogenesi nel cervello adulto positivamente o negativamente. Stimoli positivi sono: ciclo stagionale, estrogeni, attività fisica, rapporti sociali (uccelli), ambiente ricco di stimoli (roditori), attività motoria (roditori), farmaci antidepressivi (inibitori della ricattura della serotonina come prozac e triciclici, uomo e topo), apprendimento e memoria. Mentre stress e ormoni corticoidi esercitano stimoli inibitori. I neuroni che nascono nell'adulto sono in grado di inserirsi in circuiti pre-esistenti.

Letture consigliate

Aimone JB, Wiles J, Gage FH (2006) Potential role for adult neurogenesis in the encoding of time in new memories. Nat Neurosci 9:723–727

Boldrini M, Underwood MD, Hen R et al (2009) Antidepressants increase neural progenitor cells in the human hippocampus. Neuropsychopharmacology 34:2376–2389

Colucci-D'Amato L, di Porzio U (2008) Neurogenesis in adult CNS: from denial to opportunities and challenges for therapy. Bioessays 30:135–145

Colucci D'Amato L, Perrone Capano C, di Porzio U (2005) Un dogma infranto: le cellule staminali neurali e la neurogenesi nel Sistema Nervoso Centrale dell'adulto. Darwin 9:52–59

Nottebohm F (2004) The road we travelled: discovery, choreography, and significance of brain replaceable neurons. Ann N Y Acad Sci 1016:628–658

Zhao C, Deng W, Gage FH (2008) Mechanisms and functional implications of adult neurogenesis. Cell 132:645–660

Capitolo 8

Plasticità, apprendimento e memoria

Plasticity, then, in the wide sense of the word, means the possession of a structure weak enough to yield to an influence, but strong enough not to yield all at once. Each relatively stable phase of equilibrium in such a structure is marked by what we may call a new set of habits. Organic matter, especially nervous tissue, seems endowed with a very extraordinary degree of plasticity of this sort; so that we may without hesitation lay down as our first proposition the following, that the phenomena of habit in living beings are due to plasticity of the organic materials of which their bodies are composed.[1]

Una delle iniziali interpretazioni della plasticità nel SN veniva dalle osservazioni che la trasmissione sinaptica non è rigida ma può essere regolata. Questa plasticità è alla base dei cambiamenti adattativi dei diversi circuiti. Tutti i meccanismi di plasticità sinaptica nell'adulto si basano su meccanismi di rafforzamento o indebolimento delle sinapsi mediante i quali alcune sono mantenute e altre eliminate permettendo il rimodellamento delle connessioni sinaptiche stabilite nel corso dello sviluppo del cervello. È dunque evidente che per comprendere l'organizzazione dei circuiti nervosi, siano essi alla base di funzioni semplici del cervello o di quelle complesse della mente, e la plasticità che sottende alla possibilità di riorganizzare i vari circuiti nervosi, occorre comprendere quali ne siano le regole, le leggi, i meccanismi molecolari.

I meccanismi che possono modificare l'efficienza sinaptica sono molteplici:

a) aumento del numero dei recettori postsinaptici;

b) aumento dell'efficienza della risposta recettoriale;

c) aumento della concentrazione del neurotrasmettitore nello spazio sinaptico (per maggiore rilascio o minore degradazione o inattivazione);

d) meccanismi strutturali che conducono a efficace aumento della funzionalità di neurotrasmissione, quali aumento del numero di sinapsi per cellula, aumento

---

[1] "Per plasticità, nel senso ampio del termine, si intende il possesso di una struttura abbastanza debole da cedere a un'influenza, ma abbastanza forte da non cedere tutto in una volta. Ogni fase relativamente stabile di equilibrio in una simile struttura è caratterizzata da quella che possiamo chiamare una nuova serie di abitudini. La materia organica, in particolare il tessuto nervoso, sembra dotata di un livello straordinario di plasticità di questo tipo, cosicché possiamo senza esitazione affermare che i fenomeni di abitudine negli esseri viventi sono dovuti alla plasticità del materiale organico di cui sono composti i loro corpi". William James (1887) *The laws of habit*. The Popular Science Monthly, p. 434.

della superficie sinaptica, diminuzione della ampiezza dello spazio sinaptico.

Fu Hebb il primo a osservare che le sinapsi possono potenziarsi se mettono in comunicazione due cellule entrambe attive allo stesso momento. In effetti la stimolazione della sinapsi con brevi treni di potenziale d'azione produce un aumento della potenza sinaptica che può durare un certo tempo, ore o giorni. Questa forma di facilitazione dell'attività sinaptica è chiamata *long term potentiation* (LTP). L'induzione di LTP dipende dalla depolarizzazione postsinaptica, dall'entrata di Ca^{++}, dalla conseguente attivazione di secondi messaggeri, eventi causati da aumento del rilascio del neurotrasmettitore a livello presinaptico. Quindi vi deve essere passaggio d'informazione tra l'elemento postsinaptico dove ha luogo l'induzione dell'LTP, a quello presinaptico, dove esso è mantenuto. Tale passaggio sembra avvenire mediante un messaggero che passa dal neurone post- a quello presinaptico. Poiché la spina dendritica postsinaptica non possiede meccanismi di rilascio, contrariamente alle fibre presinaptiche, è stato ipotizzato che il messaggero retrogrado sia una molecola diffusibile, tipo ossido nitrico (NO) oppure acido arachidonico.

L'acido arachidonico, al riguardo, ha proprietà farmacologiche interessanti e potrebbe agire facilitando nell'elemento presinaptico l'attivazione di autorecettori per il glutammato accoppiati a inositolo-trifosfato (IP3), che aumenta il Ca^{++} intracellulare, e al diacilglicerolo, che attiva la PKC. A sua volta, l'NO si forma in cellule endoteliali da L-arginina per mezzo della nitrossido sintetasi e diffonde nel muscolo liscio dei vasi, con aumento di cGMP e vasodilatazione. Un simile meccanismo potrebbe aver luogo nel cervello, dove NO sarebbe prodotto dall'elemento postsinaptico. Infatti inibitori della NO sintetasi bloccano altresì la LPT e l'apprendimento spaziale in ratti. Vi sono molto aspetti ancora oscuri in questo meccanismo. La plasticità consiste anche in un fenomeno opposto definito depressione a lungo termine (*long term depression*, LTD), in base al quale le sinapsi formate da neuroni poco attivi o inattivi si indeboliscono e, infine, vengono disconnesse.

La scoperta recente della neurogenesi nel cervello di mammiferi adulti (si veda il Box 7.1, *La neurogenesi nell'adulto: la fine di un dogma*) ha permesso di ampliare il concetto di plasticità del sistema nervoso non più intesa come soli cambiamenti strutturali o funzionali alla sinapsi (per es., aumento o diminuzione delle spine dendritiche e variazione della grandezza della sinapsi stessa) ma come riorganizzazione dei circuiti per immissione di nuovi neuroni. La migrazione dei neuroni neoformati nel cervello adulto e l'acquisizione di specifici fenotipi, vanno considerate come ulteriori componenti della plasticità. Un esempio molto chiaro di questa plasticità viene dal sistema olfattivo, dove quotidianamente nuovi neuroni vengono prodotti nella zona subventricolare, migrano lungo un percorso stereotipato (flusso migratorio rostrale o RMS) ai bulbi olfattivi, dove si inseriscono nei circuiti locali.

È oggi quindi possibile distinguere, in accordo con Aldo Fasolo, la plasticità in *strutturale*, quando avvengono cambiamenti morfologici della cellula o di sue parti, e *molecolare/funzionale*, quando cambia la funzione della cellula come per esempio l'efficienza sinaptica. Si osservano diversi gradi di plasticità strutturale: la plasticità sinaptica che coinvolge solo la terminazione assonale con formazione o eliminazione di sinapsi, o quella che riguarda modificazioni di intere strutture cellulari (assoni e dendriti). La plasticità può essere la conseguenza di fenomeni fisiologici o patologici. In quest'ultimo caso le terminazioni di neuroni privati delle loro afferenze sensoriali possono arborizzare in aree cerebrali contigue, come descritto riguardo al fenomeno dell'arto fantasma nel Capitolo 10, *Meccanismi di malattia*. Un'altra forma di plasticità neurale è rappresentata dalla cosiddetta plasticità neurono-gliale, dove i cambiamenti della componente gliale sono in grado di modificare la funzionalità dei neuroni. Gli astrociti infatti partecipano sia direttamente (si veda sinapsi tripartita) sia indirettamente (funzioni trofiche) alla trasmissione dell'impulso elettrico e alla funzione dei neuroni in generale. Studi *in vitro* hanno rivelato che per la formazione delle sinapsi occorre colesterolo fornito principalmente dalla glia, e che la glia produce una molecola della famiglia delle citochine chiamata fattore di necrosi tumorale α (*tumor necrosis factor α*, TNFα) che aumenta l'espressione dei recettori al glutammato di tipo AMPA nella cellula postsinaptica. Quindi la glia avrebbe un ruolo dinamico nella sinaptogenesi sia a livello dell'elemento pre- che di quello postsinaptico. Inoltre studi *in vivo* sul sistema visivo, dove la plasticità sinaptica dipendente dall'esperienza è necessaria per stabilire la visione binoculare e può avvenire soltanto in un determinato periodo dopo la nascita detto "critico", hanno dimostrato che iniettando astrociti immaturi (privi del marcatore GFAP) in corteccia visiva di animali dopo la fine del periodo critico si prolungava il periodo di plasticità. In aggiunta, altri studi hanno dimostrato che gli astrociti rilasciano nella matrice extracellulare proteoglicani condroitin-solfato nel momento in cui termina il periodo critico e che degradando enzimaticamente questi composti il periodo critico viene prolungato. Si evince che il grado di differenziazione gliale può modulare positivamente o negativamente la plasticità dei neuroni visivi della corteccia occipitale. Esperimenti del gruppo di Carla Schatz all'Università della California, Berkeley hanno messo in evidenza il ruolo della neurotrofina BDNF nella formazione delle colonne di dominanza oculare e quindi nella plasticità del sistema visivo: la presenza del fattore trofico previene la segregazione delle afferenze retiniche-genicolo-corticali e formazione delle colonne (verosimilmente per assenza della normale competizione per il BDNF). Anche il fattore trofico NT4 esercita lo stesso effetto, ma in aggiunta è in grado di prevenire l'atrofia dei neuroni afferenti del corpo genicolato laterale. Tale atrofia è causata dalla deprivazione monoculare, che impedisce la formazione delle colonne di dominanza oculare, come dimostrarono i lavori dei Hubel e Wiesel. La plasticità caratterizza tutto il sistema nervoso durante lo sviluppo e, durante la transizione al cervello maturo, esistono dei periodi detti critici per stabilire, consolidare o eliminare connessioni tra neuroni e altre cellule bersaglio. Questo è stato particolarmente studiato nel sistema visivo, che inizia l'esperienza sensoriale solo dopo la nascita.

Durante la vita adulta, invece, la plasticità è fortemente ridotta, pur essendo ancora presente. Tuttavia, non è pienamente noto se la plasticità del SNC adulto condivida gli stessi meccanismi di quella che ha luogo durante lo sviluppo.

Importanti esempi di come l'ambiente influenzi la plasticità dei circuiti nervosi adulti, sono forniti dal sistema somato-sensitivo. I suoi circuiti si modificano sia in seguito al mancato uso sia a causa di un'eccessiva stimolazione.

Per esempio, è dimostrato che la denervazione periferica di un arto, determina inattività dei neuroni corticali dell'area corrispondente. Tale area in breve tempo è colonizzata dai neuroni delle aree adiacenti, con un aumento della rappresentazione corticale delle aree del corpo limitrofe all'area denervata. Viceversa, se un arto è iperstimolato, l'area corticale corrispondente si espande a scapito dell'area adiacente. È stato dimostrato che la riorganizzazione dei circuiti somato-sensitivi avviene già a livello midollare (nuclei delle colonne dorsali) dove si trova il secondo neurone della via sensitiva. Si ritiene che l'esperienza sia in grado di modificare tutti i circuiti del sistema somato-sensitivo.

Ulteriori importanti evidenze sperimentali della plasticità del SNC adulto vengono dagli studi di Lamberto Maffei e dei suoi collaboratori alla Scuola Normale di Pisa. Questi ricercatori hanno chiaramente dimostrato che l'ambliopia, una patologia considerata incurabile nell'adulto, possa invece essere trattata, stimolando la plasticità della corteccia visiva.

L'ambliopia determina un deficit di acuità visiva ed è causata da un diminuito uso di un occhio in età giovanile in seguito, ad esempio, a cataratta congenita o a strabismo. In tal caso, si determina un'atrofia dell'area corticale visiva corrispondente e perdita della dominanza oculare. Se la patologia (per es., la cataratta) causa dello sbilanciamento oculare non è curata nel periodo giovanile, le alterazioni corticali sono considerate permanenti. In modelli murini adulti di ambliopia è stato dimostrato che un ambiente arricchito di stimoli somato-sensoriali e motori è in grado di ripristinare la corretta dominanza oculare con recupero della funzione visiva.

Con un'altra serie di esperimenti, il gruppo di Maffei, è riuscito a curare ratti ambliopi somministrando loro la fluoxetina (prozac), un farmaco della classe degli inibitori selettivi della ricaptazione della serotonina (*selective serotonin reuptake inhibitors*, SSRI), largamente usato nella terapia degli stati depressivi. Si ritiene che i meccanismi molecolari che sottostanno agli effetti terapeutici prima descritti siano: la produzione di BDNF nella corteccia visiva, la riduzione dell'inibizione gabaergica, e la diminuzione della densità della matrice-extracellulare che circonda i neuroni.

Apprendimento e memoria

Sebbene apprendimento e memoria vengano spesso considerati parti di un unico processo, essi sono, secondo moderni studi, processi distinti dove l'apprendimento permette di acquisire nuove informazioni sul mondo circostante e la memoria garantisce che tali conoscenze vengano conservate e immagazzinate. I due processi usano circuiti neuronali comuni e divergenti.

La memoria è distinta in vari tipi, ciascuno dei quali è a sua volta suddiviso in vari moduli. Si riconosce così una *memoria sensoriale*, che è in grado di immagazzinare brevemente (secondi o frazioni di secondo) informazioni sensoriali (uditive, visive, tattili ecc.). La *memoria visiva*, per esempio, si compone di una serie di sistemi di memoria sensoriale, intimamente collegati alla nostra percezione del mondo. Se nel buio fissiamo una fonte di luce legata a una ruota che gira rapidamente, percepiamo un cerchio. Anche la percezione *uditiva* è costituita da una serie di memorie. Per localizzare un rumore è utilizzata la piccolissima differenza del suo tempo di arrivo alle due orecchie. È necessario possedere un sistema che memorizzi l'arrivo del primo rumore, fino all'arrivo del secondo a brevissimo termine. Un'altra memoria "corta" è quella *a breve termine* o MBT. Quest'ultima ricorda per pochi secondi (il tempo dell'attivazione di una serie di sinapsi) informazioni ricevute, come per esempio un nuovo numero di telefono a sette cifre (tale sembra il limite della MBT, Fig. 8.1). Questo numero fu estrapolato dagli esperimenti di Miller che nel 1956 sottopose alcuni soggetti a una prova di ricordo di sequenze di numeri e lettere, giungendo alla conclusione che nella MBT si possono ricordare al massimo sette elementi (più o meno due a seconda della difficoltà del compito). Questa memoria è così volatile che se l'esperienza non viene reiterata, ripetuta, essa si perde rapidamente. Quando l'esperienza viene ripetuta (un numero di telefono d'uso frequente) e/o concettualizzata diventa memoria a lungo termine. Per esempio, per ricordare un nome si possono creare associazioni tra una parte di esso e nozioni già note, o per un numero, come una data o numero del passaporto o un *pin*, delle associazioni con altri numeri o semplicemente delle associazioni "interne" al numero stesso. La MBT corrisponde alla singola attivazione sinaptica e alla sua breve durata.

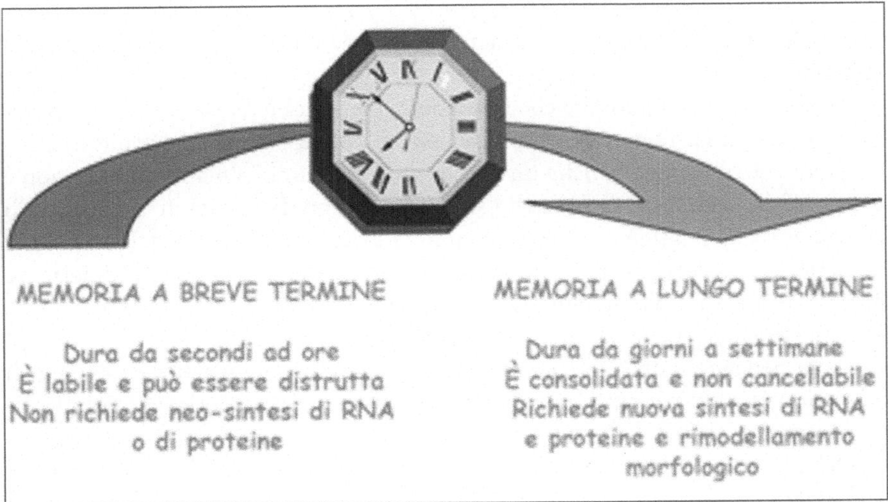

Fig. 8.1. La memoria comprende diversi stadi temporali. Le proprietà della traccia di memoria cambiano con il tempo: le nuove memorie si trovano dapprima in una forma labile e dinamica (memoria a breve termine), che poi viene eventualmente consolidata in una forma molto più stabile (memoria a lungo termine). Nella memoria a breve termine si ha modificazione di molecole preesistenti, mentre nella memoria a lungo termine si ha neosintesi di RNA e proteine e sviluppo di nuove connessioni

La *memoria a lungo termine* (MLT) è quella componente della memoria che conserva tutte le informazioni sul nostro passato. Se ricordiamo episodi della nostra infanzia è grazie a questa componente del sistema di memoria. La MLT può essere suddivisa in:
- memoria *dichiarativa* (o *esplicita*), che riguarda le informazioni comunicabili e il richiamo conscio di conoscenze circa persone, posti, cose;
- memoria *procedurale* (o *implicita, non dichiarativa*), che riguarda le informazioni relative a comportamenti automatici, il richiamo non conscio di abilità motorie e altri compiti. Essa include forme associative semplici, come per esempio il condizionamento classico, e forme non-associative, come la sensibilizzazione e l'abituazione.

La memoria dichiarativa può essere ulteriormente suddivisa in memoria *episodica*, che riguarda le informazioni specifiche a un contesto particolare, come un momento e un luogo, memoria *semantica*, che concerne idee e affermazioni indipendenti da uno specifico episodio o indipendenti dal momento in cui sono stati appresi, e memoria *prospettica*, che non riguarda, come le altre, eventi passati, ma eventi futuri, è la capacità di formare intenzioni e di pianificare delle azioni.

Per fare degli esempi, il ricordo della tragedia della seconda guerra mondiale riguarda la memoria episodica, mentre ricordarsi il nome dei personaggi storici o che 2x2=4 riguarda la memoria semantica, invece ricordarsi che "tra una settimana scade l'assicurazione dell'auto" oppure "tra un mese partirò per le vacanze" riguarda la memoria prospettica. La memoria *autobiografica* è un caso particolare della memoria episodica e riguarda episodi realmente avvenuti al soggetto stesso, per esempio ricordare l'esame di maturità o quello di anatomia.

La memoria *procedurale* riguarda invece soprattutto le abilità motorie e fonetiche, che vengono apprese con il semplice esercizio e utilizzate senza controllo volontario.

Secondo alcuni si può dire che la memoria episodica è *ricordare*, consapevolezza del sé; mentre la memoria semantica è *sapere*, consapevolezza del conoscere.

La memoria richiede anche un processo di "richiamo". Quando questo non è più possibile si ha "oblio". Se l'oblio sia un fenomeno di perdita di memoria o di mancata "recuperabilità" è oggetto di ampio dibatto tra gli esperti del settore. Per esempio, il fenomeno per cui gli adulti non riescono a ricordare le esperienze precoci, prima di 4-5 anni è interpretato in modi diversi:
- dalla psicanalisi come amnesia dell'infanzia;
- dalla pedagogia di Piaget come dovuto al cambiamento dei meccanismi di ragionamento, per cui non si possono riutilizzare i meccanismi adottati nell'infanzia;
- dalla neuropsicologia come conseguenza della maturazione tardiva dell'ippocampo.

Oggi possiamo dire che nei due tipi di memoria (dichiarativa, o esplicita, e procedurale, o implicita) sono implicate zone cerebrali diverse. Mentre la memoria dichiarativa viene principalmente controllata dalla corteccia cerebrale, in particolare quella temporale, e da strutture diencefaliche (ippocampo, subicolo, corteccia entorinale), nella memoria procedurale sono implicate le strutture sottocorticali, in particolare i gangli della base e il cervelletto. Secondo alcuni psicologi e neurobiologi, le *emozioni* giocano un importante ruolo nei processi cognitivi legati alla *memoria*, in quanto la forza dei ricordi dipende dal grado di attivazione emozionale indotto dall'apprendimento, attraverso il coinvolgimento di strutture cerebrali che fanno parte del sistema limbico, come l'amigdala e la corteccia orbito-frontale e probabilmente sistemi ormonali attivati dall'esperienza, come quelli dello stress.

Va anche sottolineato, come dimostrato da recenti studi di fNMR su individui sani, che vi è un "collo di bottiglia" nel sistema di memoria tra l'apprendere nuove informazioni e ricordarne delle vecchie. In tali studi i volontari erano alle prese con un gioco in cui dovevano imparare delle parole e contemporaneamente ricordare immagini. Quasi tutti i soggetti non potevano rievocare un ricordo (R=*retrieval*) e apprendere cose nuove (E=*encoding*) contemporaneamente, mentre per alcuni ciò era possibile. Comparando l'attivazione del lobo frontale nei due gruppi si è osservato che una regione nella corteccia prefrontale sinistra (medio-ventrolaterale) era attivata in individui capaci di rievocare un ricordo (R) e apprendere cose nuove (E) contemporaneamente (R+E+) ma non in individui R+E- o R-E+. Come sottolineano gli autori di questo studio, questa regione sarebbe una "leva di scambio" tra i due binari di apprendimento e memoria, che permette di passare da una funzione all'altra. Dati sperimentali con altri test, che richiedono un comportamento flessibile e un controllo cognitivo convergono sul ruolo svolto da quest'area medio-ventrale laterale della corteccia prefrontale sinistra (*left mid-ventro lateral pre frontal cortex*, VLPFC).

Consolidamento della memoria

Come abbiamo visto, la memoria inizialmente codificata in una breve attività neurale (rilascio di neurotrasmettitori e stimoli sinaptici) può essere in seguito trasformata mediante cambiamenti molecolari o strutturali persistenti, cioè viene consolidata. L'ipotesi che le nuove memorie si consolidino col tempo risale a circa 100 anni fa. Le nuove memorie sono infatti labili, prima di andare incontro a una serie di eventi che le rendono più stabili (rilascio del glutammato, sintesi proteica, crescita neurale e rimodellamento delle sinapsi). Il sonno sembra contribuire al consolidamento della memoria, infatti le prestazioni della memoria verbale dopo il sonno sono di gran lunga migliori rispetto ai test svolti dopo deprivazione del sonno. Cioè se si dorme poco si ricorda poco, il sonno predispone il cervello a ricordare meglio. Il consolidamento della memoria non è un processo unico ma deve essere reiterato ogni volta che la memoria viene riportata alla mente, o riattivata. Questo processo si definisce *riconsolidamento*.

Basi molecolari della memoria

I meccanismi molecolari della memoria sono molto conservati durante l'evoluzione e le forme più complesse di apprendimento, caratteristiche dei mammiferi, dipendono dagli stessi meccanismi molecolari usati da animali filogeneticamente inferiori. Il passaggio da MBT, che richiede solo cambiamenti covalenti delle proteine (per es., fosforilazioni), alla più stabile MLT, che si accompagna a plasticità sinaptica, richiede attivazione dell'espressione genica e la sintesi di nuove proteine. Molte informazioni sugli aspetti molecolari della memoria vengono dagli studi condotti in *Aplysia* e *Drosophila* su una forma elementare di memoria implicita.

La lumaca di mare (*Aplysia californica*) ha un semplice sistema nervoso, formato da 20 mila neuroni, raggruppati in 10 gangli. Di fronte a stimoli tattili (per es., getto d'acqua) sul sifone (un piccolo canale che serve per respirare e per espellere l'acqua) questo mollusco ritrae la branchia (l'organo respiratorio) sotto il mantello. Lo stimolo attiva i neuroni sensoriali gangliari che stimolano direttamente i motoneuroni che fanno contrarre i muscoli della branchia e anche indirettamente attivando gli interneuroni che hanno connessioni con i motoneuroni. Se questo stimolo è ripetuto la risposta è progressivamente più debole, per il descritto fenomeno della depressione a lungo termine o LTD. Ciò è dovuto a parziale inattivazione dei canali calcio e conseguentemente diminuito rilascio di neurotrasmettitore. In aggiunta il rilascio del neurotrasmettitore diminuisce anche per diminuita disponibilità di vescicole sinaptiche nella terminazione presinaptica. Questo è il fenomeno detto di "abitudine", che può essere di breve o lungo termine a seconda della frequenza dello stimolo (Fig. 8.2).

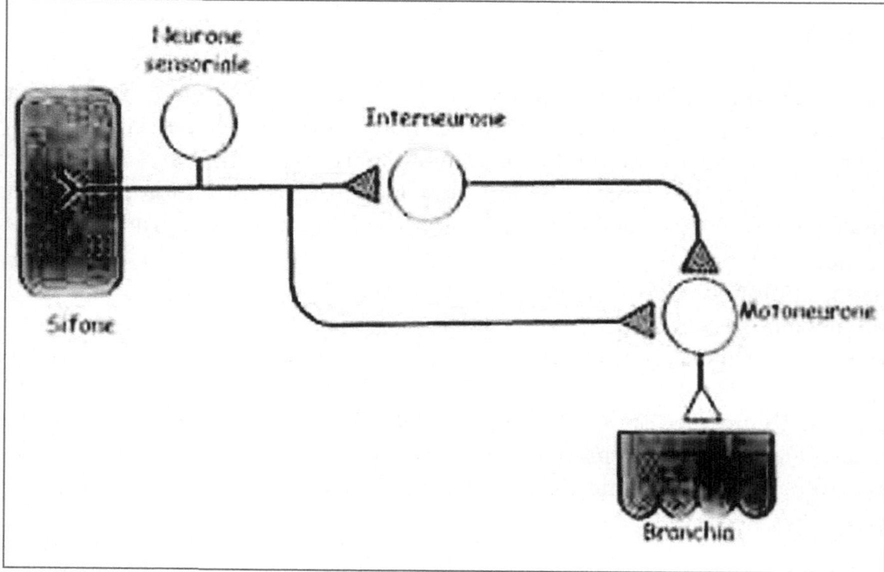

Fig. 8.2. Circuito dell'abitudine in *Aplysia*. Si veda il testo per i dettagli

Se invece allo stimolo iniziale sul sifone si associa uno stimolo nocivo (un "pizzicotto" sulla coda, che ricorda l'azione del suo predatore naturale, l'aragosta) si va incontro al fenomeno della sensibilizzazione, in base al quale la risposta (retrazione della branchia) è più accentuata. Come per l'abitudine, il cambiamento comportamentale è associato a eventi fisiologici che avvengono a livello della sinapsi del neurone sensoriale gangliare con il motoneurone e con il suo interneurone, ma si ha anche l'intervento di un altro interneurone detto facilitatorio che forma sinapsi serotoninergica con l'assone del neurone sensoriale (Fig. 8.3). Il premio Nobel Kandel e i suoi collaboratori hanno dimostrato che se si riproduce *in vitro* questo circuito monosinaptico la serotonina (5-HT) è capace di produrre un cambiamento nella efficacia sinaptica sia a breve che a lungo termine. Difatti, la 5-HT stimola la adenilato ciclasi nella terminazione assonica dei neuroni sensoriali aumentando la sintesi di cAMP. Quest'ultimo attiva la subunità catalitica della protein-chinasi A (PKA), liberandola dalla subunità regolativa gamma. Anche una singola somministrazione di 5-HT aumenta PKA. A breve termine la PKA fosforila i canali K+, chiudendoli, con aumento del K+ intracellulare e un prolungamento del potenziale d'azione. L'aumento di concentrazione di K+ prolunga l'apertura dei canali Ca^{++}. Il massiccio afflusso di Ca^{++} aumenta il rilascio di neurotrasmettitore da parte del neurone sensoriale, con maggiore stimolazione del motoneurone. Cioè si determina una LTP precoce. Dopo somministrazioni ripetute di 5-HT, PKA trasloca nel nucleo dove fosforila il fattore di trascrizione CREB che attiva i geni inducibili da cAMP. Più precisamente, viene

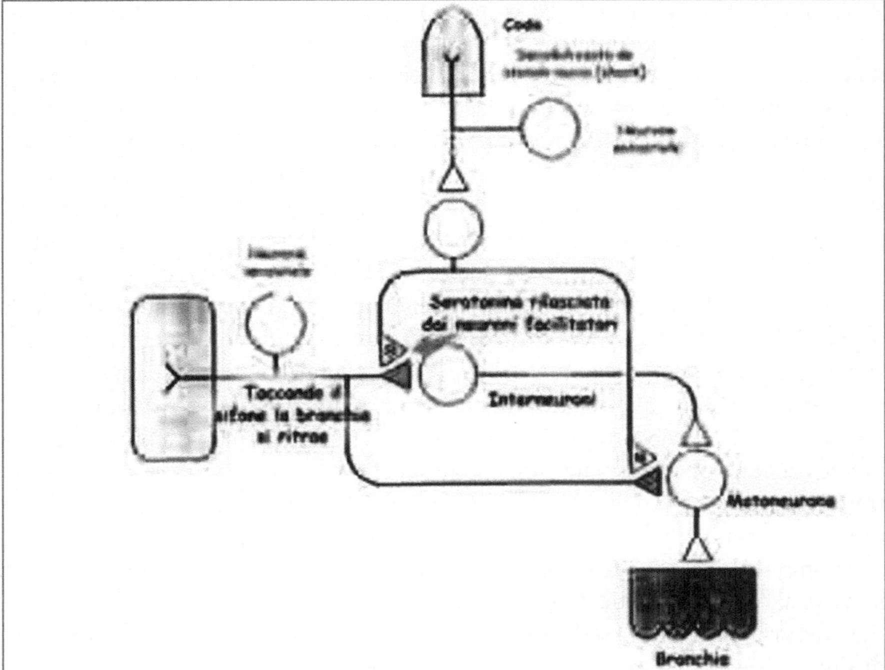

Fig. 8.3. Circuito della sensibilizzazione in *Aplysia*. Si veda il testo per i dettagli

attivato CREB1, che stimola la trascrizione dei geni detti cAMP-dipendenti e reprime CREB2 un repressore della trascrizione di questi geni. L'insieme di questi eventi di attivazione genica porta a neosintesi proteica e a cambiamenti strutturali della sinapsi e al loro aumentato volume e numero. Si spiega così come uno stimolo presentato ripetutamente rafforzi ulteriormente il riflesso di retrazione determinando la sensibilizzazione a lungo termine, un tipico fenomeno di MLT. Questi studi su *Aplysia* hanno portato inoltre all'identificazione di un gene cruciale per il passaggio da MBT a MLT, un gene immediato-precoce (*immediate early gene*), il fattore la trascrizione C/EBP (*CCAAT-enhancer binding protein*, che cioè si lega alla sequenza nucleotidica CCAAT presente in molti promotori), che è richiesto per tutto il periodo della formazione della MLT. L'attivazione dei geni target, per ora ancora ignoti, completa il network genico che porta alla formazione di nuove sinapsi, che stabilizzano il processo di MLT. In aggiunta, modulazioni di proteine di adesione tipo-NCAM sono necessarie per le modifiche morfologiche che si osservano nell'apprendimento e nella LTP.

In sintesi, 5-HT, rilasciata dagli interneuroni che agiscono presinapticamente sui neuroni sensoriali, attiva due processi di memoria differenti. Quella a breve termine inizia col legame di 5-HT ai recettori, attivazione dell'adenilato ciclasi che aumenta il cAMP. Quest'ultimo si lega alla subunità regolativa gamma della PKA liberando la subunità catalitica, che aumenta il rilascio di neurotrasmettitore, in modo indipendente dalla sintesi proteica *de novo*. Le stimolazioni ripetute causano il reclutamento da parte di PKA di ERK1/2 e la traslocazione di entrambi nel nucleo dove fosforilano altre proteine che attivano fattori di trascrizione. PKA in particolare attiva CREB1 e reprime CREB2, con conseguente aumento di un altro fattore di trascrizione C/EBP e attivazione di un network di geni immediati-precoci che porta all'espressione di geni tardivi (probabilmente strutturali) responsabili della consolidamento della memoria. Vi è quindi un passaggio a un meccanismo di automantenimento (MLT) che dipende dai geni immediati-precoci. Del resto questi ultimi continuano a essere espressi anche nella fase di consolidamento. Infine, la modulazione di proteine di adesione cellulare porterebbe a riorganizzazione delle membrane consentendo la formazione di nuove sinapsi.

La cascata cAMP è anche usata dalla *Drosophila* nel condizionamento classico da stimoli olfattivi associati a shock elettrico, come dimostrato dall'uso di mutanti dei rispettivi geni implicati. La stessa cascata di eventi ha luogo nei neuroni piramidali dell'ippocampo del topo responsabili del consolidamento della memoria. Anche in questo modello in seguito allo stimolo vi è attivazione di recettori (NMDA del glutammato) e rafforzamento della sinapsi a breve termine per attivazione di chinasi che comportano aumento di Ca^{++} intracellulare. Segue trasporto retrogrado dalla sinapsi al nucleo di protein-chinasi come le Ca^{++}/calmodulin-dipendenti (CaMKII e CaMKIV) e ERK1/2, attivazione di fattori di trascrizione nucleari e modifiche epigenetiche che portano a modificata espressione genica, con formazione di nuove proteine che vengono "catturate" dalla sinapsi. Ciò porta alla crescita della sinapsi, formazione di nuove sinapsi e attivazione di sinapsi silenti. E il meccanismo si auto-perpetua.

Il ruolo dell'ippocampo nella memoria episodica dell'uomo e di altri animali era stato già dimostrato dal caso del paziente HM nella metà del XX secolo (si veda il Capitolo 2, *Breve storia della neurobiologia*).

D'altronde nuovi neuroni, quotidianamente integrati nei circuiti esistenti nell'ippocampo sono necessari per la memoria e l'apprendimento, incluso quello spaziale, e la neurogenesi è stimolata sia da fattori ambientali sia da fattori endogeni, come discusso nel Capitolo 7, *Le cellule staminali neurali*, e nel Box 7.1, *La neurogenesi nell'adulto: la fine di un dogma*.

La memoria spaziale è immagazzinata in speciali sistemi neurali, i neuroni di posizione o *place cells* e i neuroni a griglia, *grid cells*, trattati nel Box 3.1 *Neuroni di tipo speciale*.

Letture consigliate

Barco A, Bailey CH, Kandel ER (2006) Common molecular mechanisms in explicit and implicit memory. J Neurochem 97:1520–1533

Gold PE, van Buskirk RB, McGaugh JL (1975) Effects of hormones on time-dependent memory storage processes. Prog Brain Res 42:210–211

Huijbers W, Pennartz CM, Cabeza R, Daselaar SM (2009) When learning and remembering compete: a functional MRI study. PLoS Biol 7:e11

Kandel E (2000) The molecular biology of memory storage: a dialog between genes and synapses. Nobel lecture. Online al sito http://nobelprize.org/nobel_prizes/medicine/laureates/2000/kandel-lecture.html

Maya Vetencourt JF, Sale A, Viegi A et al (2008) The antidepressant fluoxetine restores plasticity in the adult visual cortex. Science 320:385–388

Merzenich MM, Kaas JH (1982) Reorganization of mammalian somatosensory cortex following peripheral nerve injury. Trends Neurosci 5:434–436

Neves G, Cooke SF, Bliss T (2008) Synaptic plasticity, memory and the hippocampus: a neural network approach to causality. Nat Rev Neurosci 9:65–75

Roozendaal B, McEwen BS, Chattarji S (2009) Stress, memory and the amygdala. Nat Rev Neurosci 10:423–433

Sale A, Maya Vetencourt JF, Medini P et al (2007) Environmental enrichment in adulthood promotes amblyopia recovery through a reduction of intracortical inhibition. Nat Neurosci 10:679–681

Box 8.1. Le droghe d'abuso

Non si intende qui fornire una rassegna delle droghe d'abuso e della tossicodipendenza, un argomento vastissimo sul quale vengono pubblicati quasi cinquemila articoli scientifici in lingua inglese all'anno. In accordo con la definizione più comune, la tossicodipendenza è un disordine psichico che determina un irrefrenabile, disperato bisogno di usare una sostanza, senza riguardo alle conseguenze sociali, psicologiche e fisiche potenzialmente negative. Determinate droghe possono causare la dipendenza fisica più di altre. Sottostanno alla dipendenza un quantità di processi fisiologici e psicologici, che includono tolleranza, remissione, apprendimento, motivazioni, disadattate decisioni, che insieme hanno un ruolo fondamentale nel mantenimento della dipendenza.

(*cont.*→)

(**Box 8.1.** *continua*)

La lista delle sostanze che possono dare tossicodipendenza è lunga. La principale è la nicotina, dal momento che circa il 20-25% della popolazione europea e nordamericana fa uso di tabacco ancora oggi, seguita dall'alcol. La dipendenza dell'alcol, alcolismo, è un disturbo genetico multifattoriale e ambientale con incidenza del 5% circa nelle popolazioni. Le mutazioni finora correlate riguardano sia i geni che codificano per enzimi del metabolismo, l'alcol deidrogenasi o ADH e l'aldeide deidrogenasi o ALDH, sia isoforme del gene per il recettore D2 della dopamina, del trasportatore della serotonina SERT, nonché variazioni di geni legati al controllo dello stress come il CRH1 il recettore della corticotropina nel cervello, un sistema che regola le risposte ormonali e comportamentali allo stress.

Sono droghe d'abuso: cocaina, eroina, morfina, LSD (acido l-lisergico), marijuana (o Δ9-tetraidrocannabinoide, THC), PCP/fenciclidina, vari farmaci, steroidi (anabolizzanti) e un gruppo eterogeneo di composti psicoattivi di cui spesso ne fanno abuso adolescenti e giovani che costituisce le cosiddette *club drugs* o droghe da discoteca [gamma idrossibutirrato o GHB; Roipnol (un benzodiazepinico, flunitrazepam), chetamina (anestetico), estasi (MDMA, 3,4-metilenediossimetamfetamina, simile alla metamfetamina e all'allucinogeno mescalina, agisce sul sistema serotonergico bloccandone il trasportatore) e metamfetamina (simile all'amfetamina, blocca la ricattura della dopamina)]. Esse agiscono su diversi sistemi recettoriali. Per esempio, la morfina e l'eroina bloccano l'azione dei neuroni GABAergici (inibitori) mediante recettori oppiodi di tipo mu, il THC (il cui analogo endogeno più noto è Anandamide o N-arachidonil-etanolamina) mediante recettori CB1 attiva una serie di secondi messaggeri cAMP, ERK1/2, calcio e potassio.

È il circuito della ricompensa (*reward*) il bersaglio principale delle droghe d'abuso, e pertanto è coinvolta la dopamina del circuito mesocorticolimbico (si veda il Box 5.2, *Il sistema dopaminergico e il suo sviluppo*), anche se le droghe d'abuso agiscono con differenti meccanismi d'azione (Fig. 8.4). Al pari dello stress acuto, le droghe causano LTP (*long-term potentiation*) sulle sinapsi eccitatorie dei neuroni DA nella VTA. La morfina blocca la formazione di LTP su sinapsi inibitorie degli stessi neuroni DA. Entrambi effetti aumentano l'eccitazione DA. La nicotina si lega a recettori colinergici nicotinici presenti sui neuroni DA della VTA, con aumento della DA nel circuito della ricompensa, come altre droghe d'abuso.

Il circuito VTA-*nucleus accumbens* (N.Acc) coinvolto è lo stesso implicato nello stato emozionale della ricompensa naturale (cibo, sesso, interazioni sociali) e nelle sue patologie, come alimentazione compulsiva, gioco d'azzardo, attività sessuali ossessive. Tuttavia le differenti droghe d'abuso hanno anche effetti su altri sistemi e circuiti, per esempio gli oppiacei hanno anche effetto analgesico e sedativo per l'azione sui recettori oppioidi localizzati nel tronco encefalico e midollo spinale, oppure la cocaina attiva il sistema cardiovascolare agendo sui recettori aminergici dei vasi e del cuore.

L'amigdala, lo striato ventrale, il sistema DA sono implicati nella motivazione alla base della ricerca delle droghe e nei loro effetti. Recentemente altri distretti cerebrali sono stati indicati come responsabili dei vari aspetti/frazioni della dipendenza da droghe d'abuso, ad esempio l'insula o corteccia insulare è responsabile della decisione di assumere le droghe.

Oggi gli effetti patologici delle droghe (tossicodipendenza) sono visti come modificazioni, transienti o durature, della plasticità neurale. Esse sono sostenute da alterazioni molecolari (sintesi di mRNA e proteine e modificazioni postraduzionali), alterazione delle sinapsi e proprietà elettriche dei neuroni, alterazione della struttura morfologica dei neuroni. Uno gli eventi molecolari più importanti è l'induzione prolungata di recettori dopaminergici tipo D1, attivati anche durante normali stimoli di ricompensa, che aumentano

(*cont.*→)

(**Box 8.1.** *continua*)

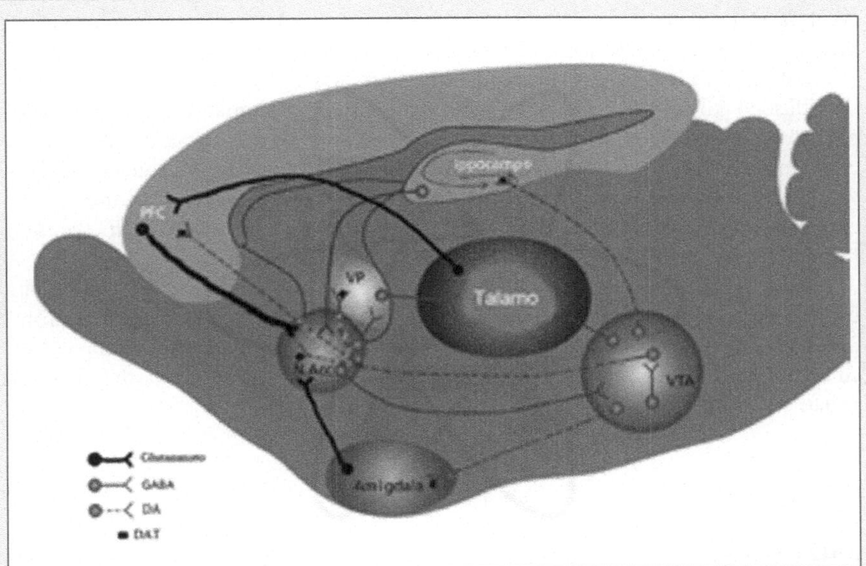

Fig. 8.4. I circuiti della dipendenza. Nel diagramma è rappresentata una sezione sagittale del cervello che mostra le localizzazioni anatomiche relative e i circuiti responsabili dell'abuso di sostanze stupefacenti. Per dettagli si veda il testo. *DA*, dopamina; *DAT*, trasportatore citoplasmatico della DA; *GABA*, acido γ amminobutirrico; *N.Acc*, nucleus accumbens; *PFC*, corteccia prefrontale; *VP*, globus pallidus ventrale; *VTA*, area tegmentale ventrale

cAMP, con conseguente attivazione (fosforilazione) della PKA e del fattore di trascrizione CREB (*cAMP response element-binding protein*), che a sua volta induce l'espressione di Δ-FosB. Quest'ultimo a differenza di altri geni immediati precoci (*immediate early*) perdura per mesi anziché poche ore. DeltaFosB altera la trascrizione genica diminuendo l'espressione di dinorfina (normalmente una innervazione dinorfinica dal NAc stabilisce un *feedback* negativo sui neuroni DA nella VTA, che così viene a mancare), aumentando cdk5 (una chinasi ciclina dipendente implicata nella crescita delle spine dendritiche) e incrementando i recettori AMPA del glutammato GLUR2 che aumentano la stimolazione eccitatoria. Le alterazioni morfologiche hanno luogo a carico dei dendriti e dell'assone, mentre (per azione di ckd5) le spine dendritiche aumentano nella regione di afferenza DA dalla VTA (NAc) ma diminuisce il numero dei dendriti e il calibro degli assoni nella VTA.

In sostanza, il processo innescato dalle droghe d'abuso, in particolare cocaina, morfina, amfetamine e nicotina coinvolge un insieme di meccanismi molecolari simili a quelli descritti per la memoria e l'apprendimento (si veda Capitolo 8, *Plasticità, apprendimento e memoria*): stimolazione del sistema recettoriali dopaminergici (D1) e glutamatergici (recettori N-Metil-D-Aspartato, NMDA), attivazione della segnalazione intracellulare cAMP/PKA/ERK/CaMKIV con attivazione di CREB, un aumento dell'espressione di geni immediati-precoci e rimodellamento sinaptico. Pertanto la persistenza dell'uso di droghe modifica le connessioni sinaptiche come avviene nella formazione della memoria.

Quindi è una forma di plasticità sinaptica e di apprendimento patologici responsabili della persistente ricerca di droghe. In effetti sembra che una parte dello striato, necessa-

(*cont.* →)

(**Box 8.1.** *continua*)

ria al normale processo di apprendimento di abitudini, sia particolarmente coinvolta nel passaggio da un uso controllato della droga al suo abuso compulsivo.

Le droghe d'abuso peraltro possono anche essere usate per scopi terapeutici. I cannabinoidi sono efficaci nella terapia del glaucoma e della sclerosi multipla. Due suoi analoghi il dronabinolo e il levonantradolo sono usati per la terapia di nausea e vomito il primo come antidolorifico, antispastico e anticonvulsivante il secondo. Il metilfenidato, un derivato dell'anfetamina è usato per la terapia della sindrome da deficit di attenzione e iperattività (*attention deficit hyperactive disorder*, ADHD). La cocaina esercita un efficace effetto anestetico locale.

Il loro uso è comunque reso difficile dagli effetti psicotropi, dagli effetti collaterali e dalla dipendenza che esse possono indurre. Una conoscenza approfondita dei meccanismi molecolari che sottostanno alla loro azione potrà facilitare la cura dei tossicodipendenti ed eventualmente permettere una loro applicazione per la terapia di un vasto numero di malattie.

Letture consigliate

Berke JD, Hyman SE (2000) Addiction, dopamine, and the molecular mechanisms of memory. Neuron 25:515–532

Kalivas PW (2009) The glutamate homeostasis hypothesis of addiction. Nat Rev Neurosci 10:561–572

Naqvi NH, Bechara A (2008) The hidden island of addiction: the insula. Trends Neurosci 32:56–67

Ray R, Schnoll RA, Lerman C (2009) Nicotine dependence: biology, behavior, and treatment. Annu Rev Med 60:247–260

Capitolo 9

Il sistema dei gangli della base

The basal ganglia have a key role in conferring cognitive flexibility, creating the potential for language and the manifest aspects of human creative behavior. Their study has helped us to reach new milestones in the journey toward understanding the evolution of human cognition.[1]

L'insieme dei gangli della base (GB) costituisce un sistema (o sistemi) così complesso che è stato definito, parafrasando Winston Churchill, "un indovinello avvolto nel mistero, dentro un enigma".

Vari modelli sono stati elaborati per descrivere la struttura e la funzione dei GB ma una visione unificante è resa difficile dai diversi livelli di organizzazione "architetturale", anatomia, connessioni, suddivisioni territoriali funzionali, morfologia e organizzazione neuronale di questi nuclei sottocorticali interconnessi (Figg. 9.1 e 9.2).

Come vedremo in questo breve capitolo, i GB influiscono sull'attività della corteccia frontale attraverso una serie di innervazioni che in ultima analisi, risalgono fino alle stesse zone corticali da cui hanno ricevuto lo stimolo iniziale. Questo circuito permette di trasformare e ampliare lo schema di attività nella corteccia frontale, che è associato a comportamenti adattativi, o appropriati, mentre sopprime quelli che sono meno adattativi. Il neurotrasmettitore dopamina (DA) svolge un ruolo critico nel determinare, in base all'esperienza, quali sono i comportamenti adattativi e quali non lo sono.

La definizione "gangli della base" tipicamente si riferisce ad alcuni raggruppamenti di neuroni (nuclei) posti al di sotto della corteccia cerebrale quali lo striato (STR), il *globus pallidus* (GP) e le strutture ad essi collegate. Lo STR è suddiviso in una parte dorsale che comprende il nucleo caudato e il *putamen*, e una parte ventrale, che include il *nucleus accumbens* e il tubercolo olfattivo. Il GP è diviso in un segmento esterno (GPe) e uno interno (GPi). Anche il nucleo subtalamico e la sostanza nigra del mesencefalo sono considerati funzionalmente come appartenenti ai gangli della base. Altre strutture cerebrali, come il nucleo

---

[1] "I gangli della base hanno un ruolo fondamentale nel conferire flessibilità cognitiva, creando il potenziale per il linguaggio e per gli aspetti manifesti del comportamento creativo umano. Il loro studio ci ha aiutati a raggiungere nuove tappe nel cammino verso la comprensione dell'evoluzione della cognizione umana". Lieberman P (2009) FOXP2 and human cognition. Cell 137:800–802.

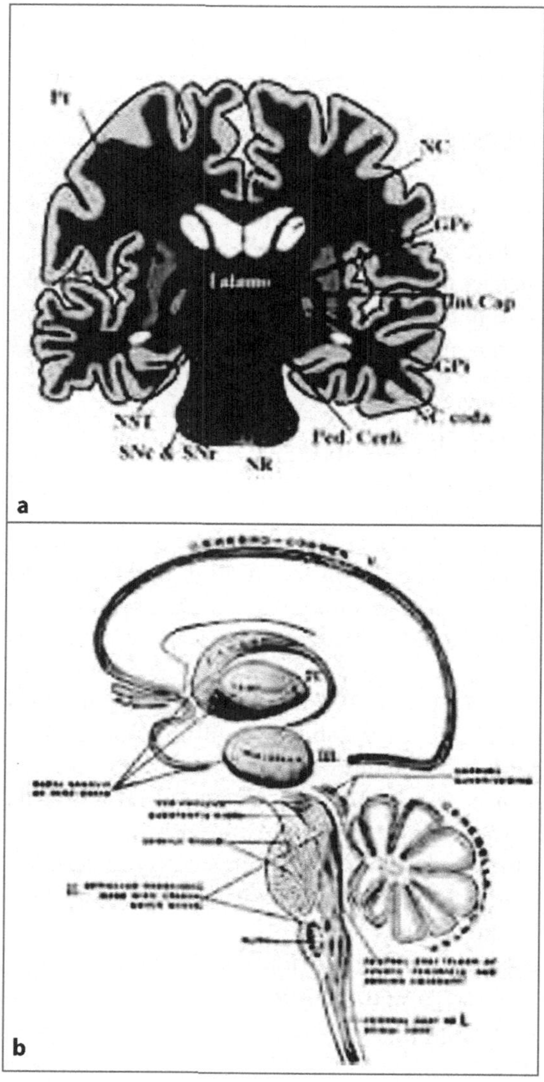

Fig. 9.1. a Rappresentazione schematica di una sezione sagittale del cervello che evidenza i nuclei dei gangli della base. *GPe*, globus pallidus esterno; *GPi*, globus pallidus interno; *Int. Cap*, capsula interna; *NC coda*, coda del nucleo caudato; *NC*, nucleo caudato; *NR*, nucleo rosso; *NST*, nucleo subtalamico; *Ped. Cerb*, peduncolo cerebrale; *Pt*, putamen; *SNc*, substantia nigra compacta; *SNr*, substantia nigra reticolata; **b** Rappresentazione schematica dei gangli principali del cervello. Immagine tratta da: Gray, Henry. *Anatomy of the Human Body*. Philadelphia: Lea & Febiger, 1918; Bartleby.com, 2000. Con autorizzazione. *Basal Ganglia of Fore-Brain*, gangli della base; *Olfactory*, bulbo olfattivo; *Cerebro- Cortex*, corteccia cerebrale; *Caudatum*, nucleo caudato; *Lenticula*, nuclei lenticolari; *Thalamus*, talamo; *Red Nucleus*, nucleo rosso; *Corpora Quadrigemina*, corpi quadrigemini; *Pontine Nuclei*, nuclei pontini; *Reticular Ganglionic Mass with Cranial Nerve Nuclei*, massa reticolare ganglionica contenente i nuclei dei nervi cranici; *Central Gray (Floor of Fourth Ventricle and Aquetuct)*, Gray Centrale (pavimento del quarto ventricolo e acquedotto di Silvio); *Cerebello-Cortex*, corteccia cerebellare; *Central Gray of Spinal Cord*, Gray centrale del midollo spinale

peduncolopontino, l'amigdala, l'ippocampo e il cervelletto vengono inclusi, da alcuni autori, tra i GB perché entrano a far parte di circuiti in cui sono coinvolti i GB stessi. Considerati prevalentemente coinvolti nel controllo motorio, i GB svolgono un ruolo importante anche in funzioni non-motorie.

L'organizzazione circuitale dei GB prevede due nuclei di afferenza: STR e nucleo subtalamico (NST), mentre le vie di uscita sono la substantia nigra pars reticulata (SNr) e il GPi. I neuroni DA della substantia nigra (pars compacta, SNc) e dell'area tegmentale ventrale (VTA) inviano allo STR segnali modulatori. Nel loro insieme i circuiti dei GB ricevono informazioni dalla corteccia, le modificano in qualche modo, attraverso stazioni sinaptiche intermedie rappresentate,

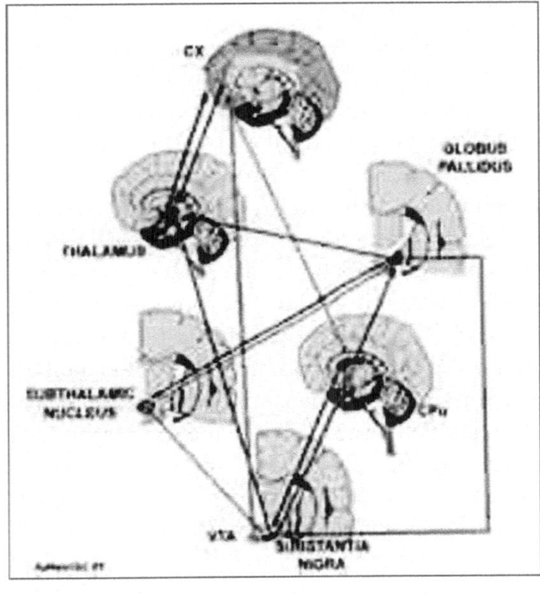

Fig. 9.2. Il disegno mostra schematiche sezioni sagittali di varie parti del cervello. Sono indicate varie strutture appartenenti ai GB, il talamo e le loro interconnessioni con la corteccia. Disegno realizzato da Alessandro Mancini

per l'appunto dai nuclei della base, e le rimandano alla corteccia tramite un relais talamico. Si tratta pertanto di circuiti riverberanti cortico-GB-talamo-corticali. Vi sono due circuiti descritti in seguito. Uno diretto e uno indiretto e l'equilibrio tra le loro attività dipende dalla DA nigrostriatale (Figg. 9.3 e 9.4).

Secondo una moderna visione, i GB processano e modificano l'informazione neurale durante le attività motorie, cognitive ed emozionali. Pertanto, si riconoscono cinque suddivisioni funzionali all'interno dei GB: 1) il circuito motorio, coinvolto in diversi aspetti del controllo motorio, ivi comprese la sua preparazione e la sua esecuzione; 2) il circuito oculomotore, parte di un sistema responsabile per il controllo dei movimenti degli occhi; 3) il circuito cognitivo, che svolge un ruolo nell'attività mentale; 4) il circuito di personalità che governa a lungo termine i comportamenti che definiscono la personalità; 5) infine, il circuito limbico, coinvolto nei processi motivazionali ed emotivi.

I circuiti dei GB limbico, cognitivo e motorio convergono in più punti, a livello del corpo striato, della substantia nigra, del globus pallido e del nucleo subtalamico, nonché del nucleo pedunculopontino. Per esempio, neuroni dopaminergici nigrali ricevono input limbici sia direttamente sia indirettamente attraverso gli striosomi (descritti più sotto) dello STR. La DA a sua volta contribuisce all'apprendimento comportamentale segnalando motivazione e rinforzo. Il nucleo pedunculopontino, invece, tramite le sue molteplici e reciproche connessioni con i GB, potrebbe essere coinvolto nella gran parte delle funzioni ascritte ai GB stessi.

L'organizzazione neuroanatomica del circuito motorio coinvolge il putamen, mentre nei circuiti oculomotore, cognitivo, e della personalità sono implicate diverse porzioni del nucleo caudato. Il circuito limbico, invece, "proietta" prevalentemente attraverso lo STR ventrale. Lo STR dorsale proietta al GPi e alla SNr, due aree che possono essere funzionalmente equivalenti e sono pertanto considerate insieme come GPi/SNr. Le proiezioni GPi/SNr si connettono a nuclei specifici nel talamo, con efferenze talamiche che tornano alla corteccia frontale per chiudere i circuiti. In aggiunta, alle loro proiezioni talamo-corticali descritte, GPi/SNr inviano anche efferenze nel mesencefalo e nel tronco encefalico, compreso il collicolo superiore e il nucleo pedunculopontino.

I principali neurotrasmettitori dei GB comprendono il glutammato, il GABA, l'acetilcolina e la dopamina. Le efferenze corticali allo striato sono glutamatergiche. All'interno dei gangli della base, GABA agisce come neurotrasmettitore dei neuroni striatali che proiettano al GPi/SNr, delle proiezioni da GPe al nucleo subtalamico e delle proiezioni da GPi/SNr al talamo. Le efferenze subtalamiche a GPi e GPe utilizzano glutammato, come anche le proiezioni talamiche di ritorno alla corteccia. Assoni che partono dalla SNr usano GABA, mentre quelli della SNc, usano dopamina. Basandosi sulle qualità eccitatorie e inibitrici delle connessioni, si pensa che le vie diretta e indiretta attraverso i gangli della base abbiano effetti opposti sull'output finale del circuito rappresentato dalle proiezioni glutamatergiche talamocorticali. Le connessioni eccitatorie corticostriatali al GPi/SNr della via diretta tendono a disinibire i neuroni bersaglio talamo-corticali, aumentando così l'output del talamo alla corteccia (Fig. 9.3). Al contrario, l'attivazione delle vie indirette, tramite GPe e subtalamo, ha l'effetto opposto di diminuire l'attività di eccitazione talamo-corticale (Tabella 9.1 e Figg. 9.4 e 9.5). Neuroni dopaminergici della SNc esercitano effetti contrastanti sulle vie facilitatoria (diretta) e inibitoria (indiretta). A livello striatale, proiezioni DA dalla SNc tendono ad attivare i neuroni nel corpo striato contribuendo alla via diretta. Questa influenza eccitatoria, mediata da recettori striatali DA del sottotipo definito D1, aumenta l'output del talamo. Al contrario, la DA inibisce i neuroni dello

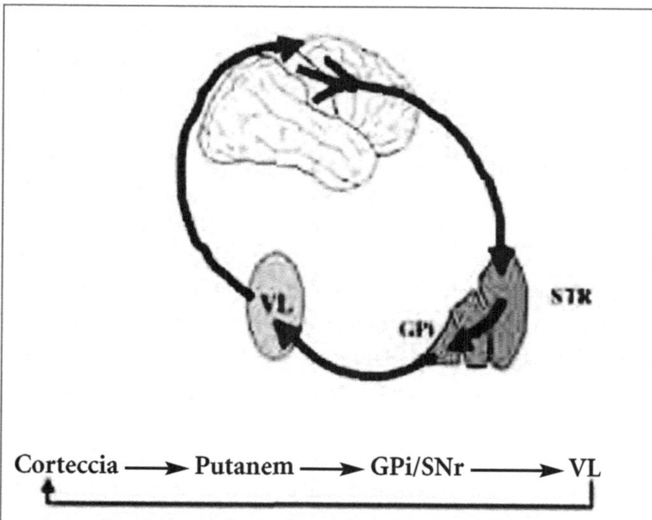

Fig. 9.3. La via diretta cortico-striato/putamen-pallido interno-talamo-corticale. *GPi*, globus pallidus interno; *SNr*, substantia nigra pars reticulata; *STR*, striato; *VL*, talamo ventro-laterale

Tabella 9.1. I circuiti dei GB sono generalmente divisi nella via diretta e nella via indiretta

Vie	Strutture	N. di vie inibitorie	Descrizione	Recettori DA
Diretta stimolatoria	STR - _GPi/SNr- _talamo+ _corteccia	2 (pari)	Attività corticale che eccita cellule nello STR che partecipano alla via diretta, la quale porta a inibizione delle aree GPi e SNr, che a loro volta rimuovono la loro inibizione tonica sul talamo. La rimozione di una inibizione con una inibizione è chiamata disinibizione	D1
Indiretta inibitoria	STR - _GPe - _NST + _GPi/SNr - _talamo+ _corteccia	3 (dispari)	L'attività corticale che eccita lo STR nella via indiretta, invece, inibisce il talamo per inibizione della disinibizione	D2

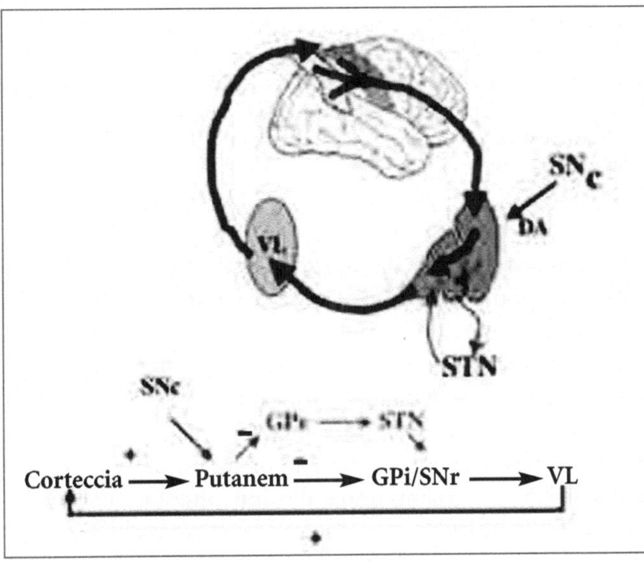

Fig. 9.4. La via indiretta cortico-striato/putamen-pallido esterno-nucleo subtalamico-pallido interno/substantia nigra reticolata-Talamo-corticale. *GPe*, globus pallidus esterno; *GPi*, globus pallidus interno; *SNc*, substantia nigra pars compacta; *SNr*, substantia nigra pars reticulata; *STN*, nucleo subtalamico; *VL*, nucleo ventro-laterale del talamo

striato nelle vie indirette tramite i recettori D2. Così, sembra che l'impatto complessivo della DA sui gangli della base, attraverso vie dirette e indirette, sia l'aumento dell'eccitazione talamo-corticale.

All'interno dell'organizzazione anatomica e chimica di cui sopra vi è anche un altro livello di organizzazione dello STR. Il parenchima striatale consiste di

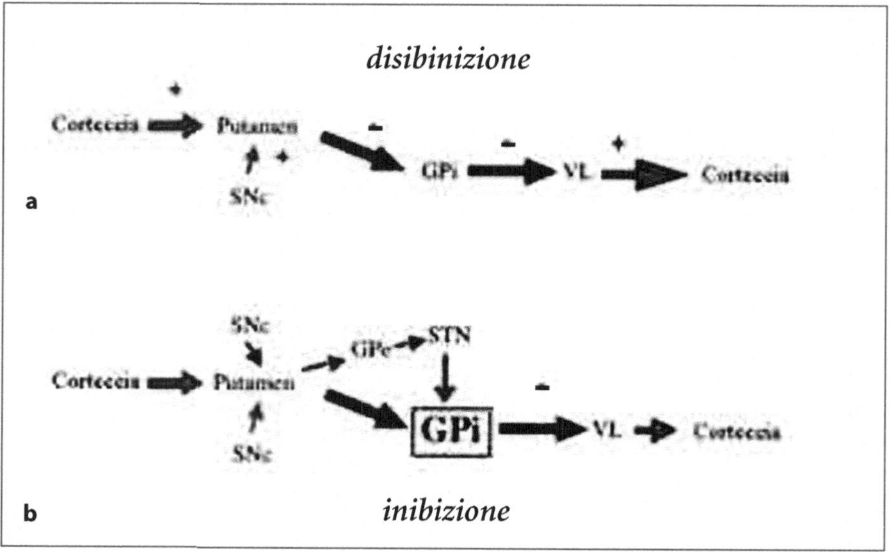

Fig. 9.5. Come funzionano i due circuiti. **a** La via diretta il cui effetto finale è disinibizione (+) del talamo VL. **b** La via indiretta il cui esito finale risulta in inibizione (-) del talamo VL. Il putamen/striato riceve segnali modulatori dalla SNc. Abbreviazioni come in Figura 9.4. La via diretta disinibisce perché la corteccia invia innervazioni glutamatergiche che attivano (eccitano) (+) lo striato, che a sua volta invia terminazioni GABAergiche inibitorie (-) al GPi/SNr (-), inibendo così la attività GABAergica (cioè inibitoria) sul VL che così è disinibito. Nella via indiretta, ugualmente, la corteccia invia innervazioni glutamatergiche che attivano (eccitano) (+) lo striato, che a sua volta invia terminazioni GABAergiche inibitorie al GPe, inibendo così l'attività GABAergica (cioè inibitoria) al STN; quest'ultimo, liberato dall'inibizione, attiva il GPi/SNr, che esercita un'azione GABAergica inibitoria sul VL

zone particolari, dette striosomi, circondate da una zona detta matrice. Il profilo anatomico, chimico e dello sviluppo di striosomi e matrice è notevolmente diverso. Ad esempio, l'innervazione glutamatergica per i due comparti proviene da subregioni diverse dei sei strati della corteccia cerebrale. Ingressi DA dal mesencefalo provengono da sottopopolazioni distinte. Chimicamente, i due compartimenti differiscono anche riguardo ai sottotipi dei recettori della dopamina, il neuropeptide contenuto, recettori adrenergici e attività metabolica.

Funzionalmente, i GB agirebbero aumentando o diminuendo il *feedback* talamocorticale. In questo modello le vie diretta e indiretta lavorano in modo parallelo, ma opposto, con il risultato netto che le elaborazioni dei gangli della base riflettono un equilibrio di attività tra i due circuiti. Questa doppia struttura può spiegare perché le lesioni dei gangli della base possono avere risultati quasi opposti, a seconda di come la lesione alteri l'equilibrio tra queste due vie.

In sintesi, il circuito motorio ha origine con le proiezioni da diverse aree corticali motorie e somatosensoriali allo striato, soprattutto al putamen. Il flusso d'informazioni passa attraverso le vie dirette e indirette, e il prodotto è indirizzato tramite il talamo alle aree motorie della corteccia frontale. I nuclei di output

Gpi/SNr inviano anche collaterali discendenti alla area premotoria nel mesencefalo, come il nucleo pedunculopontino.

A sua volta il circuito oculomotore regola i movimenti oculari, che sono suddivisi in distinti sottotipi funzionali. Movimenti di inseguimento leggeri hanno uno scopo di monitoraggio, di permettere agli occhi di seguire un bersaglio mobile. I movimenti vestibolo-oculari e oculari optocinetici hanno la funzione di stabilizzare le immagini sulla retina quando la testa si sposta, di convergenza e coordinamento degli occhi per una visualizzazione ottimale di oggetti a distanze diverse. Infine, i movimenti saccadici sono rapidi movimenti degli occhi eseguiti per portare la zona d'interesse a coincidere con la fovea, la zona della retina che fornisce la migliore discriminazione visiva. Ci sono due tipi di movimenti saccadici, riflessi e volontari. I movimenti saccadici riflessi vengono attivati automaticamente da un suono o dalla comparsa improvvisa di uno stimolo nel campo visivo periferico, mentre quelli volontari sono volutamente generati per obiettivi reali o immaginari. I GB controllano i movimenti saccadici volontari, mentre quelli riflessi e altri tipi di movimenti oculari sono mediati da altre vie. A livello striatale, il caudato riceve proiezioni da diverse aree corticali interconnesse, compresi i campi degli occhi frontale e complementare. Il caudato proietta alla SNr, da dove i neuroni contenenti GABA innervano il talamo, che a sua volta si connette alla corteccia frontale. Inoltre, i neuroni nigrotalamici inviano proiezioni collaterali al collicolo superiore. Fisiologicamente, la SNr esercita una inibizione tonica GABA-mediata del collicolo superiore, che è direttamente collegato con i centri motori del tronco cerebrale che controllano i movimenti degli occhi. I movimenti saccadici volontari sono avviati da comandi eccitatori corticali al caudato. Il caudato quindi invia un segnale d'inibizione alla SNr, e la tonica influenza inibitoria della SNr sul collicolo superiore è interrotta brevemente per consentire il verificarsi di un movimento saccadico. Le conseguenze oculomotorie di lesioni focali dei gangli della base consistono in instabilità dello sguardo con eccessiva distraibilità, spesso in combinazione con incapacità di movimenti saccadici volontari.

Le funzioni non motorie dei GB tramite i suoi collegamenti alla corteccia prefrontale possono essere suddivise in tre ambiti principali, la cognizione, la personalità e lo stato emotivo.

Le funzioni cognitive sono mediate principalmente dalla protuberanza dorsolaterale del lobo prefrontale, origine di un altro circuito attraverso i gangli della base. Efferenze vanno da questa regione al caudato e la via ritorna alla corteccia prefrontale dorsolaterale tramite il globus pallidus, il nucleo subtalamico, il talamo: circuito cortico-caudato-pallido-subtalamo-talamo-corticale. In individui con lesioni focali della corteccia prefrontale dorsolaterale è compromessa l'attenzione e vi è difficoltà nelle funzioni esecutive di cambiamenti nel comportamento adattativo, generate in risposta al mutare delle situazioni ambientali. Gli esempi includono la generazione di nuovi concetti, spostamento di paradigmi mentali, la soluzione di problemi che richiedono più passaggi, e la previsione delle conseguenze di azioni specifiche. Cambiamenti cognitivi emergono anche in seguito a lesioni dei GB, con deficit di attenzione, di funzioni esecutive e di richiamo. In sintesi, un modello specifico di deficit cognitivi caratterizzati da scarsa attenzione e compromissione della funzione esecutiva è associato a danni della corteccia prefrontale dorsolaterale e del nucleo caudato. La somiglianza dei disturbi presumibilmente deriva dalla rottura di un circuito comune che coinvolge entrambe le strutture.

Un altro circuito, detto della personalità, è dato dalle efferenze provenienti dalla corteccia orbito-frontale laterale e dirette ai GB, che tramite il talamo restituiscono l'informazione al sito corticale d'origine. Questo circuito è coinvolto nei comportamenti di lungo termine, che, cioè, definiscono la personalità. Tuttavia non è facile discriminare tra questo circuito e gli altri circuiti non motori, per il contributo degli altri due alla formazione della personalità e del carattere.

Il circuito emozionale si identifica con il sistema limbico ed è formato da efferenze della corteccia mediale prefrontale, la corteccia cingolata anteriore, a diverse strutture limbiche compreso l'ippocampo, l'amigdala e la corteccia entorinale e peririnale. L'output ritorna a queste regioni ma anche al tronco encefalico, all'abenula, all'ipotalamo e all'amigdala. Si ritiene che questo circuito svolga un ruolo nei processi motivazionali ed emotivi. Come per il circuito della personalità, i sintomi di lesione spesso non compaiono a meno che vi sia un danno bilaterale o disfunzione anche di altri campi corticali. Danni bilaterali alla corteccia prefrontale mediale producono uno stato di acinesia psichica, marcata riduzione dell'attività spontanea e di parola, adinamia e abulia. In alcuni casi di lesioni bilaterali del globus pallidus e putamen, un quadro caratteristico di inerzia psicomotoria prominente é associato al disturbo ossessivo-compulsivo. È interessante menzionare che anche negli uccelli canterini è stato identificato un circuito dei GB essenziale per l'apprendimento del canto. Pertanto, come nell'uomo, si tratta di un sistema circuitale che serve per riprodurre comportamenti naturali, appresi e ben caratterizzati.

Il modo in cui i GB influenzano le strutture bersaglio è fondamentalmente mediante un processo di disinibizione. I neuroni GABAergici dei GB in uscita hanno un treno d'impulsi sostenuto (40-80 Hz). Questa attività assicura che le regioni bersaglio del talamo e tronco cerebrale siano mantenute sotto stretto e costante controllo inibitorio. Uno stimolo esterno focalizzato allo STR può imporre una repressione mirata (mediata dalla via "diretta" con connessioni GABAergiche inibitrici), su sottopopolazioni di neuroni dei nuclei d'uscita. Tale riduzione mirata dell'attività d'inibizione in uscita libera o disinibisce in modo efficace regioni bersaglio associate nel talamo (per es., il nucleo ventromediale) e nel tronco cerebrale (per es., collicolo superiore) dal normale controllo inibitorio.

I gangli della base sono stati a lungo associati con i processi di apprendimento con rinforzo che aiuterebbe a selezionare le azioni future mediante i risultati delle azioni sinora intraprese.

I GB e in particolare lo STR fanno parte del sistema di formazione dell'abitudine nel cervello dei mammiferi. Lo stabilirsi di routine comportamentali e la capacità di adeguarle è fondamentale per la sopravvivenza. Ed è probabile che per questi motivi un'attivazione anormale dello STR si riscontra nel disordine ossessivo-compulsivo, cui abbiamo già accennato, e nella dipendenza da droghe d'abuso (si rimanda al Box 8.1, *Le droghe d'abuso*). Ugualmente anche le alterazioni osservate in soggetti con malattia di Parkinson, dove c'è perdita dei movimenti automatici, difficoltà a eseguire compiti pratici o più compiti insieme, potrebbe riflettere una alterazione del sistema di routine, fatto di abitudini non più controllate intenzionalmente. Alterazione di questo sistema di abitudine motoria potrebbe anche essere invocata per alcuni sintomi del morbo di Huntington, per i movimenti discinetici nei pazienti parkinsoniani sottoposti a trattamento con l-DOPA, per i tic nella sindrome di Gilles de la Tourette o per il comportamento compulsivo. Così i GB entrano a far parte dell'apprendimento procedurale e della formazione di abitudini. Cioè lo STR, come principale recettore di input tra i GB, è il sito della plasticità adattativa, che regola un ampio spettro di comportamenti e che può invece diventare la principale fonte di risposte disadattative nelle malattie dei GB. Nella Tabella 9.2 sono indicati i nuclei della base e il loro coinvolgimento in alcune delle principali malattie che colpiscono questo sistema.

Il ruolo della DA è centrale nell'apprendimento adattativo.

Ad esempio, alcuni neuroni DA vengono eccitati se un'indicazione visiva suggerisce una futura ricompensa e sono inibiti quando un suggerimento visivo indica che non ci sarà ricompensa. La DA aumenta anche quando un'azione produce una ricompensa e diminuisce quando l'azione non genera ricompensa.

Alcuni neuroni DA sono eccitati innanzitutto da stimoli che predicono una ricompensa, altri sono inibiti da stimoli che predicono un evento neutrale come un soffio d'aria. Esistono gruppi di neuroni DA che vengono diversamente eccitati da stimoli che predicono una ricompensa negativa o una positiva (o dallo stimolo stesso). Quindi vi sarebbero gruppi di neuroni DA che reagiscono diversamente a stimoli motivazionali.

Tabella 9.2. Le strutture dei gangli della base e le loro malattie

Strutture	Neurotrasmettitore	Descrizione	Malattia
STR	GABA	I neuroni medi, le cellule principali, sono inibitori	Malattia di Huntington (MH)
Substantia nigra	dopamina	La substantia nigra pars compacta (SNc) innerva lo STR	Alterata biosintesi o alterata trasmissione della DA porta a seri disturbi motori e cognitivi, come nel morbo di Parkinson
Globus pallidus	GABA	Il GP è diviso in segmento interno (GPi) e segmento esterno (Gpe). Il GPi innerva il talamo, il GPe il nucleo subtalamico	Sindrome di Tourette Avvelenamento da monossido di carbonio
Nucleo subtalamico	glutammato	I neuroni del NST eccitano i neuroni del GPi	Danni al NST possono portare all'emiballismo

Infine, variazioni quantitative dei livelli basali di dopamina striatale sottendono alla variabilità individuale osservata nell'apprendimento basato sulla ricompensa.

In ultima analisi i GB sono presenti in tutti i vertebrati, compresi i rettili, dove sono associati principalmente nel controllo motorio. I GB nell'uomo continuano a regolare il controllo motorio, ma hanno assunto un nuovo ruolo in circuiti che conferiscono capacità e funzioni cognitive, come la memoria visiva operativa, che serve a discernere ed identificare la forma e i colori degli oggetti, la memoria verbale operativa, mediante la quale si riconosce il significato delle parole e delle frasi.
(Lieberman 2009, Cell 137:800-802)

Diverse malattie umane sono associate a una patologia dei gangli della base. Queste malattie comprendono una vasta gamma di manifestazioni cliniche che sono determinate dalla perturbazione relativa tra i cinque circuiti di base succitati. La degenerazione dei neuroni dello striato nella malattia di Huntington, per esempio, è associata a segni e sintomi attribuibili a ciascuno dei cinque circuiti. In confronto, il morbo di Parkinson e la sindrome di Tourette sono dovuti al coinvolgimento predominante di solo uno o due circuiti (motorio e cognitivo).

La malattia più nota a carico dei gangli della base è quella di Parkinson (PD), una sindrome neurologica caratterizzata da tremore, ipocinesia, rigidità e instabilità posturale che comporta cronica e progressiva limitazione del movimento. Le cause possono essere molteplici, di natura tossica, traumatica, genetica, ma hanno tutte un esito comune, la degenerazione di neuroni dopaminergici mesencefalici che formano la via nigrostriatale. Nei casi ereditari (5-8%) sono stati identificati 11 differenti loci genetici. Le mutazioni causano o un guadagno di funzione tossica, [come nelle forme dominanti monogeniche per mutazioni nel gene che codifica per la a-sinucleina (PARK1) o per la chinasi LRRK-2 (PARK8, *leucine rich repeat kinase 2*)], o per perdita di un fattore protettivo intrinseco [come nelle forme recessive di PD per mutazioni dei geni parkina (PRK2, un componente del complesso E3 ubiquitina ligasi)], PINK1 (PARK6, *PTEN induced putative kinase 1*, localizzato nei miticondri li protegge da stress ossidativo) e DJ-1 (PRK7, ossido reduttasi NQO1, un enzima detossificante). Le principali vie metaboliche coinvolte nel PD includono disfunzioni del sistema ubiquitina-proteasoma, che possono portare ad anormale deposito di proteine, disfunzioni mitocondriali e ridotta espressione di proteine sinaptiche. Lo stress ossidativo è stato tradizionalmente implicato nella patogenesi del PD, come del resto anche in altre malattie neurodegerative. Recentemente si è dato ampio spazio a un possibile ruolo della neuroinfiammazione e della microgliosi. Sebbene la perdita di DA nello STR sia riconosciuta come il principale fattore che determina i sintomi della malattia, anche altri sistemi neuronali sono compromessi nel PD.

La terapia d'elezione nel PD consiste nella somministrazione di agonisti dei recettori DA nel trattamento iniziale e di l-DOPA, il precursore della DA che passa la barriera ematoencefalica e viene trasformato in DA da un enzima ubiquitario, la decarbossilasi degli aminoacidi aromatici (AADC), e può essere trasformato in dopamina da neuroni non dopaminergici. Oggi oltre alla possibilità di sviluppare una terapia cellulare fondata sulle cellule staminali, altri approcci terapeutici sono basati su tecniche di stimolazione selettiva dei circuiti dei GB come la DBS, descritta nel Box 9.1, *La stimolazione cerebrale profonda*.

Abbiamo già accennato al disturbo ossessivo-compulsivo e alla sindrome di Gilles de la Tourette. Quest'ultima è un disturbo funzionale dovuto ad alterato sviluppo dei circuiti dei gangli della base. È caratterizzata da un tipico aumento di tic motori e vocali, incluso la coprolalia, cioè l'uso di espressioni o parole imbarazzanti e/o volgari, che di solito si manifestano durante l'infanzia e l'adolescenza. Nella maggior parte dei casi, la causa del disturbo è sconosciuta, ma si pensa che la combinazione di una predisposizione genetica e fattori ambientali svolgano un certo ruolo. Non ci sono cambiamenti patologici evidenti nei GB, ma la disfunzione di questi circuiti è stata suggerita da varie evidenze cliniche. Studi di visualizzazione cerebrale in pazienti affetti hanno evidenziato una riduzione delle dimensioni del putamen di sinistra, con una perdita della normale simmetria cerebrale. Inoltre la sindrome di Tourette può insorgere in associazione con lesioni o malattie dei gangli della base. Infine, gli antagonisti dei recettori della DA forniscono uno dei trattamenti più efficaci per la sindrome e gli agonisti DA diretti e indiretti possono esacerbare i sintomi o precipitarli in individui predisposti.

Alterazioni della via mesocorticolimbica sono state invocate nell'eziopatogenesi della schizofrenia), deficit di attenzione e iperattività o ADHD, dipendenza da droghe d'abuso (si veda il Box 8.1, *Le droghe d'abuso*). L'ADHD è il più frequente disturbo cronico comportamentale dell'infanzia su base genetica, caratterizzato da una eccessiva attività motoria, difficoltà di attenzione e impulsività. Tale malattia è considerata una disfunzione dell'esecuzione motoria, ma studi recenti sembrano indicare che sia invece un disturbo motivazionale caratterizzato dal tentativo di evitare il ritardo della ricompensa. Studi su modelli animali prima e di imaging in pazienti successivamente, hanno dimostrato che in questo disordine i marcatori dopaminergici (in particolare TH e DAT) sono notevolmente diminuiti, confermando così che il difetto principale nella ADHD è centrato su disfunzioni del sistema DA, essenziale per sperimentare ricompensa e motivazione.

Un'altra rara malattia genetica recessiva, legata al cromosoma X, è la sindrome Lesch-Nyhan che colpisce il sistema dei gangli della base. Identificata nel 1964, essa è anche detta sindrome di Kelley-Seegmiller o gotta giovanile. Essa è dovuta ad alterazione del metabolismo delle purine, per disfunzione dell'enzima ipoxantina-guanina fosforibosiltransferasi (*hypoxanthine-guanine phosphoribosyltransferase*, HPRT). La causa è una mutazione nel gene HPRT1. Questa sindrome si manifesta con iperuricemia, ematuria e un caratteristico fenotipo neurocomportamentale. Quest'ultimo determina alterazioni posturali che già a 12 mesi di vita danno un quadro neurologico delle vie piramidali con spasticità e iperriflessia, e alterazioni della via extrapiramidale per disfunzione dei GB che causa contrazioni involontarie dei muscoli con opistotono o contrazione dei muscoli dorsali e coreoatetosi Successivamente appare un quadro caratterizzato da una spinta compulsiva all'autolesionismo con automutilazioni: già a due anni questi pazienti si mordono le dita e le labbra, sbattono la testa e le braccia e si feriscono intenzionalmente. Questo quadro è anche associato a un comportamento antisociale. I sintomi possono essere alleviati da farmaci che agiscono sul sistema dopaminergico o da psicofarmaci ad azione sedativa.

Letture consigliate

Doupe AJ, Perkel DJ, Reiner A, Stern EA (2005) Birdbrains could teach basal ganglia research a new song. Trends Neurosci 28:356–363

Enard W, Gehre S, Hammerschmidt K et al (2009) A humanized version of Foxp2 affects cortico-basal ganglia circuits in mice. Cell 137:961–971

Frank MJ (2007) "Go" and "NoGo", learning and the basal ganglia. http://www.dana.org/printerfriendly.aspx?id=10376

Graybiel AM (2004) Network-level neuroplasticity in cortico-basal ganglia pathways. Parkinsonism Relat Disord 10:293–296

Kreitzer AC, Malenka RC (2008) Striatal plasticity and basal ganglia circuit function. Neuron 60:543–554

Leckman JF, Riddle MA (2000) Tourette's syndrome: when habit-forming systems form habits of their own? Neuron 28:349–354

Leo D, Sorrentino E, Volpicelli F et al (2003) Altered midbrain dopaminergic neurotransmission during development in an animal model of ADHD. Neurosci Biobehav Rev 27:661–669

Liss B, Roeper J (2004) Correlating function and gene expression of individual basal ganglia neurons. Trends Neurosci 27:475–481

Saka E, Goodrich C, Harlan P et al (2004) Repetitive behaviors in monkeys are linked to specific striatal activation patterns. J Neurosci 24:7557–7565

Volkow ND, Wang GJ, Kollins SH et al (2009) Evaluating dopamine reward pathway in ADHD. JAMA 302:1084–1091

Yin HH, Knowlton BJ (2006) The role of the basal ganglia in habit formation. Nat Rev Neurosci 7:464–476

Box 9.1. La stimolazione cerebrale profonda

Due interventi chirurgici hanno avuto successo nel trattamento della malattia di Parkinson.

Uno è rappresentato dalla pallidotomia o lesione unilaterale nel territorio sensorimotorio del GPi che determina significativi effetti antiparkinsoniani e riduce i movimenti involontari indotti dai farmaci. Tuttavia esso non può essere praticato bilateralmente.

L'altro intervento è rappresentato dalla stimolazione cerebrale profonda (*deep brain stimulation*, DBS) in cui, dopo aver inserito un elettrodo nel NST o nel GPi, si applica una stimolazione ad alta frequenza via un generatore di impulsi esterno programmabile (*pacemaker*). La DBS può essere applicata bilateralmente e può ridurre notevolmente sia l'intensità e la durata del periodo *off* (in cui gli effetti dei farmaci antiparkinsoniani non si verificano), che aumentare la durata del periodo *on* (in cui il paziente è protetto per gli effetti dei farmaci antiparkinsoniani) e diminuire la discinesia. I meccanismi d'azione della DBS sono complessi. La DBS può inibire i corpi dei neuroni del NST mediante l'at-

(*cont.*→)

(**Box 9.1.** *continua*)

tivazione locale del rilascio di GABA dalle afferenze provenienti dal GPe e contemporaneamente attivare le fibre di output del NST, con conseguente eccitazione glutamatergica nel Gpi e SNr. La diffusione della corrente elettrica dal sito di stimolazione nel NST alle fibre pallidotalamiche che lo attraversano contribuisce agli effetti della DBS nel NST. In altri termini gli effetti benefici di questa stimolazione derivano dalla attivazione delle fibre efferenti del NST e portano a una favorevole modulazione delle scariche nel GPi che sono propagate mediante la via talamocorticale. Quindi gli effetti benefici si ottengono eliminando o modificando gli output abnormi dai nuclei della base.

Oltre che nel PD la DBS viene usata anche nel trattamento di dolore cronico, tremor, distonia, in alcuni disordini affettivi, inclusa la depressione maggiore, nella sindrome di Tourette, nel disordine ossessivo-compulsivo, nell'arto fantasma, in pazienti con epilessia grave, in pazienti con sindrome di Lesch-Nyhan e sperimentalmente in pazienti in coma post-traumatico.

Letture consigliate

Benabid AL, Chabardes S, Mitrofanis J, Pollak P (2009) Deep brain stimulation of the subthalamic nucleus for the treatment of Parkinson's disease. Lancet Neurol 8(1):67–81
Kringelbach ML, Jenkinson N, Owen SLF, Aziz TZ (2007) Translational principles of deep brain stimulation. Nat Rev Neurosci 8:623–635

Box 9.2. I sistemi piramidale ed extrapiramidale

Le funzioni motorie si attuano attraverso due sistemi, quello detto piramidale e il sistema extrapiramidale. Il movimento richiede una fase di programmazione/pianificazione e una di esecuzione. La prima fase è "volontaria" ed è coordinata dalle aree pre-motoria e pre-frontale della corteccia cerebrale; l'ultima fase, l'esecuzione, si realizza mediante il sistema piramidale e le vie sottocorticali extrapiramidali, che controllano l'esecuzione del movimento.

Il sistema piramidale invia impulsi volontari ai muscoli scheletrici. Tale circuito origina dai neuroni piramidali della corteccia motoria primaria, posta nella circonvoluzione frontale, detta anche area 4. Gli assoni si dirigono caudalmente, verso il basso, e in parte terminano in corrispondenza dei nuclei motori dei nervi cranici, posti nel bulbo, andando a formare il fascio genicolato, e innervano i motoneuroni di questi nuclei. Queste afferenze piramidali sono in parte crociate (controlaterali), in parte dirette (ipsilaterali) a seconda dei nuclei di afferenza. La maggior parte delle altre fibre piramidali prosegue caudalmente, incrociando (decussazione) a livello del bulbo per innervare i motoneuroni spinali controlaterali, per decorrere poi nel cordone laterale del midollo spinale e formare il fascio piramidale crociato. Le rimanenti fibre (20%) che non decussano proseguono lungo il cordone anteriore ipsilaterale del midollo spinale formando il fascio piramidale diretto. Va detto che anche queste fibre, a livello metamerico, si dirigono verso i motoneuroni controlaterali.

(*cont.*→)

(**Box 9.2.** *continua*)

Durante il loro cammino le fibre piramidali emettono processi che vanno a innervare i motoneuroni spinali nelle corna anteriori.

Quindi la via piramidale, dei movimenti volontari, è formata da 2 neuroni: il primo neurone motore della corteccia cerebrale e il secondo motoneurone spinale che innerva i muscoli. Essa è pertanto una via monosinaptica.

La via extrapiramidale invece è polisinaptica, costituita da più neuroni che controllano e regolano i movimenti volontari e il tono muscolare e presiedono ai movimenti automatici e semiautomatici associati ai movimenti volontari. La via origina dall'area motoria secondaria della circonvoluzione frontale ascendente e da aree parietali e limbiche. Il sistema dei gangli della base e il cervelletto contribuisco alla formazione e funzione di questo sistema.

Si riconoscono varie vie extrapiramidali, tra cui: la via cortico-strio-pallido-rubrospinale, la via cortico-strio-pallido-rubro-olivo-spinale, la via cortico-ponto-cerebello-rubro-spinale. Come quelle piramidali anche le vie extrapiramidali in ultima analisi terminano sul motoneurone. Per esempio, il tratto rubrospinale è eccitatorio e controlla i motoneuroni che fanno contrarre i muscoli flessori dell'arto superiore, il tratto vestibolospinale eccita i motoneuroni spinali che fanno contrarre i muscoli estensori coinvolti nel mantenimento della postura antigravitazionale, il tratto reticolospinale regola l'attività riflessa in modo subconscio e contribuisce al mantenimento dell'equilibrio, il tratto tettospinale regola i riflessi visivi e uditivi in modo subconscio e media i movimenti della testa, e così via.

Danni della via piramidale determinano paralisi, spastica se è danneggiato il primo motoneurone, flaccida con atrofia muscolare se è danneggiato il secondo motoneurone. Le sindromi legate a lesioni delle vie extrapiramidali sono caratterizzate da discinesie. Per esempio la dopamina della via nigrostriatale in ultima analisi esercita un effetto inibitorio sullo striato e conseguentemente sulla via extrapiramidale, per cui il deficit di DA comporta mancata moderazione della via extrapiramidale.

Le discinesie includono: mioclono, breve e involontaria contrazione di muscoli (come, per es., il singhiozzo dovuto a breve spasmo del diaframma); tic nervosi; corea, rapidi movimenti involontari di parti del corpo che possono manifestarsi anche a riposo; ballismo, movimenti involontari violenti, aritmici, soprattutto dei cingoli pelvico e scapolare e delle estremità degli arti superiori, i movimenti sono in genere unilaterali (emiballismo); atetosi, movimenti lenti, irregolari, continui, soprattutto della faccia e delle estremità degli arti; distonia, che si manifesta con la contrattura di alcuni gruppi muscolari e, a volte, con movimenti involontari e può dare blefarospasmo quando le parti colpite sono le palpebre, crampo dello scrivano per gli arti superiori, disfonia spasmodica per le corde vocali, stipsi per i muscoli rettali; spasmo; tremore a riposo, posturale, durante un movimento o quando il corpo si avvicina a una meta.

CAPITOLO 10

Meccanismi di malattia

> *Before making the attempt to point out the nature and cause of this disease (Parkinson, author's note), it is necessary to plead, that it is made under very unfavourable circumstances. Unaided by previous inquiries immediately directed to this disease, and not having had the advantage, in a single case, of that light which anatomical examination yields, opinions and not facts can only be offered. Conjecture founded on analogy, and an attentive consideration of the peculiar symptoms of the disease, have been the only guides that could be obtained for this research, the result of which is, as it ought to be, offered with hesitation.[1]*

Caratteristiche anatomo-funzionali del SNC rilevanti per la patologia

Gli agenti eziologici che sono in grado di ledere il SNC non sono di per sé diversi da quelli che determinano le malattie in altri organi o apparati del corpo umano. Il Sistema Nervoso, infatti, al pari di altri distretti dell'organismo, può ammalarsi a causa di traumi, può andare incontro a infiammazione, infezioni, può manifestare disturbi vascolari, può presentare alterazioni dei meccanismi di proliferazione di particolari tipi cellulari come nel caso delle neoplasie e infine le sue cellule a causa di mutazioni genetiche o di agenti tossici possono morire come nel caso delle malattie neurodegenerative. Pertanto una classificazione dei meccanismi eziopatogenetici che interessino le malattie del SNC non sarebbe molto diversa da una classificazione che potrebbe essere fatta, per esempio, per l'apparato digerente o respiratorio.

Tuttavia, il SNC, rispetto ad altri organi o apparati, presenta dei peculiari meccanismi di adattamento e di risposta alle varie *noxae* patogene in virtù di alcune sue particolari caratteristiche anatomo-funzionali di seguito riportate.

---

[1] "Prima di tentare di descrivere la natura e la causa di questa malattia (morbo di Parkinson, N.d.A.), è necessario sottolineare che si è lavorato in circostanze molto sfavorevoli. Senza l'aiuto di indagini precedenti legate a questa malattia e non avendo avuto il vantaggio, nemmeno in un solo caso, di quella luce che proviene dall'esame anatomico, non si può che offrire opinioni e non fatti. Una congettura fondata sulla analogia, e un esame attento dei sintomi peculiari della malattia, sono state le sole guide che si è potuto utilizzare per questa ricerca, il cui risultato è, come dovrebbe essere, offerto con esitazione". Parkinson J (2002) *An essay on the shaking palsy*. J Neuropsychiatry Clin Neurosci 14:223-236.

Il cranio

L'incomprimibilità del cranio, in cui è contenuto il SNC, ha importanti conseguenze fisiopatologiche. Tali conseguenze sono enunciate dalla dottrina di Monro-Kellie per la quale un aumento del volume di uno dei compartimenti presenti all'interno della scatola cranica, quali il tessuto cerebrale, il sangue, il liquido cerebrospinale (LCS) o i liquidi interstiziali, deve essere accompagnato da una diminuzione del volume di un altro compartimento oppure da un aumento di pressione endocranica, dato che la scatola cranica fissa rigidamente il volume cranico totale.

Per esempio, tumori o emorragie possono causare una compressione delle aree cerebrali circostanti con dislocazione (erniazione) di strutture cerebrali al di sotto del tentorio del cervelletto o nel forame magno occipitale, non potendosi espandere all'esterno.

La barriera emato-encefalica

La BEE separa le cellule del SNC dalle componenti circolanti del sangue, limitandone l'entrata. Alcuni di questi componenti ematici, quali le macromolecole del plasma e i leucociti, esercitano un'importante funzione difensiva nei confronti dei processi infettivi. Pertanto, quando un'infezione si manifesta nel cervello, è più difficilmente contrastabile dalle difese endogene. Per gli stessi motivi, una BEE integra rappresenta un ostacolo all'entrata di molti farmaci per la cura delle malattie del SNC. È stato calcolato che circa il 98% delle piccole molecole usate come farmaci e tutte le grosse molecole, quali proteine e peptidi ricombinanti, molecole antisenso, nonché vettori genetici utilizzabili in terapie neurologiche sono, in condizioni normali, esclusi dal SNC. È importante precisare, però, che vi sono condizioni patologiche, quali alcuni tumori cerebrali o le meningiti, in grado di aumentare la permeabilità della BEE e quindi anche l'accesso dei farmaci all'interno del SNC.

La vascolarizzazione di tipo terminale

L'albero vascolare che irrora l'encefalo ed il midollo spinale, in determinate aree, non presenta anastomosi efficienti. Si tratta dei cosiddetti "ultimi prati", zone estreme di un territorio di vascolarizzazione, che in caso di ridotto afflusso sanguigno saranno più facilmente colpite dalla necrosi ischemica.

Il SNC è un sito immunologicamente privilegiato

Per quanto la nozione del SNC come di un sito anatomico completamente escluso dal ricircolo linfocitario (santuario immunologico) sia stata attualmente rivista, è innegabile che nel cervello, in condizioni normali, non si osservano risposte immunitarie evidenti (si veda il Box 10.1, *Cervello, immunità e infiammazione*). Ciò ha importanti implicazioni per la risposta ai processi infettivi.

Limitata capacità rigenerativa nel SNC dell'adulto

Il parenchima "nobile" del SNC è formato da cellule "perenni", i neuroni, i quali, terminato lo sviluppo, cessano definitivamente di dividersi e pertanto sono incapaci di rigenerazione. Ciò aveva condotto alla enunciazione del "dogma centrale" della neurobiologia, oggi ampiamente contraddetto da numerosi dati sperimentali. Tuttavia, pur permanendo nel cervello dei mammiferi adulti ristrette aree di neurogenesi, la proliferazione neuronale riguarda un numero assai limitato di cellule e il suo significato funzionale è ancora in parte sconosciuto (si veda il Box 7.1, *La neurogenesi nell'adulto: la fine di un dogma* e il Capitolo 7, *Le cellule staminali*). Pertanto, danni che comportino morte neuronale non sono generalmente seguiti da rigenerazione e recupero funzionale efficaci.

Complessità dei meccanismi di sviluppo del SNC

Come già illustrato nei precedenti capitoli, meccanismi molto complessi presiedono alla formazione e maturazione del SNC. Essi richiedono un'orchestrazione finemente concertata di proliferazione, differenziamento e morte cellulare programmata di diversi tipi cellulari. Inoltre, tali meccanismi hanno luogo durante il periodo embrionale e risultano essenzialmente conclusi poco dopo la nascita. Questa caratteristica dello sviluppo del SNC comporta, nel periodo perinatale, un'alta vulnerabilità intrinseca (embrionale e post-natale) ad agenti tossici, stimoli sensoriali alterati, squilibri metabolici e ormonali, che, a prescindere dalla loro natura, possono causare malformazioni, alterazioni dell'attività locomotoria o patologie delle funzioni cognitive superiori. Per esempio, in alcuni sistemi, come quello visivo, le connessioni tra la parte sensoriale (retina) e il cervello (corteccia visiva primaria) si stabiliscono in un arco temporale ben definito detto "critico", superato il quale la stimolazione (luce) non è più in grado di modellare le corrette connessioni cosicché il sistema resta perturbato, come descritto in seguito a riguardo dell'ambliopia. Un altro esempio è fornito dall'ipotiroidismo che può portare ad alterato sviluppo del cervello e delle funzioni cognitive fino al cretinismo. Infine perturbazioni dei sistemi di neurotrasmissione che si verificano nei primi mesi (nei roditori) o anni (nei primati) dopo la nascita a causa di agenti chimici, fisici o mutazioni genetiche possono causare iperattività locomotoria protratta nel tempo, come nel caso del deficit di attenzione e iperattività (ADHD).

Metabolismo aerobio glucosio-dipendente

I neuroni hanno un intenso metabolismo aerobio e consumano un'alta quantità di ossigeno. Nell'uomo il cervello riceve fino al 15% del sangue pompato dal cuore e consuma il 20% dell'ossigeno totale, sebbene abbia un peso pari a circa il 2% del peso corporeo. I neuroni, inoltre, hanno limitate riserve energetiche e pertanto sono estremamente sensibili alla deprivazione di glucosio causata, per esempio, da un deficit di flusso cerebrale. Se il flusso ematico cerebrale viene interrotto, le funzioni cerebrali anch'esse cessano nel giro di secondi e il danno neuronale si realizza entro pochi minuti. L'ipossia cerebrale determina, quindi, un danno che colpisce in primo luogo i neuroni, con sopravvivenza delle componenti più resistenti rappresentate dai vasi e delle cellule gliali. I neuroni dell'ippocampo, le cellule cerebellari del Purkinje, i neuroni piramidali corticali e i neuroni dei nuclei della base, tra cui i neuroni dopaminergici, sono fra i tipi neuronali più vulnerabili alla carenza di ossigeno e di glucosio. Anche le malattie mitocondriali associate a un'alterazione della fosforilazione ossidativa, determinando un deficit energetico e un aumento di specie radicaliche dell'ossigeno, colpiscono in modo particolare i neuroni e le cellule muscolari.

Modalità di risposta del SNC alle *noxae* patogene

Il SNC presenta particolari modalità di risposta al danno, che sono per lo più determinate dai seguenti fattori: impossibilità della maggior parte dei neuroni di rigenerare mediante proliferazione cellulare, polarità dei neuroni, stretta dipendenza della sopravvivenza neuronale dall'integrazione in un circuito e infine capacità di proliferazione dell'astroglia.

Modificazioni assonali anterograde (degenerazione walleriana)

Il segmento distale dell'assone sezionato degenera. Tale degenerazione è definita walleriana da Augustus Volney Waller che la descrisse estesamente nella seconda metà dell'800. Dapprima si manifesta un rigonfiamento delle terminazioni dell'assone, i mitocondri alterati perdono le loro caratteristiche e, mediante microscopia elettronica a trasmissione, è possibile osservare ammassi di detriti nell'assone che degenera. Anche le terminazioni sinaptiche degenerano e si distaccano. Il rivestimento mielinico si separa dall'assone e si frammenta anch'esso. Le cellule dell'astroglia e della microglia migrano nella zona del danno svolgendo attività fagocitaria e di formazione delle cicatrice gliale (vedi più avanti gliosi reattiva).

Modificazioni assonali retrograde

Le modificazioni che si verificano a carico dell'assone nella parte prossimale alla sezione sono di entità minore rispetto alle modificazioni anterograde. Si ha rigonfiamento e poi degenerazione sia assonale sia del corrispondente rivestimento mielinico per un tratto di lunghezza variabile. La degenerazione spesso si arresta a livello del punto di origine della diramazione collaterale dell'assone.

Degenerazione transneuronale

La degenerazione di un neurone può determinare effetti nocivi a cascata. Essa rappresenta una chiara manifestazione del fatto che il trofismo e la sopravvivenza del neurone dipendono strettamente dalla sua integrazione in un circuito nervoso. Questi effetti si possono manifestare sia a monte sia a valle del neurone degenerato. Infatti sia i neuroni bersaglio sia quelli presinaptici che stabiliscono collegamenti col neurone degenerato, subiscono delle alterazioni in conseguenza della mancanza di connessioni. Tali alterazioni possono consistere in una semplice atrofia fino a una vera e propria degenerazione. In genere, poiché un neurone riceve numerose afferenze provenienti anche da altri neuroni oltre a quello degenerato, le alterazioni trasneuronali si risolvono in una semplice atrofia reversibile, a meno che la lesione cerebrale non sia così considerevole da causare un'imponente perdita di connessioni assonali. Un esempio ben studiato è rappresentato dalla lesione del nervo ottico che determina degenerazione transneuronale anterograda dei suoi neuroni bersaglio posti nel nucleo genicolato laterale. In seguito, anche i neuroni della corteccia visiva occipitale, che sono innervati dai neuroni del nucleo genicolato, degenerano. Se invece la lesione primaria avviene a carico del nucleo genicolato laterale, si osserva una degenerazione transneuronale anterograda dei neuroni della corteccia visiva occipitale e una degenerazione transneuronale retrograda delle cellule gangliari della retina.

Reinnervazione collaterale e ipertrofia dell'albero dendritico

Si tratta di un fenomeno di plasticità neuronale che si verifica quando, in seguito a una lesione nervosa, i neuroni vengono denervati. Gli assoni dei neuroni contigui superstiti emettono delle proiezioni collaterali che reinnervano il neurone denervato. I neuroni responsabili dell'innervazione parallela vanno incontro anche a un'ipertrofia dell'albero dendritico che testimonia un'aumentata capacità di ricevere segnali. Il fenomeno è reversibile, infatti se l'innervazione originale viene ripristinata, l'innervazione collaterale si ritrae. È importante sottolineare che tali fenomeni avvengono anche fisiologicamente sia durante lo sviluppo sia nella vita adulta (si vedano il Capitolo 5, *Lo sviluppo del sistema nervoso*, e il Capitolo 8, *Plasticità, memoria e apprendimento*).

Gliosi reattiva

È la reazione della componente gliale a un danno del tessuto cerebrale. Gli astrociti, infatti, oltre a svolgere una blanda azione fagocitaria, reagiscono al danno aumentando di volume (ipertrofia), proliferando ed emanando dei prolungamenti fibrosi che provvedono a isolare l'area danneggiata dal tessuto circostante intorno alla quale formano la cicatrice gliale. Pertanto, l'esito cicatriziale che si verifica nel SNC in seguito a una lesione è un processo completamente diverso da quello che si realizza in altri distretti corporei dove la cicatrice ha una componente fibrosa cospicua e una cellulare formata da fibroblasti. La cicatrice gliale causata dalla gliosi reattiva è un processo che, seppur utile a breve termine (isolamento dell'area lesa e contenimento del processo infiammatorio conseguente), comporta durature alterazioni citoarchitettoniche nocive per il funzionamento del SNC. Infatti, i neuroni vengono sostituiti da glia non in grado di svolgere le stesse funzioni e inoltre la cicatrice ostacola eventuali fenomeni rigenerativi a carico dei prolungamenti assonali. Inoltre, è oggi chiaro che l'attivazione gliale che si verifica nella gliosi reattiva svolge un ruolo importante anche nella patogenesi di diverse malattie neurodegenerative. La glia attivata, infatti, è in grado di produrre molteplici sostanze dannose per il cervello fra cui diverse citochine pro-infiammatorie.

Recentemente è stato osservato che, in condizioni fisiologiche, alcuni tipi di astrociti sono in grado di generare cellule staminali neurali e inoltre, che alcuni astrociti che partecipano al fenomeno della gliosi reattiva, se opportunamente stimolati *in vitro*, possono diventare cellule staminali neurali. Queste osservazioni lasciano intravedere la possibilità di promuovere la rigenerazione neuronale modulando, in senso positivo, l'attività degli astrociti.

Necrosi colliquativa

A causa delle peculiari caratteristiche istologiche e biochimiche, la necrosi del tessuto cerebrale assume l'aspetto morfologico della necrosi colliquativa per la presenza di imponenti fenomeni di autolisi cellulare (si veda il Box 10.2, *Come muore un neurone*).

Edema cerebrale

L'aumento di liquido all'interno della scatola cranica è definito edema cerebrale. Esso riconosce due meccanismi patogenetici fondamentali, che spesso coesistono e che definiscono due tipi di edema: l'edema vasogenico e l'edema citotossico. Il primo, più frequente, è dovuto ad accumulo di liquido nello spazio extracellulare, sia per danno endoteliale con passaggio di proteine attraverso i vasi sanguigni (per es., infarto, infezioni, contusioni, avvelenamento da piombo) oppure da capillari neoformati in aree patologiche che risultano più permeabili (per es., neoplasie primarie o metastatiche). Il secondo, invece, è causato dall'entrata di liquidi all'interno delle cellule per alterazione dei meccanismi che garantiscono la permeabilità selettiva della membrana cellulare. Particolare importanza rivestono l'alterazione delle pompe di membrana ATP-dipendenti quali la pompa Na-K, descritta nel Box 10.2, *Come muore un neurone*.

La patologia del SNC come alterazione dei circuiti

Come abbiamo già ampiamente illustrato, il SN presenta un'organizzazione anatomo-funzionale assolutamente particolare rispetto agli altri sistemi e apparati che costituiscono l'organismo umano. L'aspetto saliente di tale organizzazione è rappresentato dall'intricata interconnessione delle cellule nervose che formano i vari *circuiti* responsabili della miriade di funzioni esercitate. È nei circuiti nervosi che l'attività elettrica viene trasformata in informazioni con un proprio correlato funzionale. Ad esempio, il controllo dell'attività motoria involontaria e dei movimenti fini risiede nei circuiti dei gangli della base, l'azione dei muscoli scheletrici striati è controllata dai neuroni dei circuiti che formano il sistema piramidale. I circuiti sono quindi unità funzionali che raggruppano più neuroni. Del resto il neurone è una cellula "costruita" appunto per essere inserita in un circuito, con una polarità morfologica e dinamica specializzata per la ricezione e l'invio di segnali, come descritto nel Capitolo 4, *Le cellule del sistema nervoso centrale*.

Nella Figura 10.1 è schematizzato un circuito neuronale e il flusso di informazioni che viaggia al suo interno.

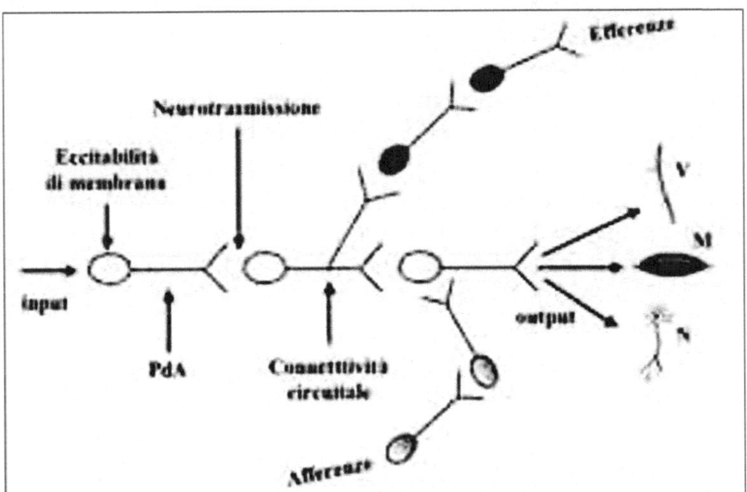

Fig. 10.1. Schema di un circuito neuronale. All'arrivo dell'input segue l'eccitazione della membrana con formazione del potenziale d'azione (*PdA*) che si propaga lungo l'assone e determina liberazione del neurotrasmettitore alla sinapsi, realizzando così la neurotrasmissione. Quest'ultima permette il passaggio del segnale al neurone successivo e infine alla periferia (per es., *V*, vasi sanguigni; *M*, fibra muscolare) o ad altri neuroni (*N*). Il circuito può essere modulato da afferenze neuronali e può modulare altri circuiti (efferenze). *Le frecce* indicano i punti in cui il circuito può essere alterato

In tale schema riconosciamo un punto di entrata delle informazioni nel circuito. Con termini propri dell'informatica possiamo definire *input* le informazioni in ingresso che vengono convertite in segnali elettrici. Nel Sistema Nervoso Periferico (SNP) gli input sono segnali fisici come quelli determinati da luce, pressione, odori, sapori e suoni che vengono trasdotti in segnali elettrici ad opera di particolari recettori che pertanto fungono da sensori di informazioni presenti nell'ambiente esterno. Nel SNC l'input è rappresentato da un neurotrasmettitore che si lega al suo recettore. La membrana cellulare del neurone è, pertanto, deputata a trasformare i vari input fisici o chimici in fenomeni elettrici, capaci di viaggiare a una velocità estremamente superiore rispetto ai primi. Successivamente, il segnale elettrico è propagato lungo gli assoni avvolti dalla mielina prodotta dagli oligodendrociti (o dalle cellule di Schwann nel SNP). Il segnale elettrico prosegue fino al bottone pre-sinaptico dove incontra una discontinuità rappresentata dal vallo o spazio intersinaptico. Tale segnale elettrico supera questa discontinuità mediante un meccanismo inverso a quello che l'ha generato, cioè causa la liberazione del neurotrasmettitore a livello della sinapsi e così converte di nuovo il segnale in uno chimico che poi ridiventerà segnale elettrico (depolarizzazione o iperpolarizzazione) nel neurone post-sinaptico. È però importante considerare il fatto che il flusso di informazioni all'interno di un circuito nervoso non è solo un processo lineare, infatti, prevede numerosi punti di integrazione rappresentati da una serie di "anastomosi", derivazioni collaterali dell'assone che permettono la comunicazione con vari altri neuroni e quindi con altri circuiti. Questo processo di integrazione contribuisce a modulare con estrema precisione le informazione veicolate sotto forma di impulsi elettrici nel circuito. Infine, le informazioni fuoriescono dal circuito (output) per entrare in altri circuiti nervosi oppure per regolare l'attività di organi effettori, quali i muscoli, i vasi sanguigni o le ghiandole.

Le principali patologie verranno classificate sulla base delle diverse alterazioni che possono colpire il circuito nervoso. Questa classificazione considera il fatto che la gravità del danno neurologico, determinata dai vari meccanismi eziopatogenetici, è principalmente da porre in relazione alla capacità di interrompere il flusso di informazioni che viaggia all'interno dei circuiti. Pertanto, anche le terapie neurologiche convenzionali o sperimentali sono finalizzate alla protezione o ricostituzione della funzione dei circuiti. Infatti, gli approcci terapeutici possono essere diretti a: proteggere i circuiti (per es., terapia immunosoppressiva e anti-infiammatoria nella sclerosi a placche), ripristinare la neurotrasmissione del circuito (es., l-dopa nel morbo di Parkinson per ricostituire la dopamina persa per la degenerazione dei neuroni dopaminergici della sostanza nera), modificare l'attività del circuito stesso o di altri circuiti connessi che, in seguito alla malattia, non sono più bilanciati (per es., farmaci anticolinergici nel morbo di Parkinson) oppure riparare i circuiti persi (per es., il trapianto cellulare nelle malattie neurodegenerative). Come esempio del fatto che la gravità delle manifestazioni neurologiche dipende dal grado di perdita dell'integrità e dalla funzionalità dei circuiti, si consideri la risposta del SN a due condizioni patologiche quali i gliomi e le alterazioni prodotte dalle tossine tetanica e botulinica. I gliomi, tumori del SNC, possono, per lungo tempo, non mostrare segni di sé perché, crescendo lentamente, invadono i circuiti neuronali senza danneggiarli in modo significativo, mentre le tossine neurotrope del botulino e del tetano, in tempi molto brevi determinano manifestazioni patologiche perché velocemente alterano molecole importanti per l'attività dei circuiti.

Il flusso di informazioni di un circuito neuronale può essere alterato in diversi punti (Fig. 10.1). Sulla base di queste alterazioni possiamo distinguere:
-	alterazioni dell'attività dei sensori periferici;
-	alterazioni dell'eccitabilità neuronale di membrana;
-	alterazioni della conduzione del potenziale di azione;
-	alterazioni della neurotrasmissione sinaptica;
-	alterazioni dell'organizzazione e della connettività dei circuiti;
-	alterazioni dell'accoppiamento eccitazione-contrazione o degli organi effettori.

Qui di seguito verranno prese in considerazione solo alcune patologie che riteniamo paradigmatiche delle alterazioni sopra elencate. Le alterazioni dell'accoppiamento eccitazione-contrazione o degli organi effettori non verranno trattate in questo testo.

Alterazione dell'attività dei sensori periferici

Gli input raggiungono i circuiti del SNC dall'esterno dell'organismo attraverso i recettori degli organi di senso, quali la vista, l'udito, l'equilibrio, l'olfatto, il gusto e il tatto (esterocettori) o dall'interno tramite recettori presenti nei visceri (enterocettori), o nei muscoli, articolazioni e tendini (propriocettori), questi ultimi due conferiscono una percezione immediata e globale del proprio corpo definita cenestesi. Le alterazioni anatomo-funzionali dei sensori periferici determinano delle modificazioni morfologiche e funzionali nei circuiti del SNC. Tali modificazioni possono essere talmente importanti da determinare delle patologie oppure possono esercitare degli effetti curativi. Un esempio è rappresentato dal *dolore dell'arto fantasma*. Si tratta di sensazioni di dolore, di caldo, di freddo o di vibrazione, o di esperienze riferite a un arto assente perché, ad esempio, amputato. Il dolore può essere di durata ed entità tale da risultare invalidante. Il dolore e le altre sensazioni dovute alla mancanza di una parte del corpo, sono causate dalla riorganizzazione dei circuiti della corteccia somatosensoriale del giro pre-centrale che si verifica quando le stimolazioni sensoriali periferiche vengono a mancare. Le aree limitrofe a quelle che ricevevano gli input dall'arto amputato, prendono il sopravvento e ricevono le informazioni che prima riceveva l'arto amputato. In tal modo, la rappresentazione della superficie corporea nella corteccia cerebrale viene modificata. È stato, infatti, osservato che un individuo con una mano amputata che sia toccato sulla faccia riferisce tale sensazione alla mano mancante. Questo a causa della riorganizzazione dei circuiti corticali con conseguente invasione dell'area somatosensitiva della mano da parte dell'area della faccia, adiacente ad essa. Va notato che la corteccia somatosensoriale originariamente deputata a ricevere input dalla mano, ora colonizzata dalle afferenze che provengono dalla faccia, "ricorda" la sua "funzione-mano" originaria. Una simile alterazione circuitale si osserva anche in condizioni opposte, quando cioè una iperstimolazione di una parte del corpo causa espansione dell'area corticale corrispondente a scapito delle aree limitrofe.

Gli esperimenti pionieristici di David Hubel e Törsten Weisel sul sistema visivo hanno chiaramente dimostrato l'importanza della stimolazione sensoriale nel "periodo critico" (prime settimane di vita) sull'organizzazione dei circuiti neuronali della corteccia visiva. In seguito a deprivazione visiva mono-oculare l'area corticale visiva che non riceve più stimoli corrispondenti all'occhio chiuso è invasa dalle fibre dei neuroni controlaterali la cui stimolazione dipende dall'occhio funzionante. I neuroni che subiscono la deprivazione sensoriale sono meno attivi e manifestano corpi cellulari di dimensioni ridotte, dendriti atrofici, una retrazione delle ramificazioni assonali e una conseguente eliminazione dei contatti sinaptici. È dimostrato che, alterando la stimolazione sensoriale, è possibile modificare anche in senso positivo i circuiti neuronali, ripristinando condizioni fisiologiche, come nel caso dell'ambliopia. L'ambliopia è una malattia caratterizzata da una forte riduzione dell'acuità visiva, conseguente a uno sbilanciamento in età infantile dell'attività dei due occhi, indotto, ad esempio, dalla cataratta congenita, dallo strabismo o dall'opacizzazione della cornea. La patologia nell'età adulta è considerata incurabile. Tuttavia, il recupero della visione da parte di animali adulti affetti da ambliopia può essere ottenuto mediante esposizione a un ambiente arricchito di stimoli (*enriched environment*) in cui l'individuo sia invogliato a muoversi e ad esplorare. Il recupero funzionale è pertanto la conseguenza di una forte stimolazione sensoriale e motoria, i cui correlati molecolari noti sono rappresentati da una diminuzione dei livelli del neurotrasmettitore GABA, fisiologicamente coinvolto nella perdita di plasticità del cervello adulto, e un aumento di altre molecole quali il BDNF, una neurotrofina coinvolta anche nei meccanismi di plasticità neuronale visiva.

Alterazioni dell'eccitabilità di membrana

Alterazioni della eccitabilità di membrana in eccesso o in difetto modificano la capacità del neurone di rispondere in maniera adeguata agli stimoli. La più frequente delle patologie causate da un'alterata eccitabilità della membrana è rappresentata dall'epilessia. L'epilessia non è una malattia unica ma una sindrome, caratterizzata da diversi quadri clinici, con un'incidenza calcolata fra 0,5 e 1% della popolazione. Le epilessie sono determinate da cause spesso molto diverse fra loro ma accomunate dal fatto di rendere gruppi di neuroni iperattivi in modo sincrono. L'anomala eccitabilità di un gruppo di neuroni corticali genera la scarica epilettica, un'aumentata attività elettrica avulsa dal controllo fisiologico, che può essere registrata mediante tecniche strumentali appropriate quali l'elettroencefalografia. La manifestazione clinica della scarica epilettica è rappresentata dalla crisi epilettica (detta anche comiziale, dal latino *comitus*, comizio, perché nell'antica Roma se durante una riunione qualcuno veniva colpito da una crisi epilettica la riunione era sospesa per il cattivo auspicio), una serie di manifestazioni motorie e/o sensitive e/o vegetative che hanno il carattere peculiare dell'accesso parossistico, cioè si presentano in modo improvviso e intenso e hanno la tendenza a ripetersi. La zona del cervello in cui sono localizzati i neuroni ipereccitabili che causano la scarica elettrica è definita focolaio epilettico. Le epilessie possono essere distinte in focali (o parziali) e generalizzate. Le prime sono caratterizzate da un'abnorme attività elettrica localizzata in un'area cerebrale circoscritta e in tal caso, le manifestazioni cliniche sono strettamente dipendenti dall'area interessata. Per esempio, un focolaio epilettico localizzato nel giro pre-centrale della corteccia motoria determina la contrazione involontaria di alcuni muscoli striati controlaterali alla lesione. Le alterazioni possono riguardare anche la sfera sensoriale, sensitiva e comportamentale come nel caso dell'epilessia del lobo temporale in cui possono essere percepite sensazioni tattili, odori, sapori, suoni o immagini (allucinazioni sensoriali). Le epilessie generalizzate, invece interessano da subito ampie aree degli emisferi cerebrali. Le crisi epilettiche generalizzate sono suddivise in grande male (*grand mal* degli autori francesi) e piccolo male (*petit mal*). Durante la crisi epilettica di grande male il paziente perde la coscienza e presenta movimenti tonico-clonici, cioè un'aumentata contrazione tonica muscolare, causa di irrigidimento, alternata a contrazioni cloniche che determinano movimenti a scossa. Le crisi epilettiche di piccolo male, invece, sono caratterizzate da un transitoria perdita di coscienza. Le cause e i meccanismi dell'alterata eccitabilità neuronale non sono pienamente compresi, tuttavia si ritiene che essi siano plurimi e di diversa natura.

Schematicamente, la scarica epilettica è dovuta a uno sbilanciamento tra fattori eccitatori e inibitori che costantemente agiscono su ogni neurone. I fattori eccitatori e inibitori a loro volta possono riguardare:

a) la struttura della cellula neuronale (per es., canali di membrana);
b) lo sviluppo e la formazione di circuiti neuronali o varie alterazioni anatomiche cerebrali (per es., alterata migrazione neuronale e formazione di circuiti epilettogeni, esiti cicatriziali di lesioni cerebrali, tumori cerebrali);
c) alterazioni tossico-metaboliche che influenzano il potenziale di membrana (per es., ipossia);
d) astrociti che perdono la capacità di tamponare ioni K+ e così favoriscono condizioni di ipereccitabilità;
e) stimoli esterni (per es., stimoli luminosi). Tali fattori non devono essere considerati come mutuamente esclusivi potendo agire anche in modo concomitante e/o sinergico. Inoltre, gli stimoli esterni quali, ad esempio, una particolare stimolazione visiva o alterazioni metaboliche e ormonali, quali quelle che si verificano durante le mestruazioni, rivestono un'importanza individuale assai variabile nella genesi della scarica epilettica, a riprova del fatto che altri fattori endogeni devono essere coinvolti.

L'ipereccitabilità che caratterizza i neuroni epilettici può essere causata da mutazioni geniche che alterano vari canali di membrana, responsabili della regolazione delle proprietà elettriche intrinseche dei neuroni e della loro risposta alla stimolazione sinaptica. Tali patologie sono perciò anche indicate come "canalo-patie". Fra le canalopatie in grado di causare epilessia vi è una rara forma di epilessia neonatale familiare benigna, nella quale sono state trovate mutazioni dei geni della famiglia Kv7 che codifica canali voltaggio-dipendenti del potassio. Un'altra canalopatia epilettogena è la mutazione della subunità alfa del canale voltaggio-dipendente del sodio (SCN1A). In questo caso la mutazione determina una rara forma di severa epilessia dell'infanzia, caratterizzata da crisi epilettiche generalizzate. Le proteine alterate dalle mutazioni summenzionate modificano l'eccitabilità della membrana neuronale, alterando il flusso di elettroliti (Fig. 10.2).

L'alterazione in senso epilettogeno dell'eccitabilità di membrana può anche essere determinata da mutazioni geniche, lesioni anatomiche o sostanze tossiche che modificano in qualche modo i circuiti neuronali. L'attività elettrica di ogni neurone infatti è il risultato di input eccitatori e inibitori provenienti da altri neuroni. Se il neurone oggetto degli input cambia la propria posizione o modifica i rapporti con altri neuroni eccitatori o inibitori, si possono creare le condizioni per uno stato di abnorme eccitabilità e quindi di epilessia. In patologia umana le malformazioni della corteccia cerebrale, dovute ad anomalie della migrazione o della proliferazione e differenziamento neuronale, sono una causa importante di epilessia e ritardo mentale che spesso coesistono in diverse sindromi. Per esempio, mutazioni del gene omeotico emx2 sono causa di schizoencefalia, una malforma-

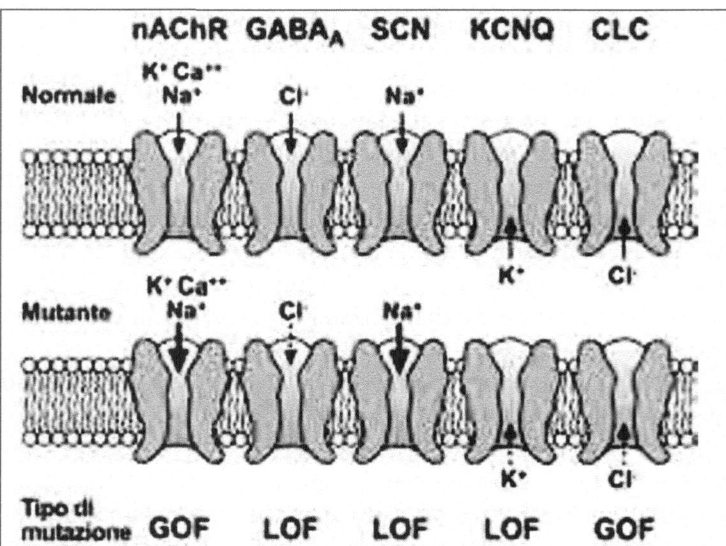

Fig. 10.2. Il diagramma semplificato mostra come mutazioni di canali ionici siano associate a epilessia. Tali mutazioni possono cambiare l'eccitabiltà cellulare alterando il flusso di ioni (freccia), con conseguente guadagno (*GOF*) o perdita (*LOF*) di funzioni. *nAChR*, recettore colinergico nicotinico neuronale; *GABA_A*, recettore; *SCN*, canale sodio voltaggio dipendente; *KCNQ*, canale potassio voltaggio dipendente; *CLC*, canale cloro voltaggio dipendente. Modificato da: Steinlein OK (2004) *Genetic mechanisms that underlie epilepsy*. Nat Rev Neurosci 5:400–408

zione che comporta un mancato sviluppo degli emisferi cerebrali. I pazienti presentano fessure a tutto spessore negli emisferi cerebrali, microcefalia, deficit cognitivi, tetraplegia spastica ed epilessia. Un'altra forma di epilessia genetica con insorgenza nell'età infantile è presente nella sindrome di West, legata al cromosoma X, e dipende da mutazioni nel gene omeotico arx, che è necessario per la formazione dei neuroni GABAergici corticali e ne mantiene la funzione anche nell'adulto. Alterazioni del gene ARX potrebbero far mancare i segnali inibitori, prodotti dalle sinapsi GABAergiche, necessari a impedire la iperpolarizzazione dei neuroni glutamatergici corticali determinando le crisi epilettiche.

Alterazioni della conduzione del potenziale di azione

La trasmissione delle informazioni in un circuito neuronale può essere rallentata o impedita in una serie di malattie accomunate dall'alterazione della guaina mielinica che gli oligodendrociti formano attorno ai prolungamenti assonici. Si tratta delle malattie demielinizzanti del SNC. Anche lesioni dell'assone possono risultare in alterazioni della mielina, ma, classicamente, non sono considerate malattie demielinizzanti.

Le malattie demielinizzanti possono riconoscere una eziopatogenesi varia, di tipo genetico, ambientale, tossico, immunitario, polifattoriale.

La sclerosi multipla o sclerosi a placche o polisclerosi è la più importante delle malattie demielinizzanti con un'incidenza massima fra i 20 e i 40 anni e una prevalenza femminile. Le lesioni possono essere localizzate in tutto il SNC, cervello e midollo spinale. Le aree di demielinizzazione sono dette placche. Morfologicamente, le placche recenti, dove è in corso un'attiva demielinizzazione, appaiono come chiazze chiare di colore rosa con rammollimento della sostanza bianca, mentre le placche di vecchia data, dove la perdita di mielina è già avvenuta, appaiono di colorito più scuro e hanno contorni più netti. La sclerosi multipla è una malattia il cui meccanismo patogenetico è determinato da una reazione autoimmune mediata dalla sottopopolazione di linfociti T, CD4+ Th1. Tali linfociti montano una risposta immune contro alcuni antigeni della mielina quali la proteina basica della mielina (*myelin basic protein*, MBP), la proteina proteolipidica (*proteolipidic protein*, PLP), la glicoproteina oligodendrocitica della mielina (*myelin oligodendrocyte glycoprotein*, MOG). Una volta attivati, i cloni linfocitari T autoreattivi secernono citochine infiammatorie (interleuchina-2, interferone gamma, TNF-alfa) determinano una classica risposta immune pro-infiammatoria caratterizzata da attivazione e migrazione macrofagica nell'area interessata e distruzione della mielina con alterazioni della conduzione nervosa. In un secondo momento, anche l'assone può degenerare come conseguenza dell'infiammazione locale. I linfociti T CD4+ Th1 promuovono anche la produzione di anticorpi della classe della IgG da parte dei linfociti B. La produzione di anticorpi risulta particolarmente importante ai fini diagnostici perché può essere rivelata con l'esame elettroforetico delle proteine del liquor. Uno dei presidi terapeutici oggi in uso tende a bloccare la risposta pro-infiammatoria dei linfociti T mediante interferone beta ricombinante, che riduce l'espressione di MHC di classe II, altera il pattern di secrezione delle citochine e aumenta i meccanismi di soppressione. Va detto che circa un terzo dei pazienti sviluppa anticorpi contro questo farmaco.

Nell'area di demielinizzazione, l'istologia dimostra un'infiltrazione linfocitaria perivasale a manicotto, la presenza di macrofagi, alcuni dei quali ripieni di lipidi, assumono l'aspetto di cellule schiumose (*foam cells*). Nella zona periferica della lesione, gli astrociti si attivano diventando ipertrofici. Nelle placche di vecchia data, invece, le cellule infiammatorie, macrofagi e linfociti, sono poche o assenti mentre molti sono gli astrociti.

La causa dell'alterata risposta immune che ha luogo nella sclerosi multipla è in larga parte sconosciuta. Oggi si ritiene che più fattori entrino in gioco. Dati epidemiologici e osservazioni sperimentali indicano che esiste una componente genetica che gioca un ruolo importante. In particolare, è stato dimostrato un aumentato rischio di insorgenza della malattia in individui che posseggono alcuni aplotipi, quale il DR15 del sistema maggiore di istocompatibilità umano (HLA).

Inoltre, si ritiene che fattori ambientali siano anch'essi importanti nell'insorgenza della malattia. Fra questi, particolare importanza è attribuita alle infezioni virali, come quelle causate dai membri della famiglia degli Herpes Virus. L'osservazione, poi, che le popolazioni che vivono a latitudini più alte sono maggiormente affette dalla sclerosi multipla, suggerisce un effetto protettivo, esercitato dall'esposizione alla luce solare e mediato dalla vitamina D. Anche i dati ottenuti in modelli animali di patologia dimostrano che insufficienti livelli di vitamina D sono implicati nella patogenesi della sclerosi multipla. La vitamina D infatti può regolare la proliferazione cellulare, il differenziamento e l'apoptosi di cellule del sistema immunitario come i linfociti T e le cellule dendritiche, svolgendo un ruolo anti-infiammatorio e neuroprotettivo. Infine va ricordato che l'assetto ormonale può influenzare l'insorgenza e il decorso della malattia. Fra gli ormoni un ruolo importante è svolto dagli estrogeni e dal testosterone in grado di facilitare e contrastare la sclerosi multipla, rispettivamente.

Alterazioni della neurotrasmissione sinaptica

Il potenziale di azione una volta raggiunto il bottone pre-sinaptico causa l'attivazione dei canali del calcio. L'entrata del calcio nel terminale assonico è l'evento principale che determina l'esocitosi del neurotrasmettitore dalle vescicole in cui è contenuto. Una volta liberato nel vallo intersinaptico il neurotrasmettitore si lega ai recettori presenti sulla membrana post-sinaptica attivando una trasduzione del segnale che causa depolarizzazione o iperpolarizzazione. Il meccanismo della trasmissione sinaptica qui sommariamente abbozzato è suscettibile di diverse alterazioni ad opera di vari agenti quali tossine batteriche, sostanze introdotte dall'esterno o anticorpi generati nel corso di patologie autoimmuni.

Il tetano è una patologia causata dalla tossina prodotta dal *Clostridium tetani*, batterio anaerobio, gram-positivo, capace di generare spore molto resistenti.

Il batterio è introdotto nell'organismo tramite ferite lacero-contuse poco ossigenate, caratterizzate da estesa necrosi e contaminate da terreno. La neurotossina tetanica, la tetanospasmina, è causa di spasmi muscolari, paralisi e convulsioni che spesso si concludono con la morte dell'individuo intossicato, per collasso cardio-circolatorio. Le manifestazioni cliniche iniziano con uno spasmo dei muscoli masseteri (trisma) che si manifesta col classico segno del riso sardonico. In seguito, altri muscoli del capo e degli arti vengono interessati.

La tetanospasmina, è codificata da un gene localizzato in un plasmide ed è prodotta come singola molecola di circa 150kD, poi scissa dalle proteasi in due subunità peptidiche. Una subunità leggera, la catena A, e una pesante, la catena B, unite da un ponte disolfuro. La catena B si lega, mediante l'estremità carbossi-terminale, a un recettore posto sulla membrana dei neuroni, il ganglioside GM2. La catena A, una peptidasi zinco-dipendente, viene internalizzata e risale tramite il trasporto assonale retrogrado lungo le terminazioni periferiche, raggiungendo il SNC localizzandosi negli interneuroni inibitori. La tetanospasmina, nel bottone pre-sinaptico, impedisce il rilascio di neurotrasmettitori inibitori quali il GABA e la glicina che prevengono la depolarizzazione della membrana post-sinaptica e la trasmissione del segnale elettrico. L'alterato rilascio avviene per la degradazione, ad opera della tossina, di un particolare tipo di proteina sinaptica (SNARE) importante per l'esocitosi vescicolare. In tal modo, prevalendo la neurotrasmissione eccitatoria si ha una simultanea contrazione dei muscoli estensori e flessori causa dello spasmo e della paralisi spastica.

Alterazioni dell'organizzazione e della connettività dei circuiti

In questo gruppo possono essere annoverate quelle patologie che comportano la distruzione di un esteso gruppo di neuroni, cosicché tutta l'organizzazione circuitale ne risulta alterata con una conseguente compromissione della connettività fra i diversi circuiti nervosi. Le malattie neurodegenerative del SNC, i tumori cerebrali e le malattie cerebrovascolari sono classi di patologie che comportano estese alterazioni dell'organizzazione circuitale e della connettività fra aree del SNC.

Malattie neurodegenerative

Le malattie neurodegenerative comprendono un vasto numero di patologie del SNC caratterizzate da lenta insorgenza, decorso cronico e progressivo e morte di selettivi nuclei di neuroni. Il diverso quadro sintomatologico che si osserva dipende dai tipi di neuroni che degenerano, cosicché, ad esempio, la degenerazione dei neuroni dopaminergici della sostanza nera determina il quadro patologico del morbo di Parkinson, la morte dei neuroni spinosi del nucleo caudato/putamen (striato) causa la corea di Hungtinton. Le malattie neurodegenerative non condividono un'unica eziopatogenesi. Esse possono essere ereditate

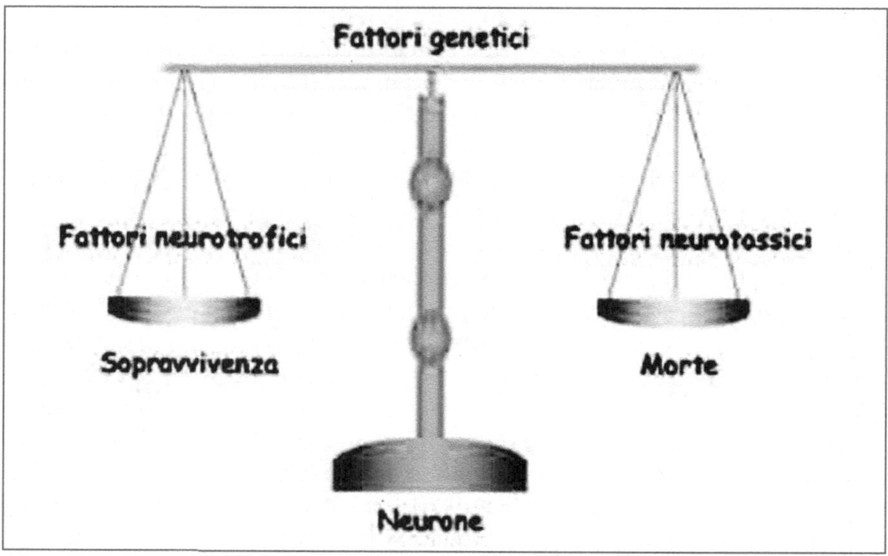

Fig. 10.3. La sopravvivenza o morte dei neuroni dipende da un complesso equilibrio tra fattori neurotrofici e neurotossici. I fattori neurotrofici appartengono a più famiglie di molecole che includono le neurotrofine, altri fattori neurotrofici, citochine, estrogeni, chemochine. Sul piatto della bilancia opposto vi sono le molecole neurotossiche che includono una vasta gamma di molecole diverse con effetti su specifiche popolazioni neuronali o di più ampio raggio. Per esempio, la 6-idrossidopamina è tossica per i neuroni catecolaminergici, MPP+ causa morte selettiva dei neuroni dopaminergici, i radicali liberi hanno un ampio spettro d'azione tossica. Il corredo genetico può predisporre in vario modo verso gli effetti neurodegenerativi dei fattori neurotossici, può essere direttamente coinvolto nell'induzione della neurodegenerazione (mutazioni come nelle malattie di Parkinson o di Huntington) o può rendere l'organismo più resistente ai fattori neurotossici. Modificata da Colucci-D'Amato L, Perrone-Capano C, di Porzio U (2003) Chronic activation of ERK and neurodegenerative diseases. Bioessays 25:1085–1095

e riconoscere un'eziologia genetica, possono essere di natura ambientale e avere un'eziologia tossica o infettiva e infine, in diversi casi, l'eziopatogenesi è sconosciuta (Fig. 10.3).

Morbo (o malattia) di Parkinson

Il morbo (o malattia) di Parkinson (*Parkinson's disease,* PD) è una patologia cronica a evoluzione progressiva, la cui incidenza aumenta con l'aumentare dell'età. La malattia fu descritta per la prima volta dal medico inglese James Parkinson nel 1817 nel suo "*Essay on a shaking palsy*", dove la definì paralisi agitante, un ossimoro che evidenzia i due segni più eclatanti di questa malattia, quali la rigidità e il tremore. Le alterazioni del movimento che caratterizzano il PD si manifestano, per l'appunto, con tremore a riposo, rigidità, acinesia (difficoltà a iniziare il movimento), bradicinesia (lentezza dei movimenti), voce flebile e priva di quelle modificazioni del tono che si accompagnano ai vari stati emotivi durante la conversazione. I pazienti possono manifestare anche disturbi della sfera cognitiva. La maggior parte dei segni e sintomi che si osservano nel PD possono essere ricondotti alla degenerazione selettiva dei neuroni dopaminergici appartenenti alla pars compacta della sostanza nera. La sostanza nera, come descritto precedentemente, è formata da neuroni posti nel mesencefalo ventrale e possiede due suddivisioni: una pars reticolata e una pars compacta. Quest'ultima contiene i neuroni dopaminergici, nell'uomo pigmentati per la presenza di neuromelanina, che innervano lo striato. La sostanza nera è funzionalmente correlata ai gangli della base formando il sistema nigro-striatale che modula e regola specifiche funzioni corticali motorie e fa parte del sistema extrapiramidale (si vedano il Box 5.2, *Il sistema dopaminergico e il suo sviluppo* e il Capitolo 9, *Il sistema dei gangli della base*). Le osservazioni autoptiche che i pazienti affetti da PD presentano un impoverimento dei neuroni pigmentati della sostanza nera e che tali alterazioni correlano con la gravità dei sintomi, portarono alla prima correlazione fra la degenerazione di uno specifico gruppo di neuroni e una patologia del SNC. Nel PD, inoltre, si verifica anche una degenerazione di altri tipi neuronali quali il nucleo del rafe, il locus coeruleus e il nucleo basale di Meynert, contenenti rispettivamente neuroni serotoninergici, noradrenergici e colinergici. Tuttavia l'entità della degenerazione dei neuroni DA e il fatto che la somministrazione del precursore della dopamina, l-DOPA, sia in grado di alleviare una parte consistente della sintomatologia, hanno chiarito che la lesione patogenetica fondamentale risiede nella perdita dei neuroni DA. I neuroni striatali, oltre a un'innervazione DA, ricevono anche una stimolazione colinergica, che, pertanto, nella malattia appare aumentata, perché non controbilanciata da quella dopaminergica. Lo squilibrio tra sistemi neurotrasmettitoriali sembra dunque essere una componente importante della malattia, anche se il ruolo della dopamina è centrale.

I neuroni DA sopravviventi contengono i corpi di Lewy, inclusioni eosinofile intracitoplasmatiche di natura proteica, caratteristiche ma non esclusive del PD, essendo presenti anche in altre patologie neurologiche in cui si osserva danno neuronale. All'interno dei corpi di Lewy sono state trovate varie proteine fra cui una componente preponderante è rappresentata dalla alfa-sinucleina responsabile anche di una forma familiare di PD.

La maggior parte delle forme di PD è sporadica e idiopatica, in alcuni casi l'eziologia riconosce una natura tossico-metabolica. Spesso le sostanze chimiche che sono implicate nell'eziopatogenesi del PD condividono la proprietà di essere dei veleni mitocondriali e di causare uno stress ossidativo, come nel caso del pesticida rotenone e della neurotossina MPP^+ (1-methyl-4-pyridinium). Circa 5-8% dei casi di PD ha una distribuzione familiare ed è ereditato come carattere mendeliano semplice. Nel 1997 è stata individuata la prima mutazione genica responsabile di una forma familiare e giovanile di PD. Essa colpisce l'alfa-sinucleina. In seguito, altri geni sono risultati associati ad altrettante forme familiari, quali la parkina che codifica per una ubiquitina-ligasi, UCH-L1, un gene che codifica per un'idrolasi C-terminale dell'ubiquitina e il gene DJ-1. Ad oggi sono per lo meno 13 i geni associati al PD e denominati PARK1-13, in questa classificazione il gene che codifica a-sinucleina è indicato come PARK1.

Per quanto il meccanismo patogenetico che determina il PD sia ancora elusivo, è però possibile individuare degli eventi molecolari comuni nell'azione delle varie cause ambientali o genetiche coinvolte in questa malattia. In particolare, tre fattori sono ricorrenti e variamente coinvolti nella patogenesi del PD: le alterazioni dei processi di ripiegamento (*folding*) e degradazione delle proteine, la produzione di specie radicaliche libere, e le alterazioni della funzione mitocondriale.

Corea di Huntington

La corea di Huntington (*Huntington's disease*, HD) è una malattia autosomica dominante a evoluzione progressiva ed esito fatale che generalmente insorge nell'età adulta, tipicamente fra i 40 e i 50 anni. Clinicamente è caratterizzata da alterazioni motorie, cognitive e comportamentali. Le alterazioni motorie sono rappresentate dai caratteristici movimenti coreici in cui il paziente contrae vari segmenti scheletrici come il tronco, gli arti e il volto quasi come fosse una danza (*corea* in greco significa danza). Questi movimenti sono involontari, afinalistici, bruschi, asimmetrici e mancano di regolarità. Si manifestano sia a riposo sia durante l'esecuzione di atti volontari, scompaiono nel sonno e sono accentuati da condizioni particolari quali il freddo, la fatica, le emozioni. Si osservano anche altre disfunzioni motorie, quali rigidità e acinesia (difficoltà a iniziare un movimento), atetosi (movimenti lenti, irregolari, continui), distonia (contrazioni muscolari involontarie, che costringono alcune parti del corpo ad assumere posture o movimenti anormali e spesso dolorosi).

Le alterazioni comportamentali si manifestano con apatia e depressione ma anche con psicosi, paranoia e disturbi compulsivo-ossessivi. Questa classe di disturbi spesso rappresenta l'esordio della malattia. I deficit cognitivi consistono in alterazioni della memoria e della comprensione del linguaggio. Infine, si osserva perdita di peso a causa della disfagia o anche per degenerazione dei neuroni ipotalamici che controllano le sensazioni di fame e sazietà. La morte è dovuta ad aspirazione del contenuto gastrico o orofaringeo a causa della disfagia oppure alle complicanze di cadute o infine al suicidio.

Le alterazioni neuropatologiche consistono nella morte selettiva dei neuroni spinosi GABAergici dello striato e in minor misura dei neuroni della corteccia cerebrale. Nelle fasi avanzate della malattia si ha una perdita di neuroni in diverse altre strutture cerebrali quali il globus pallidus, il nucleo subtalamico, la sostanza nera, il cervelletto, il talamo; tale perdita è accompagnata da proliferazione gliale.

L'eziologia della HD risiede in una mutazione che colpisce il primo esone del gene che codifica per la huntingtina. Tale mutazione consiste in un aumento del numero di copie del trinucleotide CAG ripetute in tandem e determina l'espansione di un segmento poliglutaminico nella regione N-terminale della proteina. Negli individui normali vi possono essere fino a 36 ripetizioni della tripletta;

ripetizioni superiori a 40 sono associate alla malattia. Pertanto la HD è classificata fra le malattie da espansione dei trinucleotidi ripetuti.

La huntingtina è una proteina espressa in molti tessuti anche al di fuori del SN e non sono noti i motivi della selettiva vulnerabilità delle cellule nervose e di quelle dello striato in particolare. All'interno della cellula la proteina è ampiamente distribuita essendo presente sia nel citoplasma sia nel nucleo. La mutazione della huntingtina agisce con un duplice meccanismo patogenetico: determina l'acquisizione di una funzione tossica di cui è responsabile la proteina mutata (meccanismo patogenetico di "guadagno di funzione") e la perdita di una funzione protettiva di cui è responsabile la mancanza della proteina sana (meccanismo patogenetico di "perdita di funzione"). Per quanto riguarda il primo meccanismo, le forme mutate della proteina si ripiegano in una conformazione a foglietto beta che, fungendo da collante, determina l'aggregazione di ulteriori frammenti della hungtintina mutata e di altre proteine con la formazioni di aggregati proteici che alterano la normale architettura della cellula e le sue funzioni. La mutazione della huntingtina determina anche la perdita della sua funzione anti-apoptotica. Inoltre, la huntingtina normale, ma non la sua controparte mutata, promuove la trascrizione del gene della neurotrofina BDNF da parte dei neuroni corticali e il suo trasporto assonale retrogrado cosicché il BDNF è poi captato dai terminali sinaptici dei neuroni dello striato sui quali esercita un'azione protettiva.

Infine, modelli animali indicano che la hantingtina mutata può alterare le funzioni dei mitocondri, sia direttamente, per esempio modificando le proprietà di membrana o indirettamente per incremento della trascrizione di geni pro-apoptotici e aumento della depolarizzazione della membrana mitocondriale. Infatti, la proteina mutata aumenta i livelli e l'attività trascrizionale dell'onco-soppressore p53 con incremento di BAX e PUMA. Quindi la HD, al pari di altre malattie neurodegenerative, mostra alterazioni della funzione mitocondriale.

Malattia di Alzheimer (Alzheimer's disease, AD)

È la più frequente malattia neurodegenerativa. È una malattia cronica e progressiva che si sviluppa in tarda età, essendo rara al di sotto di 60 anni e potendo colpire fino al 40% di individui al di sopra di 85 anni. I pazienti vanno incontro a demenza con una progressiva perdita di memoria, del linguaggio e del riconoscimento di oggetti e persone. L'AD è prevalentemente caratterizzata dalla perdita di neuroni dell'ippocampo e della corteccia delle regioni fronto-basali mediane e paramediane (*basal forebrain*), aree in cui sono situati i neuroni del setto che hanno importanti connessioni con l'ippocampo. Le aree cerebrali colpite dalla malattia presentano due tipi di aggregati proteici: le placche amiloidi (o placche senili) a localizzazione extracellulare e le matasse neurofibrillari (*neurofibrillary tangles*) localizzate all'interno della cellula. Le matasse neurofibrillari sono ricche di una proteina associata al citoscheletro, la proteina tau che appare in tali strutture iperfosforilata. Le placche amiloidi, invece sono aggregati costituiti da piccoli frammenti proteici, tossici, originati dal taglio proteolitico del precursore della proteina amiloide (APP). La proteina amiloide presente in tali aggregati ha una struttura a foglietto beta e si colora con il rosso congo. La maggior parte delle forme di AD è di tipo sporadico, tuttavia esistono rare forme familiari, a insorgenza precoce, dovute a mutazioni di geni, ereditate con un meccanismo autosomico dominante. Inoltre, l'aplotipo apoE4 rappresenta un forte fattore di rischio per l'insorgenza della malattia. Sia le forme sporadiche sia quelle familiari sono caratterizzate da un'aumentata produzione e accumulo di frammenti tossici Aβ derivati dal precursore APP. Per questo motivo si ritiene che nella patogenesi dell'AD sia importante la formazione della Aβ amiloide (ipotesi della cascata dell'amiloide). Pur tuttavia, per motivi ancora non chiari, la densità delle placche amiloidi, presenti nel cervello dei pazienti, non è correlata con la severità del quadro clinico. L'APP è una proteina transmembrana formata da una grossa porzione extracellulare, una porzione transmembrana e da una piccola coda intracitoplasmatica. La proteolisi ad opera di alcune isoforme dell'enzima secretasi, genera dei frammenti diffusibili tossici e potenzialmente amiloidogenici. In particolare, vi sono tre secretasi, α, β e γ, in grado di tagliare la proteina APP in selettivi residui aminoacidici. Le secretasi α e β, tagliano la proteina nella sua porzione extracellulare, lasciando il frammento C-terminale attaccato alla membrana, mentre la forma γ opera un taglio nella porzione posta all'interno della membrana. Il taglio da parte della secretasi α avviene fisiologicamente e non genera alcun peptide tossico. L'azione congiunta delle secretasi β e γ invece origina i frammenti tossici, amiloidogenici Aβ40 e Aβ42 (Fig. 10.4). La secretasi γ è un enzima multimerico formato da varie proteine, delle quali la presenilina 1(PS1), la Nicastrina, Aph-1 e Pen2 appaiono necessarie per la sua azione.

I peptici tossici Aβ40 e Aβ42, le protofibrille e gli aggregati da loro formati, sono in grado di alterare il funzionamento dei neuroni con diversi meccanismi fino a determinare la loro morte. Tuttavia, la successione temporale e il contributo dei singoli meccanismi nel determinismo della malattia ancora non sono sufficientemente chiari. Gli aggregati Aβ sono in grado di promuovere una morte neuronale di tipo eccitotossico, facendo rilasciare aminoacidi eccitatori dall'astroglia, quali il glutammato, con conseguente stimolazione dei recettori NMDA posti sui neuroni. Il calcio entrato nella cellula, determina attivazione della NO sintetasi con produzione di NO che reagendo con O_2^- forma perossinitrito ($ONOO^-$) responsabile dello stress ossidativo e nitrosativo. Le protofibrille e gli aggregati possono anche attivare la microglia, causando infiammazione con rilascio di citochine neurotossiche. Protofibrille e aggregati possono causare un blocco del trasporto assonale e dendritico. Inoltre, oligomeri Aβ, prima ancora che vi sia la formazione delle placche senili, determinano alterazioni funzionali e perdita di sinapsi. Infine, si osservano alterazioni dei mitocondri e quindi della produzione di energia, in grado di aggravare le alterazioni già presenti all'interno della cellula. I mitocondri possono essere danneggiati direttamente dai peptici tossici oppure dall'azione di radicali liberi. Nella tossicità di Aβ sembrano essere coinvolti anche alcuni metalli di transizione, quali Cu^{2+}, Fe^{2+} e Zn^{2+}, che interagendo con i frammenti Aβ, possono indurre sia l'aggregazione sia la tossicità del peptide attraverso la produzione di H_2O_2.

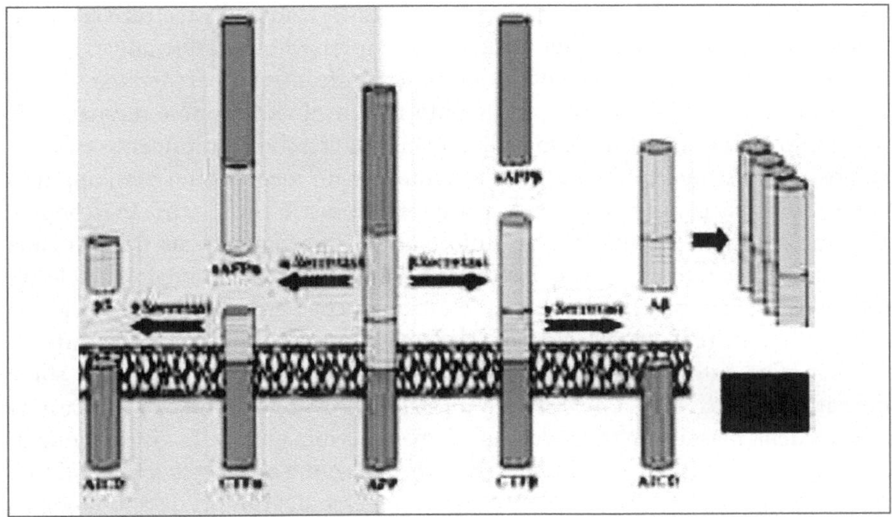

Fig. 10.4. Meccanismi di formazione della α-amiloide da proteolisi dell'APP. Nella figura è mostrata l'APP che attraversa la membrana, il dominio extracellulare e il dominio intracellulare. L'α-secretasi e γ-secretasi producono due frammenti (sAPPα e p3, rispettivamente) non amiloidogenici, come anche il frammento sAPPα prodotto dalla sola α-secretasi. Invece il taglio sequenziale di α-secretasi e γ-secretasi produce un frammento (Aβ) che aggrega per formare le placche amiloidi. La sostanza amiloide si caratterizza per insolubilità nelle comuni soluzioni saline, resistenza alla degradazione da parte degli enzimi proteolitici e alla fagocitosi. Legati alla membrana rimangono i frammenti AICD, dominio intracellulare dell'APP; CTFa o α, frammento carbossiterminale

Tumori del SNC

I tumori cerebrali rappresentano la seconda causa di morte nell'adulto per malattie neurologiche dopo l'ictus. Nel bambino, invece, sono i tumori solidi più frequenti, secondi solo alle leucemie. Il SNC può essere interessato sia da tumori primitivi cioè che originano nel SNC sia da metastasi di tumori localizzati in altri distretti anatomici. I più frequenti istotipi tumorali in grado di metastatizzare nel SNC sono in ordine di frequenza: il carcinoma polmonare, il carcinoma mammario, il melanoma, il carcinoma renale e infine il carcinoma del colonretto. Le metastasi cerebrali tendono a localizzarsi più frequentemente in determinati distretti: nella corteccia cerebrale perché è maggiormente vascolarizzata, negli spazi posti al di sopra del tentorio (telencefalo e diencefalo) perché hanno una massa superiore rispetto agli spazi sottotentoriali (cervelletto, bulbo, ponte e mesencefalo), nel territorio di afferenza dell'arteria cerebrale media, il più grande dei rami della carotide interna che irrorano l'encefalo.

In generale, le neoplasie del SNC si manifestano con una varia combinazione di segni e sintomi caratterizzati da un esordio subdolo e progressivo a differenza delle alterazioni cerebrovascolari in cui l'esordio tende a essere acuto. Le manifestazioni cliniche dei tumori cerebrali sono dovute a: 1) compressione focale del tessuto cerebrale; 2) edema peri-tumorale; 3) dislocazione di strutture cerebrali intracraniche; 4) ipereccitabilità neuronale; 5) ipertensione endocranica.

La compressione da parte del tumore nei confronti del parenchima sano, è aggravata dal fatto che il SNC è contenuto nell'involucro rigido e inespansibile del cranio. Pertanto anche i tumori benigni la cui crescita è tipicamente espansiva possono distruggere il tessuto circostante con un meccanismo per l'appunto compressivo. La compressione, nel caso agisca sui vasi, è anche causa di ischemia. L'edema che si osserva attorno al tumore può essere generato sia dall'ischemia stessa (edema citotossico) sia dall'alterata permeabilità dei vasi neoformati le cui cellule endoteliali presentano ampie fenestrature che permettono il passaggio di soluti e liquidi (edema vasogenico). L'edema citotossico, invece, è determinato dal rigonfiamento cellulare che segue l'inattivazione delle pompe Na/K, come descritto nel Box 10.2, *Come muore un neurone*. L'impossibilità di espansione esterna della massa tumorale e/o dell'edema determina anche la dislocazione di strutture cerebrali, che può indurre la loro erniazione attraverso vie di minore resistenza quali il tentorio e il forame ovale nel caso dei tumori del lobo temporale con conseguente compressione mesencefalica. Il blocco della circolazione liquorale risulta dalla compressione *ab extrinseco* delle vie di circolazione del liquor. Il quadro che ne consegue è quello dell'ipertensione endocranica, caratterizzata da cefalea, vomito, tipicamente improvviso e a getto, papilla da stasi, dovuta alla compressione edematosa del nervo ottico e disturbi psichici quali torpore mentale, ottundimento e sonnolenza. Infine, l'ipereccitabilità neuronale con la conseguente manifestazione clinica rappresentata dall'epilessia è presente in circa un terzo dei casi di tumore cerebrale, e può essere ricondotta alle alterazioni degli astrociti nella regione peritumorale. Gli astrociti perdono la capacità di sequestrare al proprio interno e quindi di tamponare la concentrazione degli ioni K^+ favorendo in tal modo una condizione di ipereccitabilità. È possibile inoltre che le alterazioni della connettività circuitale che hanno luogo per la presenza della massa tumorale, alterino il delicato equilibrio fra circuiti inibitori ed eccitatori.

Gliomi

I gliomi sono le più frequenti neoplasie primitive intracraniche (40%) e il 78% di tutti i tumori maligni del SNC. Essi rappresentano un complesso gruppo di neoplasie del sistema nervoso centrale che istogeneticamente prendono origine dalle cellule che costituiscono la cosiddetta macroglia: astrociti, oligodendrociti ed ependimociti. L'organizzazione mondiale della sanità (OMS) classifica i tumori cerebrali, e quindi anche i gliomi, secondo una scala (*grading*) di progressiva malignità. I criteri istologici utilizzati per assegnare il *grading* di un glioma sono i seguenti: atipia cellulare, che valuta la somiglianza delle cellule tumorali alla controparte normale; indice mitotico, che misura il numero di cellule in fase replicativa; necrosi cellulare all'interno del tumore; angiogenesi tumorale, data dalla presenza di vasi neoformati; infiltrazione del tessuto circostante.

I gliomi di grado I, costituiti essenzialmente dall'astrocitoma pilocitico, sono considerati benigni in quanto, sebbene talvolta difficili da asportare completamente a causa della sede di localizzazione, non recidivano nella quasi totalità dei casi. I gliomi di grado II sono considerati a basso grado di malignità (spesso si ritrova la dizione inglese, *low-grade*) per la lunga sopravvivenza dei malati mentre quelli di grado III e IV sono considerati ad alto grado (*high-grade*) di malignità per l'alto tasso di recidiva e per la scarsa durata della sopravvivenza nonostante i trattamenti combinati di chemioterapia e radioterapia.

Più dell'80% dei gliomi che insorgono al di sopra dei 50 anni di età sono di alto grado (III e IV).

I tumori cerebrali benigni presentano spesso margini ben distinti rispetto al parenchima circostante. Non tendono a infiltrare il tessuto circostante oppure l'infiltrazione è minima (grado I). Le cellule, il cui aspetto è molto simile a quello della controparte normale, si riproducono lentamente. I gliomi cerebrali di grado II, pur avendo una lenta crescita, con un indice mitotico basso, hanno la tendenza a infiltrare il parenchima cerebrale, potendo diventare difficilmente aggredibili dalla chirurgia. Inoltre durante la loro evoluzione naturale subiscono una trasformazione anaplastica nel 40-50% dei casi diminuendo così la sopravvivenza dei pazienti.

I gliomi ad alto grado di malignità presentano un alto tasso di recidiva poiché infiltrano il parenchima circostante anche a diversi centimetri dalla massa centrale. I limiti, anche macroscopici, sono spesso indistinti e danneggiano il tessuto cerebrale in cui penetrano. Le loro cellule si dividono più velocemente e assumono un aspetto polimorfo (atipie cellulari) fino ad apparire mostruose. Differentemente dai tumori maligni di altri distretti corporei, i gliomi ad alto grado recidivano in contiguità col sito primitivo di insorgenza e si diffondono, sebbene raramente, solo nell'ambito del SNC. In rarissimi casi, come per gli oligodendrogliomi, sono state osservate metastasi ossee.

Il glioblastoma multiforme (GBM) o glioma o astrocitoma di grado IV è il tumore astrocitario più frequente. Si tratta di un tumore altamente maligno, con una mediana di sopravvivenza di 6 mesi dalla diagnosi per i pazienti non trattati con alcuna terapia mentre nel caso in cui essi si sottopongano a trattamento chirurgico, radioterapico e chemioterapico l'*exitus* sopraggiunge nella maggioranza dei casi entro due anni. L'immunoreattività per la proteina gliale GFAP, presente nella gran parte dei casi, dimostra la natura astrocitaria del glioblastoma multiforme. Tuttavia tale positività può essere assente, in particolar modo, nelle forme composte prevalentemente da cellule altamente anaplastiche. Tali cellule possono circondare le zone di necrosi dando luogo a una caratteristica formazione istologica definita pseudopalizzata. Si riconoscono due forme istopatologicamente indistinguibili di GBM, originate tramite due distinte vie di progressione neoplastica e che si sviluppano in diverse età della vita. La forma meno frequente è rappresentata dal GBM che si sviluppa in seguito alla progressione maligna delle forme meno aggressive e più differenziate di glioma (grado II e III) ed è perciò definito anche GBM secondario o di tipo 1. L'età media dei pazienti affetti da GBM secondario è di circa 45 anni. Tale forma presenta sia aree cellulari poco differenziate sia zone in cui il differenziamento cellulare è mantenuto, a testimonianza del processo di progressione neoplastica dalle forme a basso grado. Il tempo necessario per la progressione dalle forme a basso grado al GBM di tipo 1 varia da alcuni mesi fino a decenni. L'altra forma di GBM, il GBM di tipo 2 o primitivo, si sviluppa *de novo*, non essendoci evidenza di una sua progressione a partire da precursori neoplastici di basso grado. Il picco di incidenza cade fra la sesta e la settima decade di vita. Il GBM secondario e quello primitivo presentano lesioni genetiche solo in parte sovrapponibili. Il GBM di tipo 2 è caratterizzato da un'elevata frequenza di amplificazione del gene del recettore dell'*epidermal growth factor* (EGF), del recettore del *platelet-derived growth factor-*α (PDGF-α) e delezioni del gene PTEN che codifica una proteina con attività tirosino fosfatasica. Il GBM secondario mostra una frequente mutazione, che si osserva anche nelle forme a basso grado, del gene oncosoppressore p53, e del gene MDM2. La proteina MDM2, legandosi a p53 ne blocca l'azione e ne favorisce la degradazione. La proteina p53, invece, è in grado di influenzare diverse funzioni cellulari, fra cui la progressione del ciclo cellulare, la riparazione del DNA, la stabilità del genoma e la possibilità per la cellula di morire per apoptosi in seguito a chemio- e/o radioterapia. Inoltre, si osservano mutazioni inattivanti dei geni che codificano le proteine p16 INK4a, e p14ARF. La proteina p16 INK4a si lega e inibisce la funzione della protein chinasi ciclina-dipendente 4 (CDK4). Quest'ultima agisce formando un complesso eterodimerico con la ciclina D1 che fosforila e inibisce la proteina soppressoria della crescita cellulare pRB. Pertanto, la mutazione inattivante di p16 INK, elimina il freno all'azione del complesso CDK4/ciclina D1, per cui la proteina pRB viene bloccata, favorendo così la proliferazione cellulare. Anche il gene della protein chinasi CDK4 è frequentemente amplificato. La proteina p14 ARF blocca l'azione della proteina MDM2, cosicché il suo mancato funzionamento finisce per inibire p53. Infine, la perdita di eterozigosi del cromosoma 10 (LOH 10q) è la lesione genica più frequente in entrambe le forme di GBM. Il GBM di tipo 1 e 2 differiscono anche nei profili di metilazione dei promotori genici e di espressione dei trascritti e delle proteine, a riprova del fatto che meccanismi molecolari diversi sono responsabili delle due forme di GBM. In sintesi, nel GBM si osservano alterazioni di tre principali vie di trasduzione del segnale: la via dei recettori tirosino-chinasici di membrana EGFR e PDGFR-A, la via dell'oncosoppressore p53 e la via dell'oncosoppressore pRB. La prima via di trasduzione del segnale appare iperfunzionante mentre le altre due (p53 e pRB) risultano ipofunzionanti.

Recentemente, è stata dimostrata la presenza di cellule staminali cancerose (*cancer stem cells*) all'interno del GBM. Esse sono identificate dall'antigene CD133/Prominina-1, una glicoproteina presente sulla membrana plasmatica. Tali cellule costituiscono una sotto-popolazione cellulare presente nella massa cancerosa, capace di riformare il GBM se reintrodotte in un ambiente permissivo (per es., topi immunodeficienti). Si ritiene che le cellule staminali cancerose CD133$^+$ siano responsabili della resistenza del tumore alle radiazioni ionizzanti e alla chemioterapia, potendo sia estrudere i farmaci dal loro interno sia riparare il danno indotto al DNA, in modo significativamente più efficace delle cellule tumorali non staminali.

Malattie cerebrovascolari

Le malattie cerebrovascolari (MCV) comprendono le alterazioni dell'encefalo e del midollo spinale derivanti da processi patologici che colpiscono i vasi sanguigni e quindi la circolazione ematica, alterando la corretta irrorazione dei tessuti. Pertanto ogni alterazione del cuore, dei vasi arteriosi o venosi, della crasi ematica, che sia in grado di causare un'alterazione del flusso sanguigno cerebrale, è, di fatto, coinvolta nella patogenesi delle MCV. Nel mondo occidentale la MCV rappresenta la terza causa di morte dopo le cardiopatie e il cancro e la prima causa di invalidità permanente. Circa la metà delle patologie che colpiscono il SNC sono MCV. La mancata irrorazione del tessuto cerebrale può realizzarsi in due modi diversi: per ischemia, a causa di un'occlusione di un vaso o per emorragia, perché il vaso si rompe. L'ischemia cerebrale è causa dei 4/5 delle MCV. Le cause principali di MCV, e quindi dell'occlusione o della rottura dei vasi cerebrali, sono rappresentate da: placche aterosclerotiche, emboli di derivazione cardiaca, disordini ematologici, vasculiti. Si riconoscono una serie di fattori di rischio la cui presenza è in grado di aumentare l'incidenza della MCV. Alcuni fattori di rischio sono modificabili dal comportamento personale o dalla terapia altri non possono essere modificati. Fra i fattori di rischio non modificabili riconosciamo l'età, il sesso, la razza o l'etnia e il patrimonio genetico. L'incidenza di MCV aumenta con l'età e la maggior parte delle persone affette ha più di 65 anni. I maschi presentano un'incidenza maggiore rispetto alle femmine, a causa del diverso assetto ormonale, ed è stato riscontrato un certo grado di familiarità. Infine, esistono alcune rare patologie monogeniche (per es., ipercolesterolemia familiare) che sono associate ad alta incidenza di ictus ma che poco incidono dal punto di vista epidemiologico. Fra i fattori di rischio modificabili abbiamo: l'ipertensione arteriosa, le cardiopatie embolizzanti e ischemiche fra cui è importante menzionare la fibrillazione atriale che a causa del ristagno di sangue nelle camere atriali "paralizzate" dall'aritmia, favorisce la formazione di coaguli all'interno del cuore e il rischio di fenomeni embolici, il diabete mellito, il fumo di sigaretta, l'ipercolesterolemia, l'obesità, l'inattività fisica, le malformazioni arterovenose, il forte consumo di alcool, l'uso di droghe, i contraccettivi orali, i frequenti attacchi di emicrania, gli anticorpi anti-cardiolipina, le alterazioni della crasi ematica e dei fattori della coagulazione (per es., policitemia, alterazioni dell'ematocrito, anemia falciforme, leucocitosi, iperomocisteinemia, iperfibrinogenemia, deficit di antitrombina III, di proteina C ed S). Clinicamente abbiamo tre manifestazioni principali della MCV che si differenziano per la durata della sintomatologia:

1) l'attacco ischemico transitorio, TIA (*transitory ischemic attack*), caratterizzato da deficit neurologici focali che regrediscono entro 24 ore;

2) l'attacco ischemico reversibile, RIND (*reversible ischemic neurologic deficit*) dove i deficit, invece, persistono per più di 24 ore ma meno di 3 settimane;

3) l'ictus o apoplessia cerebrale caratterizzato da deficit neurologici permanenti che differiscono in relazione al distretto cerebrale colpito e la sua entità. Sulla base delle componenti vascolari colpite, distinguiamo quattro tipi di ictus da infarto: a) la malattia dei grandi vasi che causa infarti regionali per ostruzio-

ne dei grandi vasi carotidei e vertebro-basilari, il cui meccanismo prevalente è rappresentato dall'embolia o dalla trombosi; b) la malattia dei piccoli vasi che determina infarti lacunari o microinfarti multipli per ostruzione dei vasi perforanti, le cui cause principali sono l'aterosclerosi, l'ipertensione e il diabete mellito; c) l'infarto venoso causato dalla trombosi dei seni venosi o delle vene della corteccia cerebrale, per infezioni provenienti da focolai adiacenti (orecchio medio, seni paranasali), per condizioni di ipercoagulabilità o per disidratazione; d) l'ischemia generale o globale che determina una necrosi diffusa dei neuroni corticali e si realizza quando vi sia una generale insufficienza di ossigenazione o del flusso di sangue al cervello. L'intossicazione da monossido di carbonio, l'arresto cardiaco o gravi forme di ipoglicemia sono cause di necrosi diffusa.

La lesione anatomo-patologica finale dell'infarto cerebrale è rappresentata dal rammollimento dell'area interessata cui fa seguito una reazione gliale fibrosa che circoscrive una cavità cistica. L'area infartuata appare pallida per il mancato afflusso di sangue ai tessuti (infarto pallido o anemico). In seguito tale zona può apparire di colore rosso nel caso in cui vi sia la lisi dell'embolo ostruente con ritorno del sangue nella sede infartuata. Il sangue sopraggiunto nella zona infartuata fuoriuscirà dai vasi oramai alterati (infarto emorragico). In presenza di un'occlusione vascolare si realizza una successione di alterazioni biochimiche, delle quali le principali sono di seguito descritte. L'alterato afflusso di sangue determina una diminuzione di ossigeno e glucosio con conseguente deplezione di ATP e creatina fosfato intracellulare mentre i livelli di acido lattico aumentano. A questo stato di insufficienza energetica fa seguito l'alterata omeostasi degli elettroliti caratterizzata dall'entrata di Na^+ e acqua nella cellula e dalla fuoriuscita del K^+. Si determina in tal modo l'edema citotossico. Segue il rilascio cellulare del glutammato e l'aumento della concentrazione del calcio intracellulare, dovuto sia all'entrata dall'esterno sia a un aumento del pool intracellulare per rilascio dal reticolo endoplasmatico. Il calcio, libero all'interno della cellula, è in grado di attivare una serie di enzimi e proteine coinvolti con varie modalità in diverse forme di danno cellulare quali la degradazione di substrati, lo stress ossidativo e l'apoptosi.

È interessante riportare che sia in modelli animali sia nell'uomo è stata dimostrata come conseguenza dell'ictus cerebrale, una stimolazione della neurogenesi endogena. Per esempio, nel modello murino di ischemia cerebrale del nucleo striato causato dall'occlusione sperimentale dell'arteria cerebrale media, si osserva la generazione di nuovi neuroni nella zona subventricolare (SVZ) e la loro migrazione nello striato. Nello striato essi differenziano ed esprimono marcatori specifici dei neuroni spinosi medi striatali. Pertanto, il cervello leso non solo stimola la neurogenesi nel cervello adulto ma fornisce anche informazioni per un'atipica migrazione e uno specifico differenziamento (vedi anche il Capitolo 7, *Le cellule staminali neurali* e il Box 7.1, *La neurogenesi nell'adulto: la fine di un dogma*). Sebbene rimanga ancora controverso il contributo della neurogenesi al recupero funzionale conseguente all'ictus, attualmente la manipolazione della neurogenesi endogena, nelle sue varie tappe (per es., proliferazione, differenziamento e sopravvivenza cellulare) rappresenta un promettente campo per l'applicazione di nuove terapie delle MCV. Tali strategie terapeutiche, a differenza delle terapie convenzionali, sono volte al ripristino dei circuiti neuronali danneggiati.

Letture consigliate

Abou-Sleiman PM, Muqit MM, Wood NW (2006) Expanding insights of mitochondrial dysfunction in Parkinson's disease. Nat Rev Neurosci 7:207–219

Brunelli S, Faiella A, Capra V et al (1996) Germline mutations in the homeobox gene EMX2 in patients with severe schizencephaly. Nat Genet 12:94–96

Cattaneo E, Faiella A, Capra V et al (2005) Normal Huntington function: an alternative approach to Huntington's disease. Nat Rev Neurosci 6:919–930

Colucci-D'Amato L, Perrone-Capano C, di Porzio U (2003) Chronic activation of ERK and neurodegenerative diseases. Bioessays 25:1085–1095

Goedert M, Spillantini MG (2006) A century of Alzheimer's Disease. Science 314:777–781

Gusella JF, MacDonald ME (2006) Huntington's disease: seeing the pathogenic process through a genetic lens. Trends Biochem Sci 31:533–540

Kokaia Z, Lindvall O (2003) Neurogenesis after ischaemic brain insults. Curr Opin Neurobiol 13:127–132

Lees AJ, Hardy J, Revesz T (2009) Parkinson's disease. Lancet 373:2055–2066

Leo D, Adriani W, Cavaliere C et al (2009) Methylphenidate to adolescent rats drives enduring changes of accumbal Htr7 expression: implications for impulsive behavior and neuronal morphology. Genes Brain Behav 8:356–368

Perrone Capano C, Pernas-Alonso R, di Porzio U (2001) Neurofilament homeostasis and motoneurone degeneration. Bioessays 23:24–33

Schulz JB (2008) Update on the pathogenesis of Parkinson's disease. J Neurol 255(S5):3–7

Slow EJ, Graham RK, Hayden MR (2005) To be or not to be toxic: aggregations in Huntington and Alzheimer disease. Trends Genet 22:404–408

Steinlein OK (2004) Genetic mechanisms that underlie epilepsy. Nat Rev Neurosci 5:400–408

Stiles CD, Rowitch DH (2008) Glioma stem cells: a midterm exam. Neuron 58:832–846

Box 10.1. Cervello, immunità e infiammazione

Il SNC, insieme a pochi altri distretti anatomici dell'organismo, è un sito immunologicamente privilegiato (santuario immunitario), ovvero un luogo dove in condizioni normali, i meccanismi di immunosorveglianza sono limitati e la risposta immunitaria adattativa mediata dai linfociti non ha luogo. Allotrapianti e xenotrapianti, prontamente rigettati da altri distretti anatomici, sono invece in grado di sopravvivere, almeno parzialmente, quando impiantati nel cervello, da cui la dizione di sito immunologicamente privilegiato. Il SNC è privo di vasi linfatici, di organi linfoidi secondari, quali i linfonodi, dove antigene e linfociti si incontrano e, infine, è fisicamente separato dalle cellule del sangue e dalle grosse molecole solubili ad opera della barriera emato-encefalica (BEE).

Quest'ultima è responsabile dell'isolamento del cervello dalle componenti cellulari (linfociti) e molecolari (anticorpi) del sistema immunitario (SI). La BEE è una struttura formata da vasi sanguigni formati da cellule endoteliali specializzate intimamente unite da particolari strutture cellulari, le giunzioni strette (*tight junctions*) e le giunzio-

(*cont.*→)

(**Box 10.1.** *continua*)

ni aderenti (*adherens junction*), che costituiscono un endotelio continuo. Tali vasi sono rivestiti da estroflessioni citoplasmatiche degli astrociti, dette peduncoli astrocitari, che contribuiscono a impedire il passaggio di specifiche molecole dal sangue al cervello. La principale funzione riconosciuta alla BEE è quella di mantenere costante la composizione chimica del "milieu" neuronale per permettere il corretto funzionamento dei circuiti nervosi, della trasmissione sinaptica, della neurogenesi e del rimodellamento neuronale. A tal fine la BEE limita l'entrata nel SNC di componenti del plasma, di globuli rossi e leucociti. Alcuni di questi componenti ematici esercitano un'importante funzione difensiva nei confronti dei processi infettivi che pertanto quando si manifestano nel cervello sono più difficilmente contrastabili dalle difese endogene. Questo contribuisce a rendere le infezioni del SNC particolarmente suscettibili di un decorso infausto. Oltre alla BEE, altri fattori sono stati invocati per spiegare il "privilegio immunitario" del SNC. Fra questi fattori i più importanti sono: scarsa espressione delle molecole del sistema maggiore di istocompatibilitrà (MHC) e assenza di cellule presentanti l'antigene, entrambi essenziali per l'attivazione dei linfociti T helper. Oggi tuttavia diversi dati sperimentali indicano che il cervello è più permissivo a una risposta immunitaria di quanto non fosse precedentemente ritenuto. Innanzitutto è stata dimostrata nel cervello, anche in condizioni fisiologiche, la presenza di un ricircolo di linfociti sia non attivati sia attivati. Inoltre, si è visto che l'esposizione a stimoli infiammatori induce l'espressione di molecole MHC I e II permettendo, così, l'attivazione di linfociti sia di tipo CD8 sia di tipo CD4.

Autoimmunità neuroprotettiva

La visione di un SNC fisiologicamente escluso dalla risposta immunitaria adattativa, è stata addirittura ribaltata da una serie di esperimenti che indicano come i linfociti nel cervello contribuiscano al mantenimento dell'integrità dei circuiti neuronali e inoltre favoriscano i fenomeni riparativi in seguito a una lesione. Michal Schwartz dell'Istituto Weizmann, in Israele ha pertanto introdotto il concetto di autoimmunità neuroprotettiva. In precedenza, il concetto di autoimmunità era unicamente legato a condizioni patologiche, quali la sclerosi multipla, il diabete di tipo I o l'artrite reumatoide solo per citare alcune fra le più note malattie. In tali affezioni il SI alterato rivolge contro l'organismo i propri componenti (linfociti o anticorpi) attaccando strutture "self" e danneggiando tessuti e funzioni.

In modelli murini, linfociti autoreattivi per la proteina basica della mielina (MBP) isolati da animali in cui era stata in precedenza indotta una lesione spinale, iniettati in altri animali con una simile lesione spinale, determinavano un miglior recupero delle funzioni neurologiche di questi ultimi. Inoltre, lesioni del nervo ottico presentavano minor recupero in animali con un sistema immunitario compromesso per la mancanza di linfociti T.

Attualmente sono ignoti i meccanismi mediante i quali i linfociti autoreattivi presenti normalmente nel SNC sano sfuggano al controllo e diventino patologici causando malattie autoimmuni come la sclerosi multipla. Tuttavia si ritiene che un ruolo importante sia svolto dalla sottopopolazione dei linfociti regolatori (Treg) in grado di bloccare la proliferazione dei linfociti attivati e quindi di spegnere o di limitare la risposta immunitaria. Un'ipofunzione dei linfociti Treg potrebbe far diventare la risposta autoimmune da protettiva a patologica. Infine è stato dimostrato che anche le cellule staminali neurali hanno capacità immunosoppressive essendo in grado di bloccare la proliferazione di cloni linfocitari autoreattivi in modelli sperimentali di sclerosi multipla.

(*cont.*→)

(**Box 10.1.** *continua*)

In conclusione, il cervello è, sia pur in misura minore rispetto ad altri organi, immunocompetente. Anzi in condizioni normali di assenza di malattia, una risposta immunitaria contro antigeni self testimoniata dalla presenza di linfociti autoreattivi, svolge una funzione omeostatica di mantenimento dell'integrità dei circuiti. Inoltre, in presenza di una lesione o di una degenerazione neuronale i linfociti autoreattivi contribuiscono a contrastare gli effetti della *noxa* patogena. Tuttavia l'autoreattività del SI nel cervello rappresenta un giano bifronte, infatti il venire meno dei meccanismi di controllo dell'attività dei linfociti autoreattivi può scatenare patologie come la sclerosi multipla dove la mielina è attaccata e distrutta dal sistema immunitario.

Letture consigliate

Cassan C, Liblau RS (2007) Immune tolerance and control of CNS autoimmunity: from animal models to MS patients. J Neurochem 100:883–892

Ekdahl CT, Kokaia Z, Lindvall O (2009) Brain inflammation and adult neurogenesis: the dual role of microglia. Neuroscience 158:1021–1029

Sternberg EM (2000) The balance within. The science connecting health and emotions. WH Freeman and Company, New York

Yoles E, Hauben E, Palgi O et al (2001) Protective autoimmunity is a physiological response to CNS trauma. J Neurosci 21:3740–3748

Box 10.2. Come muore un neurone

I processi di morte cellulare rivestono una particolare importanza nella fisiopatologia del SNC. Durante il suo sviluppo il SNC è interessato da imponenti fenomeni di morte neuronale che svolgono l'importante ruolo di plasmarne la citoarchitettura e di stabilire quali circuiti saranno attivi nella vita adulta (cosiddetta morte cellulare programmata). Dal periodo post-natale in poi, invece, i fenomeni di morte cellulare nel SNC costituiscono un serio problema, dal momento che l'attività rigenerativa neuronale è pressoché assente o comunque assai limitata (si veda il Capitolo 7, *Le cellule staminali neurali* e il Box 7.1, *La neurogenesi nell'adulto: la fine di un dogma*), per cui i neuroni morti, difficilmente saranno sostituiti da altri neuroni. Infine, si consideri che, i neuroni, in quanto cellule perenni, si trovano a dover fronteggiare, per tempi molto lunghi, un vasto numero di insulti esogeni ed endogeni (per es. radicali liberi, proteine danneggiate), mettendo in atto processi di adattamento che devono poter contrastare tali insulti, rendendoli compatibili con la sopravvivenza cellulare.

Sono state descritte varie modalità con cui una cellula, incluso il neurone, può morire. Essenzialmente la morte cellulare è divisa in due ampie categorie: la morte cellulare non-programmata (*non programmed cell death*, N-PCD) e la morte cellulare programmata (PCD). La N-PCD non richiede trascrizione genica e biosintesi proteica, avviene in modo passivo, accidentale e disordinato (è anche detta "*accidental cell death*") e provoca infiammazione dei tessuti adiacenti. È spesso anche definita morte per necrosi, sebbene, più correttamente, la necrosi rappresenti il quadro istologico caratterizzato dall'insieme

(*cont.*→)

(**Box 10.2.** *continua*)

delle alterazioni tessutali che conseguono a tale tipo di morte cellulare. Il processo di morte cellulare accidentale è invariabilmente accompagnato dal rigonfiamento della cellula da parte di liquidi (rigonfiamento idropico). Tale processo è perciò, come proposto dal patologo Guido Majno, meglio definito come morte per oncosi, o semplicemente oncosi (dal greco *ònkos*, rigonfiamento, quindi morte per rigonfiamento), riprendendo un termine utilizzato per la prima volta da von Recklinghausen nel 1910. Nel processo di morte per oncosi, particolare importanza riveste l'alterazione delle pompe di membrana ATP-dipendenti, quali la pompa Na^+-K^+. La deplezione dei livelli di ATP, dovuta a una diminuzione della fosforilazione ossidativa mitocondriale, come avviene in caso di ipossia, blocca l'attività delle pompe di membrana, le quali per generare la propria energia devono idrolizzare le molecole di ATP ad opera di ATPasi intrinseche. All'inattivazione delle pompe Na^+-K^+ di membrana, segue l'entrata degli ioni Na^+ all'interno della cellula. Questi, essendo molecole osmoticamente attive, richiamano acqua, determinando così il rigonfiamento cellulare e del reticolo endoplasmatico. La diminuzione di ATP e il conseguente aumento dei livelli di AMP, indotti dalla carenza di ossigeno, determinano anche l'attivazione della glicolisi anaerobica, mediante la quale la cellula produce ATP dalle riserve di glicogeno, che viene in tal modo esaurito. La glicolisi anaerobica genera acido lattico e fosfati inorganici, con un conseguente abbassamento del pH intracellulare, che diminuisce l'attività di molti enzimi utili per la vita della cellula. Inoltre, il pH acido facilita l'azione di altri enzimi, quali le idrolasi acide (che comprendono proteasi, nucleasi, glicosidasi, lipasi ecc.), contenute nei lisosomi e liberate nel citoplasma durante le fasi avanzate del danno cellulare. Se i lisosomi si rompono infatti, la cellula stessa viene distrutta, poiché gli enzimi che essi contengono sono capaci di scindere tutti i composti principali presenti nella cellula. Nella cellula danneggiata si assiste anche a un aumento della concentrazione di calcio libero citoplasmatico. Il calcio deriva sia dall'interno della cellula dove è compartimentalizzato nei mitocondri e nel reticolo endoplasmatico sia dall'esterno dove è presente in alte concentrazioni. Anche l'aumento di calcio citosolico dipende dall'inattivazione delle pompe presenti sulla membrana plasmatica e sulle membrane di alcuni organuli intracellulari, per il cui funzionamento è richiesta energia fornita dall'ATP. Il calcio libero attiva una serie di enzimi, quali fosfolipasi, proteasi, endonucleasi, ATPasi che contribuiscono alla degradazione dei vari componenti cellulari. La carenza di ATP determina anche una riduzione della biosintesi proteica a causa del distacco dei ribosomi dal reticolo endoplasmatico rugoso e una dissociazione dei polisomi in monosomi. Alla morte cellulare per oncosi contribuiscono in modo rilevante anche le alterazioni dei mitocondri. Questi possono essere danneggiati direttamente da tossine di varia natura (rotenone, molecole cariche positivamente come MPP+ o 1-methyl-4-phenylpyridinium, l'acido 3-nitropropionico o 3-NP) o indirettamente da molecole prodotte durante il danno cellulare (radicali liberi, aumento del calcio citosolico, fosfolipasi attivate) rilasciando idrogenioni e citocromo c dalla membrana interna per la formazione del cosiddetto poro di transizione di permeabilità mitocondriale (*mithocondrial permeability transition pore*). La perdita di idrogenioni e di citocromo C compromette la fosforilazione ossidativa, alterando il potenziale di membrana e la catena di trasporto elettronico. Si noti che il rilascio del citocromo c può attivare un *pathway* apoptotico (vedi apoptosi).

L'altra modalità di morte neuronale è rappresentata dalla PCD di cui la forma più conosciuta e meglio studiata è l'apoptosi. Esistono vari tipi di PCD. Tutte le forme di morte tipo PCD sono considerate tali, programmate, 1) perché condividono la caratteristica di realizzarsi in seguito all'attivazione di un programma intracellulare geneticamen-

(*cont.*→)

(**Box 10.2.** *continua*)

te codificato che presiede alla biosintesi di proteine la cui azione risulterà nella degrada-zione della cellula, 2) perché esiste all'interno della cellula un orologio che attiva o disat-tiva (programma) i suddetti percorsi di morte al momento giusto (come vedremo esisto-no varie malattie del SNC dove la programmazione della morte cellulare è alterata in difetto o in eccesso), 3) perché non provocano infiammazione dei tessuti adiacenti, e 4) perché possono riguardare selettivamente una o più cellule all'interno di un tessuto.

Sono stati descritti almeno tre tipi di PCD che manifestano morfologie e meccanismi peculiari: tipo I (apoptosi); tipo II (autofagia), tipo III (paraptosi o trofotossicità).

L'apoptosi, (PCD I) è caratterizzata da alterazioni morfologiche e biochimiche conse-guenti all'attivazione delle caspasi, una classe di enzimi (cistein-proteasi che riconoscono residui aminoacidici di aspartato) che degradano un vasto numero di substrati proteici causando il suicidio della cellula. La cellula apoptotica mostra alterazioni nucleari quali la condensazione della cromatina e poi la frammentazione del nucleo. Il DNA è tipicamen-te tagliato in frammenti discreti, multipli della lunghezza di un neucleosoma, corrispon-denti a circa 180-200 bp. La cellula si raggrinzisce, condensando i propri organuli. La membrana plasmatica mostra estroflessioni (*blebs*), che poi si distaccano formando i caratteristici corpi apoptotici, contenenti parti della cellula morta. La fosfatidilserina nor-malmente presente sulla faccia interna della cellula si ritrova sul versante esterno. L'apoptosi può essere attivata attraverso tre percorsi: uno estrinseco, originato dalla mem-brana plasmatica e due intrinseci originati dal mitocondrio o dal reticolo endoplasmati-co. La via estrinseca, tipicamente, ha inizio con l'attivazione di una proteina recettore pre-sente sulla membrana plasmatica costituita da un dominio extracellulare che interagisce con un ligando, un dominio idrofobico che ne permette l'ancoraggio alla membrana e un dominio intracellulare deputato alla trasduzione del segnale di morte. Il segnale origina-to da tale dominio innesca la cascata delle caspasi con l'attivazione di una caspasi inizia-trice, la caspasi-8 che, a sua volta, attiva le caspasi effettrici rappresentate dalle caspasi-3, -6, -7, le quali degradano le proteine della cellula e, attivando le endonucleasi, determina-no la tipica frammentazione inter-nucleosomica del DNA. Le caspasi effettrici possono essere attivate anche attraverso la via intrinseca mitocondriale. In questo caso la loro atti-vazione è scatenata dall'apoptosoma, un complesso proteico formato dal citocromo C, una proteina della membrana interna del mitocondrio rilasciata nel citosol, dalla protei-na adattatrice APAF-1 (*adaptor protein apoptotic activating factor-1*) e dalla caspasi-9. Quest'ultima è la caspasi iniziatrice che attivata all'interno dell'apoptosoma, agisce sulle caspasi effettrici -3, -6, -7.

Esiste un intricato network di molecole in grado di modulare finemente il processo apoptotico. In tal modo la vita o la morte (apoptotica) della cellula risulterà la conseguen-za di un bilanciamento fra fattori pro-apoptotici e fattori anti-apoptotici. Le proteine della famiglia Bcl-2 giocano un ruolo fondamentale in tale processo. Le proteine Bax, Bak, Bim, tBid, Bad, Puma e Noxa sono fattori pro-apoptotici, i quali laddove non adeguatamente controbilanciati dalla presenza di fattori anti-apoptotici formano dei pori sulla membra-na mitocondriale, permettendo il rilascio di molecole quali il già citato citocromo C, ma anche Smac/DIABLO, Omi/HtrA2, AIF e l'endonucleasi G, proteine importanti nella pro-secuzione della cascata apoptotica. Invece Bcl-2 e BCL-xL, interagiscono con i fattori pro-apoptotici, prevenendo, così la formazione del poro della membrana mitocondriale ester-na. Anche Nurr77 prende parte a questa fine modulazione favorendo l'apoptosi tramite il legame con Bcl-2. Infine, l'apoptosi può essere inibita dalle proteine XIAP (*X-linked inhi-bitor of apoptosis*) che bloccano direttamente alcune caspasi.

(*cont.*→)

(**Box 10.2.** *continua*)

Anche il reticolo endoplasmatico (RE) è in grado di originare una cascata apoptotica. In questo caso, gli eventi molecolari sono meno conosciuti, tuttavia è chiaro che il RE è un importante sensore di stimoli pro-apoptotici. Fra gli stress che inducono il RE a originare la cascata pro-apoptotica, rivestono un ruolo importante le alterazioni della conformazione proteica (*protein misfolding*). Un eccessivo accumulo di tali proteine induce la generazione di segnali APAF-dipendenti e APAF-indipendenti, entrambi in grado di attivare la caspasi-9 e i successivi eventi molecolari che porteranno alla morte cellulare. È stato osservato anche un *pathway* caspasi-8-dipendente originato da stress del RE.

Nel complesso il processo apoptotico può essere suddiviso in tre fasi: una fase di inizio, una di controllo o modulazione e una effettrice su cui convergono sia il *pathway* estrinseco sia quello intrinseco. È possibile individuare la cellula che muore per apoptosi identificando marcatori molecolari rivelabili con tecniche istologiche e immunoistochimiche (morfologia nucleare, TUNEL o *terminal deoxynucleotidyl transferase biotin-dUTP nick end labeling* che identifica le specifiche rotture del DNA), o citofluorimetriche (TUNEL, Annessina V), con analisi di proteine come il citocromo c o come le caspasi attivate (le caspasi sono prodotte a partire da un precursore detto zimogeno che viene attivato per l'azione di proteasi).

La morte cellulare per autofagia (ACD, PCD II), è un tipo di morte cellulare definita morfologicamente (soprattutto mediante microscopia elettronica a trasmissione) dall'assenza di condensazione cromatinica e accompagnata da una consistente vacuolizzazione del citoplasma. La sola presenza di vacuoli all'interno di una cellula morente non è sufficiente per distinguere una morte per (a causa di) autofagia da una morte con autofagia. Quest'ultimo rimane uno dei punti di maggior discussione sullo studio dell'autofagia e dell'ACD.

L'autofagia (dal greco "che si mangia da sé", autodigestione) è di per se stessa un meccanismo fisiologico con cui la cellula elimina detriti e strutture alterate, favorendone il ricambio. Per alcuni tipi cellulari, quali i neuroni, che sono cellule perenni, a lunga vita e incapaci di duplicarsi, i processi autofagici rivestono un ruolo particolarmente importante. Mentre l'accumulo di proteine tossiche rappresenta un'evenienza meno grave per cellule capaci di rapida divisione che generando cellule figlie diluiranno anche le proteine alterate. Esistono varie forme di autofagia. La macroautofagia, consiste nella digestione di grosse quantità di materiale citosolico che vengono sequestrate in un vacuolo detto autofagosoma. L'autofagosoma fondendosi con il lisosoma, riversa al suo interno il materiale contenuto che verrà degradato dagli enzimi lisosomiali. La microautofagia, consiste nell'eliminazione di piccole quantità di materiale cellulare che sono direttamente endocitate dal lisosoma senza essere prima vacuolizzate. Infine l'autofagia mediata da chaperonine (*chaperon mediated autophagy*, CMA) rappresenta un meccanismo più preciso di eliminazione delle proteine alterate che sono indirizzate nei lisosomi da chaperonine citosoliche. Queste ultime riconoscono selettivi recettori, quali ad esempio Lamp-2A, presenti sulla membrana lisosomiale dove rilasciano il proprio carico. La chinasi TOR (*target of ripamycin*) rappresenta il più noto trasduttore del segnale macroautofagico in grado di attivare una serie di proteine pro-autofagiche.

Oggi sono stati individuati numerosi geni coinvolti nell'autofagia (*ATG genes*). La creazione di modelli animali privi di tali geni ha permesso di comprenderne il ruolo in fisiologia e in patologia. I più studiati sono la beclina-1, ATG5 e ATG7. In particolare topi mancanti della beclina-1 o di ATG7 manifestano una maggiore propensione a sviluppare neurodegenerazione. Altri esperimenti invece dimostrano che indurre il blocco dell'apop-

(*cont.*→)

(**Box 10.2.** *continua*)

tosi sperimentalmente può causare morte autofagica. Il bilancio fra autofagia fisiologica o protettiva e morte per autofagia appare un processo regolato in modo estremamente fine, complesso ed è in larga parte sconosciuto.

Paraptosi (trofotossicità o PCD III). Si tratta di una morte cellulare indotta dall'attivazione di recettori per fattori di crescita quali ILGF1R (*insulin like growth factor 1 receptor*). Comporta l'attivazione della via di segnalazione intracellulare delle MAPK (*mitogen-activated protein kinases*). Non dipende dall'attivazione delle caspasi.

Lo studio degli eventi molecolari che presiedono ai vari tipi di morte cellulare può avere implicazioni applicative di tipo terapeutico tese a prevenire la morte cellulare per neurodegenerazione, per rigetto (trapianti), per invecchiamento, o a facilitarla, come nel caso di terapie oncologiche.

Letture consigliate

Bredesen DE, Rao RV, Mehlen P (2006) Cell death in the nervous system. Nature 443:796–802
Krantic S, Mechawar N, Reix S, Quirion R (2005) Molecular basis of programmed cell death involved in neurodegeneration. Trends Neurosci 28:670–676

Chi sono i neuroscienziati?

I neuroscienziati hanno diverse competenze scientifiche e professionali che elenchiamo qui di seguito.

Neuroanatomista	Studia il sistema nervoso (SN) dal punto di vista morfologico
Neurobiologo	Studia la biologia, in particolare la biologia cellulare, del SN
Neurochimico	Studia la chimica del SN (per es. i neurotrasmettitori)
Neurochirurgo	Cura le malattie del SN mediante la chirurgia
Neurologo	Diagnostica e cura le malattie del SN con i farmaci
Neuropatologo	Studia i meccanismi delle malattie del SN e le relative alterazioni morfologiche
Neurofarmacologo	Studia l'azione dei farmaci sul SN e/o sul comportamento
Elettrofisiologo	Studia le risposte elettriche del SN
Neuropsicologo	Studia il comportamento e le funzioni cognitive in relazione alle strutture anatomiche cerebrali
Neuroradiologo	Usa metodi d'immagine come raggi X, NMR, TC e angiografia per la diagnosi delle malattie del SN
Psicologo	Studia il comportamento degli individui
Psichiatra	Diagnostica e cura le malattie mentali

Premi Nobel in Fisiologia o Medicina e in Chimica per studi di neuroscienze

"Don't be afraid of hard work. Nothing worthwhile comes easily. Don't let others discourage you or tell you that you can't do it. [...] It is important to go into work you would like to do. Then it doesn't seem like work. You sometimes feel it's almost too good to be true that someone will pay you for enjoying yourself. I've been very fortunate that my work led to useful drugs for a variety of serious illnesses. The thrill of seeing people get well who might otherwise have died of diseases like leukemia, kidney failure, and herpes virus encephalitis cannot be described in words"[1].

1906 - Camillo Golgi, Santiago Ramón y Cajal, "in riconoscimento del loro lavoro sulla struttura del sistema nervoso".

1911 - Allvar Gullstrand "per il suo lavoro sulla refrazione della luce nell'occhio".

1914 - Robert Bárány "per il suo lavoro sulla fisiologia e patologia dell'apparato vestibolare".

1927 - Julius Wagner-Jauregg, "per la sua scoperta del valore terapeutico dell'inoculazione della malaria nel trattamento della demenza paralitica".

1932 - Sir Charles Sherrington, Edgar Adrian, "per le loro scoperte sulle funzioni dei neuroni".

1935 - Hans Spemann "per la sua scoperta dell'effetto dell'organizzatore nello sviluppo embrionale".

1936 - Sir Henry Dale, Otto Loewi, "per le loro scoperte concernenti la trasmissione chimica degli impulsi nervosi".

1944 - Joseph Erlanger, Herbert S. Gasser, "per le loro scoperte concernenti le funzioni altamente differenziate di singole fibre del nervo".

1949 - Walter Rudolf Hess e Antonio Caetano de Abreu Freire Egas Moniz "per la sua scoperta dell'organizzazione funzionale dell'interbrain come coordina-

---

[1] "Non abbiate paura del duro lavoro. Nulla di utile arriva facilmente. Non lasciate che gli altri vi scoraggino o vi dicano che non potete farlo. [...] È importante fare il lavoro che vi piacerebbe. Allora non sembra un lavoro. A volte sembra che sia quasi troppo bello per essere vero che qualcuno pagherà perché ci si diverta. Sono stata molto fortunata che il mio lavoro abbia condotto a farmaci utili per molte malattie gravi. L'emozione di vedere guarire persone che altrimenti sarebbero morte di malattie come leucemia, insufficienza renale o encefalite da virus erpetico non può essere descritta a parole". Tratto da: *Nobel Lecture* di Gertrude B. Elion, che ricevette il premio per la Fisiologia o la Medicina nel 1988.

tore delle attività del organi interni" (Hess), "per la sua scoperta del valore terapeutico della leucotomia (o lobotomia) in determinate psicosi" (Moniz).

1957 - Daniel Bovet "per le sue scoperte concernenti composti sintetici che inibiscono l'azione di determinate sostanze del corpo e particolarmente la loro azione sul sistema vascolare e sui muscoli".

1961 - Georg von Békésy "per le sue scoperte del meccanismo fisico di stimolo all'interno della coclea".

1963 - Sir John Eccles, Alan L. Hodgkin, Andrew F. Huxley, "per le loro scoperte sui meccanismi ionici coinvolti nell'eccitazione e nell'inibizione delle membrane delle cellule nervose".

1967 - Ragnar Granit, Haldan K. Hartline, George Wald, "per le loro scoperte sui processi fisiologici primari e sui processi chimici visivi dell'occhio".

1970 - Sir Bernard Katz, Ulf von Euler, Julius Axelrod, "per le loro scoperte riguardo i trasmettitori umorali nelle terminazioni nervose ed i meccanismi per il loro accumulo, rilascio ed inattivazione".

1973 - Karl von Frisch, Konrad Lorenz e Nikolaas Tinbergen, "per le loro scoperte riguardo all'organizzazione e richiamo di modelli di comportamento individuale e sociale".

1976 - Baruch S. Blumberg, D. Carleton Gajdusek, "per le loro scoperte riguardo ai nuovi meccanismi per l'origine e la diffusione di malattie contagiose".

1977 - Roger Guillemin, Andrew V. Schally, Rosalyn Yalow, "per le loro scoperte sulla produzione di ormoni peptidici nel cervello" (Guillemin, Schally), "per sviluppo di radioimmunoanalisi degli gli ormoni peptidici" (Yalow).

1979 - Allan M. Cormack, Godfrey N. Hounsfield, "per lo sviluppo della tomografia assiale computerizzata (TAC)".

1981 - Roger W. Sperry, David H. Hubel, Torsten N. Wiesel, "per le sue scoperte riguardo alla specializzazione funzionale degli emisferi cerebrali" (Sperry), "per le loro scoperte riguardo all'elaborazione dell'informazione nel sistema visivo" (Hubel, Wiesel).

1986 - Stanley Cohen, Rita Levi-Montalcini, "per le loro scoperte dei fattori trofici cellulari".

1991 - Erwin Neher, Bert Sakmann, "per le loro scoperte sul funzionamento di singoli canali ionici nelle cellule".

1994 - Alfred G. Gilman, Martin Rodbell, "per le loro scoperte delle proteine G ed il ruolo da esse svolto nella trasduzione del segnale nelle cellule".

1997 - Stanley B. Prusiner, "per la sua scoperta dei Prioni - un nuovo principio biologico di infezione".

2000 - Arvid Carlsson, Paul Greengard, Eric R. Kandel, "per le loro scoperte sulla trasduzione del segnale nel sistema nervoso".

2003 - Paul Lauterbur, Peter Mansfield, "per le loro scoperte riguardanti la visualizzazione mediante risonanza magnetica (RMI)".

2003 - Peter Agre, Roderick MacKinnon, "per le scoperte sui canali nelle membrane cellulari".

2004 - Richard Axel, Linda B. Buck, "per le loro scoperte dei recettori olfattivi e l'organizzazione del sistema olfattivo".

Premi Nobel in Fisiologia o Medicina e in Chimica per studi di neuroscienze
Da sinistra a destra: Camillo Golgi, Ramón y Cajal, Roderick MacKinnon, Peter Agre, Julius Wagner-Jauregg, Edgar Adrian, Sir Charles Sherrington, Georg von Békésy, Daniel Bovet, Sir Henry Hallett Dale, Otto Loewi, Herbert Spencer Gasser, Joseph Erlanger, Antonio Caetano de Abreu Freire Egas Moniz, Walter Rudolf Hess, Andrew Fielding Huxley, Stanley Cohen, Rita Levi-Montalcini, Alan Lloyd Hodgkin, Sir John Carew Eccles, George Wald, Haldan K. Hartline, Stanley B. Prusiner, Richard Axel, Linda B. Buck, Arvid Carlsson, Ragnar Granit, Eric R. Kandel, Julius Axelrod, Ulf von Euler, Paul Greengard, Sir Bernard Katz, D. Carleton Gajdusek, Baruch S. Blumberg, Rosalyn Yalow, Andrew V. Schally, Hans Spemann, Roger W. Sperry, David H. Hubel, Roger Guillemin, Torsten N. Wiesel, Robert Bárány, Allan M. Cormack, Karl von Frisch, Alfred G. Gilman, Allvar Gullstrand, Godfrey N. Hounsfield, Paul Lauterbur, Konrad Lorenz, Peter Mansfield, Erwin Neher, Martin Rodbell, Bert Sakmann, Nikolaas Tinbergen

Glossario

A

Acetilcolina

È stato il primo neurotrasmettitore identificato. È un estere di acido acetico e colina. È il neurotrasmettitore dei motoneuroni spinali e di vari altri neuroni del cervello. Il suo legame con il recettore specifico, presente sui muscoli scheletrici, è in grado di aprire i canali di membrana presenti. Gli ioni sodio entrano nella cellula muscolare, stimolandone la contrazione. Nelle sinapsi cerebrali produce generalmente uno stimolo di tipo eccitatorio. L'ACh trasmette anche l'impulso diretto alle ghiandole attraverso il sistema nervoso autonomo e in particolare attraverso la componente parasimpatica.

Acido gamma amino butirrico (GABA)

È il principale neurotrasmettitore inibitorio del SNC.

Adrenalina o epinefrina

È un ormone secreto dalla midollare del surrene, ma funge anche da neurotrasmettitore in alcuni neuroni del SNC. In risposta a uno stress acuto la midollare del surrene libera adrenalina nel sangue. Tale ormone segnala al cuore di aumentare la gittata e fa innalzare la pressione sanguigna, dilata i bronchi, costringe i vasi cutanei e gastrici. Tutto ciò consente all'individuo una reazione di lotta o di fuga di fronte ad un pericolo.

Afasia

È un disturbo della comprensione e/o della produzione del linguaggio verbale (per disturbi del linguaggio scritto si parla di dislessia e disgrafia) causato da lesioni di aree del cervello primariamente deputate all'elaborazione del linguaggio (area di Broca e area di Wernicke).

Agonista
Farmacologicamente è una molecola (neurotrasmettitore, farmaco, droga o altra sostanza) che si lega a recettori specifici producendo una risposta uguale a quella del ligando naturale endogeno. Può avere un effetto di intensità inferiore, uguale o maggiore di quella del ligando endogeno.

Amigdala
L'amigdala ("mandorla" in latino, perché è una struttura anatomica di forma ovoidale) è una regione del telencefalo implicata nelle risposte emotive e nella memorizzazione degli eventi legati alle emozioni. L'amigdala forma una memoria emotiva, capace di analizzare l'esperienza corrente, confrontando quanto sta accadendo nel presente con quanto già accaduto in passato. L'amigdala controlla in particolar modo le emozioni legate alla paura, una delle emozioni indispensabili per poter sopravvivere. È implicata nel sistema di ricompensa da droghe e quindi nel fenomeno della tossicodipendenza. Fa parte del telencefalo ed è localizzata nella parte anteriore del lobo temporale, in vicinanza del ventricolo laterale, anteriormente alla formazione dell'ippocampo, è in continuità con il *putamen*. Funzionalmente fa parte del sistema limbico ed è anche coinvolta nella modulazione degli stimoli sessuali.

Antagonista
Una molecola che si lega a un recettore specifico senza attivarlo e impedendo il legame con gli agonisti.

Apoptosi o morte cellulare programmata
Il nome viene dal termine greco che indica la caduta delle foglie e dei petali dei fiori. A livello citologico si manifesta con una condensazione del nucleo e del citoplasma. Successivamente, la cellula si frammenta in vescicole, dette corpi apoptotici, che sono rapidamente fagocitate e digerite dai macrofagi o da cellule vicine. Ciò avviene per attivazione di una cascata genica che porta all'attivazione di gruppi di enzimi detti effettori centrali dell'apoptosi, proteasi (specifiche per residui di *cisteina* e *aspartato*) chiamate *caspasi*, che operano la degradazione degli elementi strutturali (citoscheletro) e funzionali (organelli) della cellula.

Area di Broca
Una zona del cervello coinvolta nell'articolazione ed elaborazione del linguaggio. Si trova nell'emisfero sinistro, localizzata nel piede della terza circonvoluzione frontale, ed è connessa all'area di Wernicke da un circuito neurale detto fascicolo arcuato.

Area di Wernicke
Situata nel lobo temporale dell'emisfero sinistro, assume compiti di tipo associativo che facilitano la comprensione dal linguaggio.

Assone
Fibra lunga e sottile che si protende dal corpo cellulare fino alla sinapsi con la cellula bersaglio. Lungo gli assoni si propagano i potenziali d'azione in direzione centrifuga verso le estremità del neurone. Molti assoni sono ricoperti dalla guaina mielinica, che forma uno strato isolante per cui la membrana plasmatica degli assoni riesce a far pervenire alle estremità del neurone potenziali d'azione di intensità immutata.

Astrocita
Un tipo di cellula gliale del sistema nervoso centrale.

Autofagia
In biologia cellulare, l'autofagia, o autofagocitosi, è un processo catabolico che determina degradazione dei componenti intracellulari attraverso il lisosoma. Si tratta di un processo regolato, che svolge un ruolo normale per la crescita delle cellule, lo sviluppo e l'omeostasi, contribuendo a mantenere un equilibrio tra la sintesi, il degrado, e successivo riciclaggio di prodotti cellulari.

B

Barriera ematoencefalica
La barriera emato-encefalica (BEE) è un'unità anatomo-funzionale realizzata mediante particolari caratteristiche delle cellule endoteliali dei vasi del SNC e ha principalmente una funzione di protezione del tessuto cerebrale dagli elementi presenti nel sangue (per es., sostanze chimiche) pur permettendo il passaggio di sostanze necessarie alle funzioni metaboliche. È composta da un endotelio continuo, non fenestrato, con cellule unite tra di loro da giunzioni cellulari occludenti o *tight junction*. I peduncoli astrocitari, (conosciuti anche come "limitanti gliali") che circondano le cellule endoteliali della BEE, determinando un'ulteriore "barriera".

Blastocisti
Un embrione preimpianto di circa 150 cellule. La blastocisiti consiste in una sfera formata dalle cellule dello strato esterno (il trofectoderma), una cavità riempita di fluido (il blastocoele), e un raggruppamento di cellule all'interno (le cellule della massa interna).

Bulbo olfattivo
È la struttura che presiede al senso dell'odorato mediante specifici neuroni-recettori localizzati nella membrana mucosa del naso. Gli assoni di questi neuroni sensoriali raggiungono i bulbi olfattivi attraversando la lamina cribrosa dell'osso etmoide.

C

Catecolamine

Le catecolamine sono composti chimici derivanti dall'aminoacido tirosina; comprendono l'adrenalina (epinefrina), la noradrenalina (norepinefrina) e la dopamina. Fungono da neurotrasmettitori del SNC e del SNP. L'adrenalina agisce anche come ormone ed è rilasciata nel sangue dalle ghiandole surrenali in situazioni di stress o di ipoglicemia.

Cellule di posizione o *place cells*

Particolare tipo di neuroni ippocampali che si attivano quando un individuo occupa una specifica posizione nello spazio e rimangono silenti quando l'animale è in qualsiasi altro posto. Permettono l'elaborazione di una mappa cognitiva dell'ambiente.

Cellule endoteliali

Sono cellule di origine mesenchimale a forma poligonale, piatte, che rivestono la superficie interna dei vasi sanguigni e del cuore (endocardio).

Cellule ependimali

Derivano dal rivestimento interno del tubo neurale, formano un epitelio cubico o cilindrico, rivestono la cavità dei ventricoli cerebrali e il canale del midollo spinale. Alcune di loro, modificate, nei ventricoli partecipando alla formazione dei plessi coroidei, responsabili della formazione del liquido cerebrospinale.

Cellule germinali embrionali

Cellule che si trovano in una specifica zona dell'embrione/feto chiamata cresta gonadica che normalmente si sviluppa in gameti maturi.

Cellule griglia o *grid cells*

Cellule della corteccia entorinale che forniscono un costante aggiornamento della posizione di un individuo rispetto allo spazio che lo circonda. Le *grid cells* rispondono quando l'animale è in una delle varie posizioni possibili di una griglia esagonale.

Cellule indifferenziate

Cellule che non hanno assunto il fenotipo proprio di una cellula specializzata.

Cellule staminali

Cellule capaci di divedersi per periodi indefiniti in coltura e di dare origine a tutti i fenotipi (cellule specializzate) propri del tessuto in cui si trovano.

Cellule staminali adulte

Cellule indifferenziate presenti in tessuti differenziati che possono riprodurre se stesse e (con alcune limitazioni) differenziare per dare origine a tutti i tipi di cellule specializzate del tessuto da cui originano. In determinate condizioni possono generare cellule di altri tessuti (transdifferenziazione).

Cellule staminali embrionali (ES)
Cellule primitive (indifferenziate) dell'embrione che hanno la potenzialità di generare una grande varietà di cellule specializzate.

Cellule staminali neurali
Cellule staminali trovate nel SNC adulto che possono generare neuroni, astrociti e oligodendrociti.

Cellule staminali somatiche
Un altro nome per le cellule staminali adulte.

Cervelletto
È una struttura deputata a integrare le diverse informazioni in attività motorie coordinate: controlla gli errori paragonando l'intenzione con l'esecuzione del movimento; attenua i movimenti oscillatori; anticipa l'arresto dei movimenti; contribuisce al mantenimento della postura e dell'equilibrio durante l'accelerazione, la decelerazione e il cambiamento di direzione del movimento. È situato nella parte posteriore del cranio ed è formato dal verme, da due emisferi, da lobi e da lobuli ed è ripiegato in *folia*. Le cellule di Purkinje sono i neuroni caratteristici della corteccia cerebellare e ne costituiscono l'unica via efferente, GABAergica, mentre la sostanza bianca (midollare) contiene i nuclei centrali che inviano impulsi al tronco encefalico.

Clone
Una linea cellulare formata da cellule geneticamente identiche alla cellula originale.

Colture cellulari
Tecniche di coltura di cellule *in vitro* su substrati solidi modificati chimicamente o in sospensione e nutrite con terreni artificiali.

Condizionamento classico
Un apprendimento per cui uno stimolo che produce naturalmente una risposta specifica (stimolo incondizionato), per esempio una scossa elettrica, è più volte associato a uno stimolo neutro (stimolo condizionato), per esempio uno stimolo tattile. Di conseguenza, lo stimolo condizionato, per esempio lo stimolo tattile, può evocare una risposta simile a quella dello stimolo incondizionato, come una scossa elettrica.

Cono di crescita
L'estremità in crescita di un assone e di un dendrita, che guida la direzione d'accrescimento ed è deputato al riconoscimento di percorsi permissivi e di cellule bersaglio.

Consolidamento
Cambiamento fisico e psicologico che ha luogo quando il cervello organizza e ristruttura le informazioni per renderle elemento permanente della memoria.

Corea di Huntington
È una patologia ereditaria che colpisce il sistema extrapiramidale, causata dalla degenerazione di neuroni dei gangli della base (in particolare nucleo caudato e putamen) e anche della corteccia cerebrale. Il caratteristico quadro clinico comprende sia movimenti involontari ipercinetici (chiamati Còrea dal termine greco che significa danza), per perdita dei neuroni GABAergici, sia riduzione delle capacità cognitive sia alterazioni del tono dell'umore. Il gene della malattia, denominato IT15, che codifica per la proteina huntingtina, è stato localizzato alla fine del braccio corto del cromosoma 4.

Corna dorsali (o posteriori)
Zona del midollo spinale dove è localizzato il secondo neurone delle vie sensitive. Qui esso entra in comunicazione con le afferenze del primo neurone sensitivo il cui soma è situato nei gangli dorsali.

Corna ventrali (o anteriori)
Zona del midollo spinale dove è localizzato il soma del secondo motoneurone. Qui esso entra in comunicazione con le fibre efferenti del primo motoneurone localizzato nella corteccia cerebrale.

Corpo calloso
È una formazione interemisferica (detta commissurale) dove passano decine di milioni di fibre mielinizzate che collegano tra loro parti analoghe dei due emisferi cerebrali.

Corteccia cerebrale
È formata dalla parte superficiale degli emisferi cerebrali ed è formata da sostanza grigia. Essa risulta formata da sei strati di cellule diverse tra loro. Lo spessore di ciascuno di questi strati varia a seconda delle aree cerebrali considerate. Sede delle più elevate funzioni psichiche, è organizzata in centri corticali, con funzioni motorie, sensitive, associative ecc. Dal punto di vista filogenetico si distinguono tre tipi di corteccia cerebrale, neocortex (più esterna, sede delle funzioni più evolute), archicortex (ippocampo) e paleocortex (lobi olfattivi). La neocortex è divisa in lobi (frontale, parietale, temporale, occipitale) da solchi profondi (scissure). In ogni lobo, la neocortex è organizzata in complesse circonvoluzioni che ne aumentano la superficie totale.

Corteccia prefrontale
La corteccia frontale umana costituisce almeno 1/3 dell'intera superficie cerebrale. La parte più anteriore è denominata corteccia prefrontale e ha diffuse connes-

sioni col resto del cervello. La corteccia prefrontale, a sua volta, può essere suddivisa in un'area dorsolaterale e una regione orbitofrontale.

Corteccia visiva

La corteccia visiva, posta nel lobo occipitale, è costituita da varie aree di cui la principale è l'area V1, che contiene una mappa estremamente dettagliata dell'intero campo visivo, ricevendo punto per punto le proiezioni dei sei strati cellulari provenienti dal corpo genicolato laterale. L'area V1 invia informazioni a molte aree visive secondarie chiamate V2, V3, V4, V5 ecc.

D

Dendriti

Sono le fibre più piccole che si ramificano dal neurone, trasportano il segnale nervoso in direzione centripeta, verso il soma e possono formare, quando in alto numero, un albero dendritico, da cui il nome dal greco *dendròn*, "albero". La maggior parte dei neuroni presenta un numero molto elevato di dendriti attraverso i quali riceve impulsi provenienti da altri neuroni o, nel caso di neuroni sensoriali, prodotti da stimoli ambientali.

Depressione

Un disordine mentale che determina abbassamento dell'umore, ma anche alterazioni del modo in cui una persona ragiona, pensa e raffigura se stessa, gli altri e il mondo esterno. Essa è caratterizzata da un insieme di sintomi cognitivi, comportamentali, somatici e affettivi che, nel loro insieme, sono in grado di diminuire in maniera da lieve a grave il tono dell'umore, compromettendo il "funzionamento" di una persona, nonché le sue abilità ad adattarsi alla vita sociale. Sintomatologicamente è caratterizzata da tristezza, sentimenti d'inutilità, pessimismo, perdita di interessi, alterazioni del sonno, appetito e diminuzione dei livelli di energia. L'evoluzione più grave dello stato depressivo è rappresentato dal suicidio.

Depressione a lungo termine (LTD, *long-term depression*)

Una riduzione persistente dell'efficacia sinaptica indotta da ripetute stimolazioni a bassa frequenza (1-5 Hz × 10 min). Per il suo mantenimento potrebbe essere richiesta sintesi proteica *de novo*.

Diencefalo

Il diencefalo (dal greco *dia*, "tra", ed *enkephalos* "encefalo", cervello intermedio) è localizzato sopra il mesencefalo. Situato nella zona centrale, interna ai due emisferi cerebrali è formato da: subtalamo (nucleo subtalamico), epitalamo (epifisi), talamo, metatalamo (corpi genicolati) e ipotalamo. Al suo interno si ritrova la cavità del terzo ventricolo.

Differenziazione
Il processo mediante il quale una cellula embrionale acquisisce le caratteristiche di una cellula specializzata come la cellula cardiaca, epatica, muscolare, neurale.

Disprassia
È l'incapacità di compiere movimenti volontari, coordinati sequenzialmente tra loro, in funzione di uno scopo. Vengono a mancare le istruzioni relative a come poter costruire operazioni motorie.

Divisione asimmetrica
La proprietà delle cellule staminali di dividersi dando origine a due cellule diverse: una uguale a se stessa che perpetua il pool staminale e l'altra che si diversifica in un progenitore di un tipo cellulare o tessuto.

Divisione cellulare
Il modo mediante il quale una singola cellula si divide per generare due cellule. Questo processo continuo permette a una popolazione di cellule di aumentare o mantenere costante il numero.

Dopamina
È un neurotrasmettitore della famiglia delle catecolamine, si forma dalla tirosina ed è il precursore della noradrenalina.

Droghe d'abuso
Il termine "droga" comprende una grande varietà di sostanze chimiche (naturali, semi-sintetiche e sintetiche), che determinano dipendenza, assuefazione e desiderio compulsivo di ottenere e usare la droga (*craving*). Gli effetti farmacologici, i sintomi e segni clinici e le alterazioni comportamentali sono molteplici. La dipendenza di un soggetto da una data droga è così stata definita dall'Organizzazione Mondiale della Sanità (1964): "La dipendenza da droga è uno stato di dipendenza psichica o fisica o psicofisica, da una droga, che si sviluppa in un soggetto in seguito a somministrazione periodica o continua di una droga. La caratteristiche di tale stato varieranno con l'agente".

E

Eccitazione
Un cambiamento dello stato elettrico di un neurone associato in generale al potenziale d'azione.

Ectoderma
Strato più esterno del gruppo di cellule derivate dalla massa interna della blastocisti; da esso derivano pelle, nervi e cervello.

EGF

Il fattore di crescita dell'epidermide, (*epidermal growth factor*), è un piccolo polipeptide (53 residui aminoacidici) ad azione pleiotropica. Regola la proliferazione e il differenziamento di molti tessuti. È uno dei fattori di crescita più usati per la coltivazione *in vitro* delle neurosfere. È il principale membro della famiglia dell'EGF, che comprende molte altre molecole con forte analogia strutturale e funzionale tra loro, tra cui il fattore di crescita simile all'EGF che lega l'eparina (HB-EGF), il fattore di crescita trasformante α (TGF-α), e vari membri della famiglia delle reguline (anfiregulina, epiregulina, neuregulina-1-4). Il polipeptide agisce legando il recettore ad alta affinità EGFR, che mediante il dominio intracellulare tirosino-chinasico, attiva una cascata di secondi messaggeri intracellulari.

Embrione

Nell'uomo, è l'organismo in via di sviluppo dal momento della fertilizzazione all'ottava settimana di gestazione, quando viene chiamato feto.

Emisferi cerebrali

Il cervello è formato da due emisferi con funzioni sovrapposte e funzioni diverse. I due emisferi sono uniti da una lamina orizzontale di fibre nervose, il corpo calloso. Ogni emisfero ha competenze proprie: l'occhio sinistro, l'orecchio sinistro e tutta la parte sinistra del corpo sono connesse all'emisfero destro; l'occhio destro, l'orecchio destro e tutta la parte destra del corpo sono connesse all'emisfero sinistro. Alcune funzioni sono lateralizzate come quella del linguaggio. Nei destrimani l'emisfero sinistro è specializzato per la produzione della parola, della scrittura, della lingua e per il calcolo, mentre l'emisfero destro è specializzato per le abilità spaziali, riconoscimento visivo del volto e alcuni aspetti della percezione e produzione musicale.

Endoderma

Lo strato inferiore di un gruppo di cellule derivate dalla massa interna della blastocisti, che dà origine ai polmoni e agli organi digestivi.

Endorfine

Neurotrasmettitori prodotti nel cervello che generano effetti cellulari e comportamentali paragonabili a quelli della morfina.

Epilessia

Un disturbo caratterizzato da ripetute crisi epilettiche, causate da eccitazione anormale di grandi gruppi di neuroni in diverse regioni del cervello.

Equazione di Nernst

Questa formula esprime la differenza di potenziale ai due lati della membrana in funzione del rapporto delle concentrazioni di un dato ione diffusibile. Essa è dovuta non solo alla diffusione passiva degli ioni stessi, ma anche al loro trasporto attivo.

F

Fattori di crescita
I fattori di crescita (*growth factors*) sono molecole-segnale usate per la comunicazione tra le cellule di un organismo costituite da proteine capaci di stimolare la proliferazione, la sopravvivenza, la migrazione e il differenziamento cellulare.

Fattore di trascrizione
Tutte le proteine necessarie per l'inizio della trascrizione vengono definite fattori di trascrizione (*transcription fractors*, TF). Essi per lo più agiscono riconoscendo direttamente delle sequenze, cosiddette cis-regolatrici, localizzate a livello dei promotori o degli "*enhancers*", dette *consensus*. Alcuni TF possono legarsi ad altre proteine già presenti sul DNA, oppure possono riconoscere direttamente le RNA polimerasi.

Feto
Un essere umano in via di sviluppo a circa due mesi dal concepimento.

FGFs
Fattori di crescita dei fibroblasti (in inglese *Fibroblast growth factors*), costituiscono una famiglia di fattori di crescita coinvolti nella proliferazione e differenziamento cellulare di una gran varietà di cellule e tessuti. Se ne conoscono 22 membri, tra i quali FGF1 è detto anche acido ed FGF2 basico. Interagiscono con una famiglia di recettori che ha 4 membri (FGFR1-4) formati da tre domini extracellulari immunoglobulinici, un dominio transmembranario e un dominio intracellulare con attività tirosino-chinasica.

G

Gangli della base
I gangli della base sono un insieme di nuclei di sostanza grigia costituiti da: nucleo caudato e putamen, il globus pallidus, la substantia nigra e il nucleo subtalamico. Essi svolgono funzioni importanti nell'apprendimento, memoria e soprattutto nel controllo del movimento.

Gap junction o giunzioni a fessura
Sono giunzioni che uniscono le cellule e costituiscono le sinapsi elettriche; sono formate da 6 subunità, dette connessine, che, disposte a esagono, circondano un canale permeabile all'acqua.

GDNF
Il fattore neurotrofico derivato da linee cellulari gliali (*glial cell line-derived neurotrophic factor*), è un polipeptide necessario allo sviluppo del rene, alla formazione del sistema nervoso enterico, dove regola la migrazione dei neuroblasti della cresta neurale nell'intestino. Esso, inoltre, protegge sia i neuroni dopami-

nergici del mesencefalo sia i motoneuroni da danni di vario tipo. Fanno parte della famiglia del GDNF anche neurturina, artemina e persefina. Questi polipetidi interagiscono con il recettore tirosino-chinasico Ret e un co-recettore della famiglia del GFRa.

Gliomi
Sono tumori del SNC. Tra i gliomi, il glioblastoma multiforme (GBM) è il più aggressivo. Presenta una elevata malignità e invasività, angiogenesi, inibizione delle risposte immunitarie che rendono difficile una terapia efficace.

Glutammato
È un aminoacido. Oltre al suo ruolo di costituente delle proteine, nel sistema nervoso è anche il principale neurotrasmettitore eccitatorio e un precursore del GABA. I suoi recettori sono del tipo N-metil-d-aspartato (NMDA), acido alfa-amino-3-idrossi-5-metilisoxazolo-4-propionic (AMPA) e metabotropici.

I

Ictus
È la manifestazione clinica di un'alterazione vascolare cerebrale. Può essere causato dalla rottura di un vaso sanguigno o da un trombo. Senza ossigeno, i neuroni nella zona colpita muoiono e la parte del corpo controllata da tali cellule non può funzionare. L'ictus può causare perdita di coscienza e morte.

Immunoistochimica e Immunofluorescenza
Tecniche che prevedono l'uso di anticorpi e loro visualizzazione al microscopio mediante marcatori visibili o fluorescenti.

Inibizione
Un messaggio sinaptico che impedisce al neurone bersaglio di inviare impulsi elettrici.

Interneurone
Gli interneuroni sono caratterizzati da proiezioni assonali e dendritiche a distanza ravvicinata. Funzionalmente sono coinvolti nella formazione di connessioni locali e segnalano ad altri neuroni. Essi sono spesso coinvolti in reti locali di controllo.

Ioni
Molecole o atomi caricati elettricamente.

Ipotalamo
Un complesso di strutture cerebrali del diencefalo che costituisce il pavimento del terzo ventricolo cerebrale. Esso è costituito da vari nuclei e rappresenta uno

dei principali centri di controllo sul sistema nervoso autonomo. Attraverso varie vie nervose e attraverso l'ipofisi controlla tra l'altro la motilità viscerale, i riflessi, il ritmo sonno-veglia, il bilancio idrosalino, il mantenimento della temperatura corporea, l'appetito.

Ippocampo
Dal greco *hippos*, "cavallo", e *kamptein*, "curvare", per la somiglianza fra una sua sezione anatomica e il profilo di un cavalluccio marino. È una struttura cerebrale che svolge importanti funzioni nell'apprendimento, memoria ed emozioni. È sede di neurogenesi nell'adulto.

L

Labirinto di Morris (*Morris water maze*)
Una piscina cilindrica viene usata per analizzare l'esecuzione di un test di apprendimento e di memoria spaziale. In questo apparato il roditore apprende e memorizza la posizione di una piattaforma di fuga posta sotto il livello dell'acqua opaca della piscina, utilizzando la memoria spaziale. Quindi nel test operano le cellule di posizione o *place cells*.

Liquor
Detto anche liquido cefalorachidiano o cerebro-spinale. È un fluido di trasparenza cristallina, formato da una soluzione salina con glucosio e ossigeno. Questo liquido si trova sia nello spazio tra il cranio e la corteccia cerebrale (più specificamente tra la membrana aracnoide e la pia madre), sia nei ventricoli cerebrali, nell'acquedotto di Silvio e attorno al midollo spinale, alla cauda equina e all'interno del canale midollare.

Lobo frontale
Una delle suddivisioni della corteccia cerebrale. Ha un ruolo nel controllo dei movimenti, nella pianificazione e nel comportamento coordinato.

Lobo occipitale
Una delle suddivisioni della corteccia cerebrale. Ha un ruolo principale nell'analizzare le informazioni visive.

Lobo parietale
Una delle suddivisioni della corteccia cerebrale. Ha un ruolo nei processi sensoriali, di attenzione e del linguaggio.

Lobo temporale
Una delle suddivisioni della corteccia cerebrale. Ha un ruolo nella percezione uditiva, nelle percezioni visive complesse e nella parola.

M

Macrofago
È una cellula mononucleata che appartiene al sistema dei fagociti. Di questo sistema fanno parte anche i granulociti neutrofili e i monociti (macrofagi non differenziati). Essi svolgono un ruolo molto importante nelle risposte immunitarie naturali e specifiche. Fra le loro varie funzioni vi è la fagocitosi cioè la capacità di inglobare nel loro citoplasma particelle estranee, compresi i microrganismi, e di distruggerle. Secernono inoltre citochine e presentano l'antigene ai linfociti T.

Malattia di Alzheimer
La malattia o morbo di Alzheimer è una demenza progressiva invalidante più frequente nel soggetto anziano, caratterizzata da perdita di neuroni nell'ippocampo, corteccia cerebrale e altre regioni del cervello. È stato definito come un "processo degenerativo che distrugge progressivamente le cellule cerebrali, rendendo a poco a poco l'individuo che ne è affetto incapace di una vita normale". Ha un'elevata incidenza, in Italia ne soffrono circa 800 mila persone, nel mondo 26,6 milioni.

Malattia (o morbo) di Parkinson
La malattia, o morbo di Parkinson, è una patologia dovuta alla degenerazione cronica e progressiva dei neuroni dopaminergici della substantia nigra, essenziale per il controllo del movimento. Nell'organismo si crea perciò uno squilibrio fra i meccanismi inibitori e quelli eccitatori della via extrapiramidale. L'innervazione eccitatoria (colinergica) prevale su quella inibitoria provocando progressivamente tremore a riposo, ipertono con rigidità, incapacità al movimento senza riduzione della forza muscolare (acinesia), instabilità posturale, disturbi della parola e della scrittura, turbe vegetative e spesso sintomi ansioso-depressivi. "*Kampavata*" è il nome con cui il morbo di Parkinson è stato descritto nell'antica medicina indiana ayurvedica (che significa scienza della vita ed era utilizzata in India sin dal IV millennio a.C.). Kampavata veniva curata con una pianta medicinale, *Mucuna pruriens*, che (come si è dimostrato in seguito) è ricca in l-DOPA, il precursore della dopamina, che è tutt'oggi il principale trattamento per questa malattia.

Malattie da poliglutamine (PolyQ) o da triplette ripetute
Malattie dovute a geni che presentano un'eccessiva ripetizione della sequenza CAG (trinucleotide che codifica la glutamina, Q).

Medicina rigenerativa o riparativa
Un trattamento mediante il quale cellule staminali sono indotte a differenziare in specifici tipi cellulari richiesti per riparare tessuti o popolazioni cellulari danneggiate o malate.

Memoria a breve termine
Una memoria transiente che non richiede sintesi proteica e può essere espressa immediatamente. Scompare immediatamente o dopo poche ora dall'acquisizione.

Memoria a lungo termine
Memoria relativamente stabile che si sviluppa nel tempo ed è mediata da cambiamenti nell'efficienza sinaptica. Può perdurare tutta la vita. Essa dipende da attivazione genica e sintesi di nuove proteine.

Memoria episodica
Memoria correlata a eventi: cosa, dove e quando.

Meningi
Le meningi sono un sistema di membrane che, all'interno del cranio e del rachide, rivestono il sistema nervoso centrale proteggendo l'encefalo e il midollo spinale. Sono involucri connettivali formati da tre membrane concentriche denominate, dall'esterno all'interno, dura madre (o dura meninge), aracnoide, e pia madre (o pia meninge). La leptomeninge è composta dall'aracnoide e dalla pia madre.

Mesencefalo
Detto anche "cervello medio", caudalmente è unito al metencefalo rostralmente al diencefalo.

Mesoderma
Strato centrale di un gruppo di cellule derivate dalla massa interna della blastocisti; da esso originano ossa, muscoli e tessuto connettivo.

MHC
MHC è l'acronimo di *major histocompatibility complex*, o complesso maggiore di istocompatibilità, un gruppo di geni che codificano per proteine della membrana cellulare che permettono ai linfociti T il riconoscimento di antigeni proteici. Le molecole MHC infatti legano frammenti di antigeni rendendoli "visibili" ai recettori dei linfociti T. Si riconoscono due principali classi di queste molecole: Classe I (MHC-I) e Classe II (MHC-II).

Micro RNA
Sono piccole molecole di RNA, a singolo filamento, composte da 20-22 nucleotidi con funzioni di regolazione post-trascrizionale.

Microambiente
È formato da molecole solubili come nutrienti e fattori di crescita e non solubili come matrice extracellulare che circondano una cellula *in vitro* o *in vivo*. Il microambiente è importante nel determinare le caratteristiche di una cellula.

Microglia

È un tipo di cellula gliale di derivazione mesodermica. È una popolazione macrofagica residente nel SNC.

Mielina

Materiale lipidico compatto che circonda e isola gli assoni di alcuni neuroni. Svolge un ruolo importante nel processo di conduzione dell'impulso elettrico.

Mitocondrio

I mitocondri sono piccoli organelli a forma di fagiolo addetti alla respirazione cellulare. Sono costituiti da una doppia membrana che contiene, fra l'altro, enzimi respiratori. Producono ATP (adenosina trifosfato). Svolgono un ruolo importante nel processo di apoptosi e nei meccanismi di neurodegenerazione.

Monoamino ossidasi (MAO)

Sono ossido-riduttasi di tipo A e B presenti sulla membrana esterna dei mitocondri. Sono abbondanti nei neuroni, ma anche in altri tessuti. Nel cervello e nel fegato catabolizzano le monoamine (dopamina, noradrenalina, adrenalina, serotonina).

Motoneurone

Un neurone deputato all'esecuzione dei movimenti. Si distingue un primo motoneurone, che dalla corteccia cerebrale innerva i neuroni motori dei nervi cranici e del midollo spinale, e un secondo motoneurone nel midollo spinale che innerva le fibre muscolari striate.

N

Necrosi

Quadro istologico delle modificazioni che seguono la morte cellulare per oncosi. Spesso, meno correttamente, per necrosi si intende una morte cellulare di tipo passivo, che avviene in assenza di sintesi proteica, in contrapposizione alla morte per apoptosi.

Nervi cranici

Sono nervi che portano impulsi sensoriali alla, o motori dalla, testa e collo e i cui corpi cellulari sono collocati nel tronco encefalico. Nell'uomo sono presenti dodici paia di nervi cranici, bilaterali, numerati dall'alto verso il basso: 1. nervo olfattivo (I), 2. nervo ottico (II), 3. nervo oculomotore (III), 4. nervo trocleare (IV), 5. nervo trigemino (V), 6. nervo abducente (VI), 7. nervo facciale (VII), 8. nervo vestibolococleare (VIII), 9. nervo glossofaringeo (IX), 10. nervo vago (X), 11. nervo accessorio (XI), 12. nervo ipoglosso (XII).

Neurale
Relativo al sistema nervoso (quindi anche alla glia astrocitaria).

Neuroblasto
Un neuroblasto è un precursore neurale che si svilupperà in un neurone.

Neurodegenerazione
È un termine che complessivamente definisce una perdita progressiva di funzionamento di neuroni, fino alla loro morte. Le malattie neurodegenerative sono caratterizzate da una progressiva, cronica morte neuronale in selettive sottopopolazioni. Tali malattie si presentano con una precisa connotazione regionale, secondo schemi che sono malattia-specifici e in un tempo distante dalla esposizione agli agenti nocivi e, per quelle di natura genetica, dalla data di nascita di queste cellule.

Neurogenesi
È il processo mediante il quale vengono generate le cellule neurali. Durante lo sviluppo embrionale la neurogenesi è responsabile della crescita del SN. Nella vita adulta, nel SNC, è responsabile della sostituzione dei neuroni olfattivi e ippocampali. Inoltre può aver luogo in seguito a lesioni o a fenomeni patologici.

Neuroglia
Le cellule gliali, così chiamate dal greco "colla", sono cellule neurali che forniscono supporto e nutrizione ai neuroni, regolano lo sviluppo delle sinapsi e partecipano alla trasmissione nervosa (sinapsi tripartita).

Neuromodulatore
Una sostanza rilasciata da alcuni neuroni che modula l'azione dei neurotrasmettitori. Essi non agiscono su recettori attivando canali ionici ma modulano la risposta neuronale. I neuromodulatori possono essere peptidi (oppioidi come endorfine, encefaline, dinorfine, sostanza P ecc.), composti gassosi (per es., ossido nitrico) o lipidici (per es., anandamide).

Neuroni
Cellule nervose, l'unità strutturale e funzionale del sistema nervoso. Un neurone è formato da un corpo cellulare con i suoi prolungamenti, un assone, e uno o più dendriti. I neuroni funzionano mediante generazione e conduzione degli impulsi. Essi trasmettono gli impulsi ad altri neuroni o cellule liberando i neurotrasmettitori a livello delle sinapsi.

Neuroni specchio
Funzionalmente costituiscono un particolare tipo di neurone che si attiva sia quando si compie un'azione sia quando la si osserva mentre è compiuta da altri. Il neurone dell'osservatore "rispecchia" quindi il comportamento dell'osservato, come se stesse compiendo l'azione egli stesso. Questi neuroni sono stati individuati nei primati, in alcuni uccelli e nell'uomo. Nell'uomo sono stati localizzati nell'area di Broca e nella corteccia parietale inferiore del cervello.

Neuroplasticità

Termine generale usato per descrivere i cambiamenti adattativi nella struttura o funzione delle cellule nervose o di gruppi di cellule nervose in risposta a modificazioni del loro uso e disuso o in seguito a lesioni.

Neurotrasmettitore

Sostanza chimica rilasciata nel vallo sinaptico che trasmette informazioni ad altri neuroni o ad altre cellule mediante specifici recettori. I principali neurotrasmettitori eccitatori sono glutammato e aspartato, mentre quelli inibitori sono rappresentati da glicina e GABA. Altri trasmettitori molto diffusi sono le amine come le catecolamine e la serotonina.

Neurotrofine

Particolare famiglia di fattori neurotrofici, il cui capostipite è NGF (*nerve growth factor*). La famiglia include anche il BDNF (*brain-derived neurotrophic factor*), le neurotrofine NT3 ed NT4/5.

Noradrenalina

La noradrenalina o norepinefrina (NE) è una catecolamina neurotrasmettitore nel sistema nervoso, dove è rilasciato dai neuroni noradregenici. Uno dei principali nuclei noradrenergici si trova nel tronco encefalico, il locus coeruleus; esso è all'origine della maggior parte delle azioni della noradrenalina nel cervello.

O

Oligodendrocita

Un tipo cellulare che fornisce la mielina alle fibre nervose nel SNC. Nel SNP tale funzione è svolta dalle cellule di Schwann.

Oncosi

L'oncosi o morte per rigonfiamento idropico è un tipo di morte cellulare accidentale che avviene per mancanza di apporto energetico (ossigeno o nutrienti) alla cellula. È caratterizzato, in una fase iniziale, dal rigonfiamento della cellula per afflusso di acqua. Non richiede sintesi proteica. Tale modalità di morte cellulare è spesso definita anche morte per necrosi.

P

Plasticità cellulare

La capacità delle cellule staminali di un tessuto adulto di generare i tipi cellulari differenziati di altri tessuti e la capacità del neurone o della sinapsi di mutare in base alle necessità e all'ambiente.

Pluripotente
Capacità di una singola cellula di generare molti tipi cellulari diversi.

Ponte
Parte del tronco encefalico dove risiedono i nuclei neuronali che controllano il ritmo respiratorio e regolano il ritmo cardiaco. Attraverso di esso passano le informazioni tra la corteccia e il midollo spinale o il SNP e viceversa.

Postulato di Hebb
Esso stabilisce che perché una sinapsi possa essere potenziata, occorre l'attività contemporanea dell'elemento presinaptico e dell'elemento postsinaptico.

Potenziale d'azione
Il potenziale d'azione è un fenomeno che si manifesta nei neuroni e che prevede un rapido cambiamento di carica tra l'interno e l'esterno della membrana cellulare. In condizioni di riposo l'interno della membrana è caricato positivamente, l'esterno negativamente. Il potenziale d'azione comporta una rapida inversione della differenza di potenziale ai due lati della membrana per ingresso di ioni positivi attraverso specifiche proteine che fungono da canale.

Potenziamento a lungo termine (LTP)
L'LTP (*long term potentation*), è quel fenomeno per cui l'efficienza della risposta della sinapsi allo stimolo viene potenziata se uno stimolo si ripete nel tempo o se è particolarmente intenso (alta frequenza >100 Hz/min). **LTP precoce** – causata da una stimolazione tetanica, dura 30-60 min. Si realizza mediante un'attivazione dei recettori NMDA per il glutammato, con conseguente entrata di Ca^{++}, attivazione di CaMKII, cui segue aumento del numero dei recettori AMPA glutamatergici nel neurone postsinaptico. Non richiede nuova sintesi proteica. **LTP tardivo** – si realizza dopo almeno quattro o più stimolazioni; può durare ore, giorni, settimane e richiede fosforilazione di CREB, sintesi proteica, sviluppo di nuovi bottoni sinaptici e aumentato rapporto recettori AMPA/NMDA. Esso induce modificazioni plastiche strutturali come il rimodellamento delle spine dendritiche.

R

Ritmo circadiano
Un ciclo comportamentale o fisiologico che dura circa 24 ore.

S

Schizofrenia
Una malattia mentale cronica caratterizzata da psicosi con allucinazioni e deliri, dissociazione delle idee e della personalità.

Secondi messaggeri
Sono sostanze che mediano la comunicazione intracellulare; facilmente diffusibili, permettono al segnale esterno alla cellula, ricevuto mediante i recettori di membrana, di propagarsi e di amplificarsi rapidamente in tutta la cellula. Il numero di secondi messaggeri è limitato. La maggior parte delle informazioni trasportate dai secondi messaggeri giunge al nucleo della cellula, dove essi regolano l'espressione di geni.

Serotonina
Un neurotrasmettitore aminergico. Molti antidepressivi agiscono sul sistema serotoninergico.

Sinapsi
La sinapsi (o giunzione sinaptica o bottone sinaptico, dal greco *"synàptein"*, connettere) è una struttura altamente specializzata costituita dal terminale pre- e dall'elemento post-sinaptico e dalla separazione fisica tra i due. È il sito di trasferimento del segnale da un neurone all'altro o da un neurone ad altra cellula.

Sinapsi tripartita
La giunzione tra un neurone pre - e postsinaptico può essere modulata da un astrocita detto sinaptico. La glia cioè risponde all'attività di un neurone con un incremento della concentrazione interna di Ca^{++}, che innesca il rilascio di trasmettitori chimici (per es., il glutammato) dalla glia stessa che, a loro volta, regolano, per *feedback,* l'attività dei neuroni.

Sinucleina-α, PARK1
Proteina pre-sinaptica di 140 aminoacidi. Mutazioni nel gene causano una forma familiare di malattia di Parkinson, clinicamente e patologicamente sovrapponibile alla malattia sporadica, pur presentandosi con un esordio precoce. L'α-sinucleina mutata è un componente importante dei corpi di Lewy, inclusioni eosinofile filamentose presenti nei neuroni dopaminergici nel morbo di Parkinson.

Sistema immunitario adattativo
Parte del sistema immunitario che comprende i linfociti T e B. È filogeneticamente comparso con i vertebrati. La risposta immunitaria adattativa si sviluppa in seguito a un'infezione ed è dotata di estrema specificità, di memoria ed espansione clonale.

Sistema immunitario innato
Parte del sistema immunitario che comprende macrofagi, neutrofili, basofili, mastociti, eosinofili e cellule dendritiche. Rappresenta la prima linea di difesa dell'organismo alle infezioni. È filogeneticamente più antico del sistema adattativo. La risposta immunitaria innata si sviluppa velocemente ma non è specifica, non ha memoria e non prevede espansione clonale dei suoi elementi cellulari.

Sistema limbico

Il nome deriva dal latino *limbus*, "cintura" o "anello", perché circonda il tronco encefalico e il corpo calloso. Composto da varie strutture (circa dieci nuclei subcorticali e corticali, che includono anche gangli della base), esso controlla varie funzioni dell'organismo. È coinvolto nella modulazione delle emozioni e motivazioni, specie quelle collegate alla sopravvivenza. Le emozioni includono paura, rabbia, gratificazione o ricompensa, sensazioni di piacere come quelle provenienti dal cibo e dal sesso.

Sistema nervoso autonomo

La parte del SN periferico responsabile della regolazione dell'attività degli organi interni. Include il SN ortosimpatico e quello parasimpatico.

Sistema nervoso periferico (SNP)

Comprende neuroni, cellule gliali, gangli e nervi che non sono contenuti nella scatola cranica e nel canale midollare.

Sostanza bianca

La parte del cervello che contiene fibre nervose mielinizzate. Il colore bianco è dovuto alla mielina, la sostanza isolante che ricopre gli assoni.

Sostanza grigia

Detta anche materia grigia è costituita dall'insieme dei corpi dei neuroni presenti nel nevrasse e dai rispettivi processi neuritici non mielinizzati. Il termine "grigia" non ne connota il colore ma solo la discrimina dalla sostanza bianca. Nelle sezioni trasverse del midollo spinale è localizzata nella parte centrale dove assume una caratteristica forma ad H o a farfalla.

T

Talamo

Il talamo è una struttura del diencefalo,posto bilateralmente ai margini laterali del terzo ventricolo. Di forma ovale, delle dimensioni di una noce, è la stazione chiave per il passaggio alla corteccia delle informazioni sensoriali; riceve anche afferenze motorie che ritrasmette alle aree motorie corticali. Attraverso il talamo passano le informazioni dai gangli della base di ritorno alla corteccia.

Telencefalo

Nell'uomo è la parte più grande del cervello e comprende la corteccia cerebrale e i gangli della base. Ad esso si attribuiscono le funzioni intellettive superiori.

Terapia cellulare

Trattamento terapeutico mediante cellule (embrionali, staminali indifferenziate o differenziate), usate, in quanto tali, per riparare tessuti danneggiati, o ingegnerizzate (per es., trasfettate con un particolare gene) per fornire un composto biologico mancante, malfunzionante o insufficiente.

Teratoma
Un tumore composto dai tessuti dei tre strati germinali embrionali. Spesso si ritrova in ovaie e testicoli. Può essere prodotto sperimentalmente in animali iniettando cellule staminali pluripotenti, in modo da determinarne la capacità di differenziare in vari tipi di tessuti.

Terreno di coltura
Il "brodo" che copre le cellule in una piastra, e che contiene sostanze per nutrire le cellule e fattori di crescita o altri agenti che possono essere aggiunti per determinare particolari cambiamenti nelle cellule.

Topo *knockout*, KO
Topo geneticamente modificato in cui è soppressa, a scopo di studio, l'espressione di un determinato gene.

Topo KO condizionale
Topo in cui si determina l'inattivazione dell'espressione di un determinato gene solo in specifici tessuti, in specifiche cellule e in specifiche fasi dello sviluppo o dopo il concepimento.

Transdifferenziazione
Il processo mediante il quale cellule staminali di un tessuto possono differenziare in cellule di un altro tessuto.

Tronco encefalico
La principale struttura mediante la quale il cervello invia informazioni al, e riceve informazioni dal midollo spinale e nervi periferici. Consta di tre porzioni: bulbo, ponte e mesencefalo.

V

Ventricoli
Spazi larghi nell'encefalo ripieni di liquor. Dei quattro ventricoli tre sono localizzati nel telencefalo e uno nel tronco encefalico. I ventricoli laterali sono i più grandi e sono simmetrici.

Vescicole sinaptiche
Organelli specifici dei neuroni che concentrano i neurotrasmettitori, si ancorano alla sinapsi e rilasciano il mediatore chimico. Dopodiché vengono riciclate mediante uno specifico processo di endocitosi.

Visualizzazione cerebrale
Le tecniche di visualizzazione cerebrale, spesso indicate con il termine inglese di *brain imaging*, forniscono una rappresentazione istantanea dell'attività cerebrale. Esse possono richiedere un confronto tra un soggetto sperimentale e uno di controllo. Sono anche utilizzate per localizzare le aree responsabili di un determinato comportamento o di funzioni cognitive. Le principali tecniche di visualizzazione sono tre. L'elettroencefalografia (EEG): usa elettrodi applicati sul cuoio capelluto per misurare l'attività elettrica correlata a eventi di stimolo o a risposte comportamentali. È dotata di un'eccellente risoluzione temporale (nell'ordine di un millisecondo) ed è l'unico metodo che misuri direttamente l'attività elettrica neurale negli esseri umani. Tuttavia la risoluzione spaziale è bassa ed è possibile misurare solo l'attività delle regioni superficiali del cervello. La tomografia ad emissione di positroni (*positron emission tomography*, PET) misura il flusso ematico del cervello che è espressione dell'attività neuronale in una data area. La risonanza magnetica funzionale (*functional magnetic resonance imaging*, fMRI) misura il flusso ematico nel cervello a partire dalle variazioni delle proprietà magnetiche dovute all'ossigenazione del sangue (il segnale BOLD, *blood oxygen level dependent*). Il confronto tra la registrazione diretta dell'attività neurale e le misure tramite fMRI, conferma che il segnale BOLD riflette l'input ricevuto dai neuroni e la loro attività funzionale. L'uso combinato di EEG e fMRI permette di misurare simultaneamente segnali provenienti dalle regioni superficiali del cervello e quelli provenienti dalle sue regioni interne. La PET e la fMRI hanno una risoluzione spaziale migliore rispetto all'EEG, ma una risoluzione temporale peggiore.

Z

Zona subgranulare (SGZ)
È uno strato di cellule posto al di sotto del giro dentato dell'ippocampo, all'interfaccia con lo strato di cellule granulari. È sede fisiologica di neurogenesi nell'adulto.

Zona subventricolare (SVZ)
Situata lungo le pareti laterali dei ventricoli laterali. Insieme all'SGZ rappresenta la sede fisiologica della neurogenesi nel cervello adulto. È costituita da cellule proliferanti (neuroblasti) sia positive al marcatore β tre tubulina sia positive ai marcatori GFAP e nestina. Inoltre contiene cellule ependimali ciliate che hanno la funzione di facilitare la circolazione del liquor.

Un glossario completo di neuroanatomia si trova nel sito
http://w3.uniroma1.it/anat3b/didatticanew/glossario/index.htm

Finito di stampare nel mese di dicembre 2010